スバラシクよく解けると評判の

# 合格！数学I・A 実力UP!問題集

馬場敬之（けいし）

改訂7 revision

マセマ出版社

# ◆ はじめに ◆

これまで，マセマの**「合格！数学」シリーズ**で学習された読者の皆様から**「さらに腕試しをして，実力を確実なものにする問題集が欲しい。」**との声が，多数マセマに寄せられて参りました。この読者の皆様の強いご要望にお応えするために，

**「合格！数学Ⅰ・A 実力UP! 問題集 改訂 7」**を発刊することになりました。

これはマセマの参考書**「合格！数学Ⅰ・A」**に対応した問題集で，練習量を大幅に増やせるのはもちろんのこと，参考書では扱えなかったテーマでも受験で頻出のものは積極的に取り入れていますから，**解ける問題のレベルと範囲がさらに広がります。**

大学全入時代を向かえているにも関わらず，数学Ⅰ・Aの**大学受験問題はむしろ難化傾向**を示しています。この難しい受験問題を解きこなすには，相当の問題練習が必要です。そのためにも，この問題集で十分に練習しておく必要があるのです。

ただし，短期間に実践的な実力をつけるには，むやみに数多くの雑問を解けば良いというわけではありません。必要・十分な量の**選りすぐりの良問を反復練習する**ことにより，様々な受験問題の解法パターンを身につけることが出来，受験でも合格点を取れるようになるのです。この問題集では，星の数ほどある受験問題の中から**151**題（小問集合も含めると，実質的には約**190**題）の良問をこれ以上ない位スバラシク親切に，しかもストーリー性を持たせて解答・解説しています。ですから非常に学習しやすく，また

**短期間で大きく実力をアップさせ，合格レベルに持っていく**ことができるのです。この問題集と**「合格！数学」シリーズ**を併せてマスターすれば，難関大を除くほとんどの国公立大，有名私立大の合格圏に持ち込むことができます！

ちなみに，雑問とは玉石混交の一般の受験問題であり，良問とは問題の意図が明快で，反復練習することにより，確実に実力を身につけることができる問題のことです。

この問題集は，**“8つの演習の章”** と **“補充問題”** から構成されていて，それぞれの章はさらに **「公式＆解法パターン」** と **「問題＆解答・解説編」** に分かれています。

まず，各章の頭にある「公式＆解法パターン」で基本事項や公式，および基本的な考え方を確認しましょう。それから「問題＆解答・解説編」で実際に問題を解いてみましょう。「問題＆解答・解説編」では各問題に難易度とチェック欄がついています。難易度は，★の数で次のように分類しています。

★：易，　★★：やや易，　★★★：標準

慣れていない方は初めから解答・解説を見てもかまいません。そしてある程度自信が付いたら，今度は解答・解説の部分は隠して **自力で問題に挑戦して下さい。** チェック欄は **3** つ用意していますから，自力で解けたら“○”と所要時間を入れていくと，ご自身の成長過程が分かって良いと思います。**3** つのチェック欄にすべて“○”を入れられた後も，さらに何回も反復練習しましょう！

本当に数学の実力を伸ばすためには，**「良問を繰り返し解く」** ことに限ります。**マセマの総力を結集した問題集です。**

これまで，マセマの参考書・問題集で，沢山の先輩の方々が夢を実現させてきました。今度は，皆さんが，この **「合格！数学Ⅰ・A 実力 UP! 問題集」** で夢を実現させる番です！

そんな頑張る皆さんをマセマはいつも応援しています！！

**マセマ代表　馬場 敬之**

この改訂 **7** では，補充問題として，相加・相乗平均と **2** 次関数の最大値の応用問題とその解答・解説を新たに加えました。

# ◆目　次◆

# 演習 exercise 1 数と式

テーマ

## ▶ 整式の展開と因数分解

( $x^2 + (a+b)x + ab = (x+a)(x+b)$ など )

## ▶ 式の計算

( 対称式と基本対称式

$a^2 + b^2 = (a+b)^2 - 2ab$ など )

# 演習1 数と式 ●公式＆解法パターン

## 1．指数法則 （$m$，$n$：自然数，$m \geqq n$ とする）

(1) $a^0 = 1$　　(2) $a^m \times a^n = a^{m+n}$　　(3) $(a^m)^n = a^{m \times n}$

(4) $(a \times b)^m = a^m \times b^m$　　(5) $\dfrac{a^m}{a^n} = a^{m-n}$　　(6) $\left(\dfrac{b}{a}\right)^m = \dfrac{b^m}{a^m}$

> 以上の指数法則を利用して，例えば次のように変形できる。
>
> $$\frac{(-3x^2)^3}{2xy^2} \times \left(\frac{4y^2}{3x}\right)^2 = \underbrace{(-1)^3}_{-1} \cdot \underbrace{\frac{3^3 \times 4^2}{2 \times 3^2}}_{3^{3-2} \cdot 2^{4-1}} \times \underbrace{\frac{(x^2)^3}{x \cdot x^2}}_{x^{6-1-2}} \times \underbrace{\frac{(y^2)^2}{y^2}}_{y^{4-2}} = -24x^3y^2$$
>
> 符号（⊕，⊖），数値，文字（アルファベット）の順に計算すればいいんだね。

## 2．因数分解公式と乗法公式

(1) $ma + mb = m(a+b)$　（$m$：共通因数）

(2) $a^2 + 2ab + b^2 = (a+b)^2$，　$a^2 - 2ab + b^2 = (a-b)^2$

(3) $a^2 - b^2 = (a+b)(a-b)$

(4) $x^2 + \underbrace{(a+b)}_{\text{たして}}x + \underbrace{ab}_{\text{かけて}} = (x+a)(x+b)$

$acx^2 + (ad+bc)x + bd = (ax+b)(cx+d)$

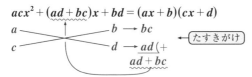

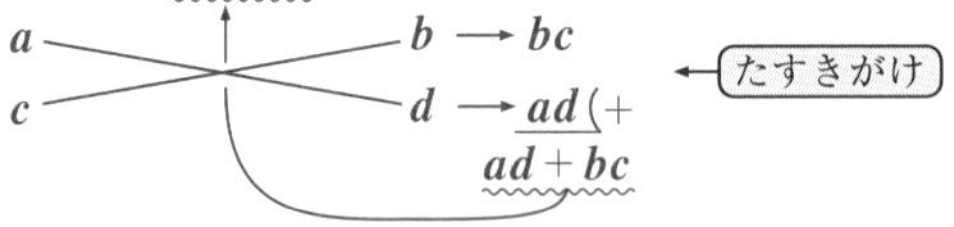


(5) $a^2 + b^2 + c^2 + 2ab + 2bc + 2ca = (a+b+c)^2$

(6) $a^3 + 3a^2b + 3ab^2 + b^3 = (a+b)^3$

$a^3 - 3a^2b + 3ab^2 - b^3 = (a-b)^3$

(7) $a^3 + b^3 = (a+b)(a^2 - ab + b^2)$

$a^3 - b^3 = (a-b)(a^2 + ab + b^2)$

(8) $a^3 + b^3 + c^3 - 3abc = (a+b+c)(a^2 + b^2 + c^2 - ab - bc - ca)$

> 3次式の因数分解公式は，数学Ⅱの範囲だけれど，数学Ⅰの範囲でも受験では出題される可能性が高いので，まとめて学習しておこう。

> (8) は複雑な公式だけれど，受験では頻出だ。実力アップ問題 3 でその証明を示す。
>
> $(ex)$ $x^3 - 6xy + 8y^3 + 1$ は，(8) の公式を使えば，
>
> $x^3 + (2y)^3 + 1^3 - 3 \cdot x \cdot 2y \cdot 1 = (x + 2y + 1)(x^2 + 4y^2 + 1 - 2xy - 2y - x)$
>
> と因数分解できる。このように，公式に当てはめることがコツだ。

### 3. 繁分数の計算

$$\frac{\dfrac{d}{c}}{\dfrac{b}{a}} = \frac{ad}{bc}$$

分子の分母は下へ

分母の分母は上へ

簡単な例として，次のように式変形できる。

$$1-\frac{1}{1-\dfrac{1}{x+1}} = 1-\frac{1}{\dfrac{x+1-1}{x+1}}$$

上へ

$$= 1-\frac{x+1}{x} = \frac{x-(x+1)}{x} = -\frac{1}{x}$$

### 4. 無理数の計算

**(1)** $\sqrt{a}\times\sqrt{b}=\sqrt{ab}$，　$\dfrac{\sqrt{b}}{\sqrt{a}}=\sqrt{\dfrac{b}{a}}$　$(a>0,\ b>0)$

**(2)** 2 重根号のはずし方 $(a>b>0)$

(ⅰ) $\sqrt{(a+b)+2\sqrt{ab}}=\sqrt{a}+\sqrt{b}$　（$a+b$：たして，$ab$：かけて）

(ⅱ) $\sqrt{(a+b)-2\sqrt{ab}}=\sqrt{a}-\sqrt{b}$　（$a+b$：たして，$ab$：かけて）

(*ex*) $\sqrt{7-\sqrt{48}}=\sqrt{7-2\sqrt{12}}=\sqrt{4}-\sqrt{3}=2-\sqrt{3}$

$48 = 2^2\times 12$　たして $4+3$　かけて $4\times 3$

### 5. 対称式（$a^2+b^2$ や $a^3+b^3$ など）は，基本対称式（$a+b$ と $ab$）で表せる。

(*ex*) ・$a^2+b^2=(a+b)^2-2ab$

・$a^3+b^3=(a+b)^3-3ab(a+b)$

### 6. 絶対値の公式

**(1)** $\sqrt{a^2}=|a|$　　**(2)** $|a|^2=a^2$

**(1)** の公式から，例えば $\sqrt{x^2-6x+9}=\sqrt{(x-3)^2}=|x-3|$ と変形できる。

### 7. ガウス記号 $[x]$

$[x]$ は，実数 $x$ を越えない最大の整数を表す。

例えば，$[5.31]=5$，$[21.4]=21$，$[-3.8]=-4$　など。

$n$ を整数とするとき，

$n\leqq x<n+1$ ……①　のとき，$[x]=n$ ……②　より，

②を①に代入して，次の公式が導ける。

(ⅰ) $[x]\leqq x<[x]+1$ …$(*1)$　←②を①に代入したもの

(ⅱ) $x-1<[x]\leqq x$ ……$(*2)$　←$(*1)$ を変形したもの

### 8. 恒等式

左右両辺がまったく同じ等式のこと。たとえば，因数分解公式：

$a^2-b^2=(a+b)(a-b)$ などは恒等式である。

（$a$，$b$ の値に関わらず常に成り立つ。）

### 9. 1次方程式

**(1)** $x$ の 1 次方程式：$ax+b=0$ ……①　は，$a\neq 0$ のとき，

$x=-\dfrac{b}{a}$ の解をもつ。

（$a=0$ のとき，(ⅰ) $b=0$ ならば，恒等式になるので①は不定解をもつ。<br>(ⅱ) $b\neq 0$ ならば，解なし。　(不能)）

**(2)** $x$ の連立 1 次方程式

$$\begin{cases} a_1x+b_1y+c_1=0 \quad \cdots\cdots ① \\ a_2x+b_2y+c_2=0 \quad \cdots\cdots ② \end{cases}$$

の解は，①，②を 2 直線とみて，

(ⅰ) $a_1:a_2\neq b_1:b_2$ のときは，ただ 1 組の解 $x=x_1$，$y=y_1$ をもつ。

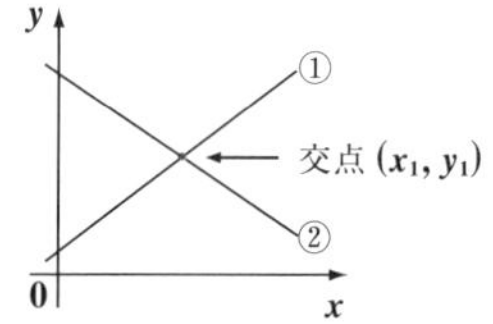


(ⅱ) $a_1:a_2=b_1:b_2=c_1:c_2$ のとき，①と②は同じ直線を表すので，①(または②)上の点はすべて解となる。

(不定解)

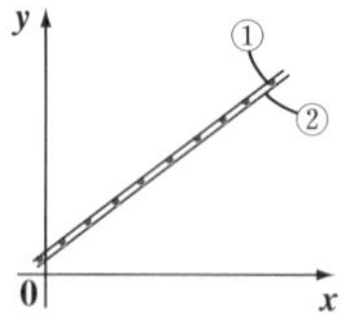


(ⅲ) $a_1:a_2=b_1:b_2\neq c_1:c_2$ のとき，①と②は平行で共有点をもたない 2 直線になるので，解なしとなる。

(不能)

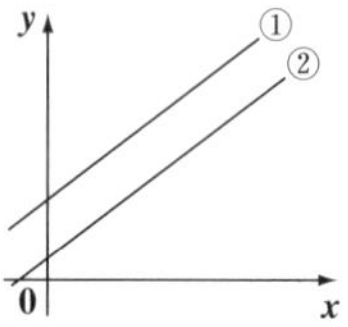


**(3)** $x$ の 1 次方程式や 1 次不等式について，絶対値の入ったものが受験ではよく問われるけれど，その場合は絶対値内の正・負で場合分けし，グラフも利用して解いていくとうまくいく。(この後，実力アップ問題で実践的に練習していこう。)

| 実力アップ問題 1 | 難易度 ★★ | CHECK *1* | CHECK*2* | CHECK*3* |
|---|---|---|---|---|

次の問いに答えよ。

**(1)** $(a+b+c)^2+(a-b-c)^2-(-a+b-c)^2-(-a-b+c)^2$ を展開した
とき，$b^2$ と $bc$ の係数を求めよ。 （神戸国際大）

**(2)** $(x^3+x^2+x+1)^3-(x^3-x^2+x-1)^3$ の展開式における $x^6$ の係数を求
めよ。 （防衛医大）

> **ヒント！** **(1)** は，整式を展開するときに最初の組み合わせに注意する。**(2)** では
> まず，$(x^2+1)^3$ をくくり出すとうまくいく。

**(1)** 与えられた整式を $P$ とおくと，

$P=(a+b+c)^2+(a-b-c)^2$

$\qquad -(-a+b-c)^2-(-a-b+c)^2$

$=\{(a+b+c)^2-(-a+b-c)^2\}$ ← $A^2-B^2$ の形

$\qquad +\{(a-b-c)^2-(-a-b+c)^2\}$

$=\{a+b+c+(-a+b-c)\}\{a+b+c-(-a+b-c)\}$
$\qquad +\{a-b-c+(-a-b+c)\}\{a-b-c-(-a-b+c)\}$

> 公式：$A^2-B^2=(A+B)(A-B)$
> を使った！

$=2b(2a+2c)-2b(2a-2c)$

$=4ab+4bc-4ab+4bc$

$=\underline{8bc}$

> **注意！**
> 整式 $P$ に $\underline{bc}$ の項はあるが，$b^2$ の項は
> ない。ここでは $P$ に $0 \cdot b^2$ の項があ
> ると考えればいい。
>
> よって，整式 $P$ の $b^2$ の係数は **0** で，
>
> $\underline{bc}$ の係数は **8** である。…………（答）

**(2)** ・$x^3+x^2+x+1$

$\qquad =x^2(x+1)+(x+1)$

$\qquad =(x^2+1)(x+1)$ ……①

・$x^3-x^2+x-1$

$\qquad =x^2(x-1)+(x-1)$

$\qquad =(x^2+1)(x-1)$ ……②

以上①，②より与式を変形して，

$(x^3+x^2+x+1)^3-(x^3-x^2+x-1)^3$

> $(x^2+1)(x+1)$（①より） $\qquad$ $(x^2+1)(x-1)$（②より）

$=(x^2+1)^3(x+1)^3-(x^2+1)^3(x-1)^3$

$=(x^2+1)^3\{(x+1)^3-(x-1)^3\}$

> $x^3+3x^2+3x+1$ $\qquad$ $x^3-3x^2+3x-1$

$=(x^2+1)^3(6x^2+2)$

> $(x^2)^3+3 \cdot (x^2)^2 \cdot 1+3x^2 \cdot 1^2+1^3$

$=(6x^2+2)(x^6+3x^4+3x^2+1)$

よって，これを展開して $x^6$ の項は，

$6 \cdot 3 \cdot x^2 \cdot x^4+2 \cdot x^6=20x^6$

となるので，この展開式の $x^6$ の係数は

**20** である。…………………………（答）

## 実力アップ問題 2　難易度 ★　CHECK 1　CHECK 2　CHECK 3

次の式を因数分解せよ。

(1) $x^4-13x^2+36$ （愛知工大） (2) $(x^2+x-5)(x^2+x-7)+1$ （創価大）

(3) $(a+b+c+1)(a+1)+bc$ （松山大） (4) $4x^2-4xy+y^2-6x+3y-10$ （広島国際大）

**ヒント！** (1) $x^2=A$ と置換する。(2) $x^2+x=A$ と置換する。(3) $a+1=A$ と置換する。(4) $2x-y=A$ と置換すると，因数分解の見通しが立つ。

(1) $x^4-13x^2+36$ について，（$x^4=A^2$，$x^2=A$）

$x^2=A$ とおくと，

$$与式=A^2-13A+36$$
$$=(A-4)(A-9)$$
$$=(x^2-4)(x^2-9) \quad ← A を x^2 に戻した！$$
$$=(x^2-2^2)(x^2-3^2)$$
$$=(x+2)(x-2)(x+3)(x-3) \cdots\cdots（答）$$

公式：$A^2-B^2=(A+B)(A-B)$ を使った！

(2) $(x^2+x-5)(x^2+x-7)+1$ について，（$x^2+x=A$）

$x^2+x=A$ とおくと，

$$与式=(A-5)(A-7)+1$$
$$=A^2-12A+35+1$$
$$=A^2-12A+36$$
$$=(A-6)^2$$

公式：$a^2-2ab+b^2=(a-b)^2$ を使った！

$$=(x^2+x-6)^2 \quad ← A を x^2+x に戻した！$$
$$=\{(x+3)(x-2)\}^2$$
$$=(x+3)^2(x-2)^2 \cdots\cdots（答）$$

(3) $(a+b+c+1)(a+1)+bc$

$=(a+1+b+c)(a+1)+bc$ について，（$a+1=A$）

$a+1=A$ とおくと，

$$与式=\{A+(b+c)\}A+bc$$
$$=A^2+(b+c)A+bc$$
$$=(A+b)(A+c)$$
$$=(a+1+b)(a+1+c) \quad ← A を a+1 に戻した！$$
$$=(a+b+1)(a+c+1) \cdots\cdots（答）$$

(4) $4x^2-4xy+y^2-6x+3y-10$

$=(2x-y)^2-3(2x-y)-10$ について，（$2x-y=A$）

$2x-y=A$ とおくと，

$$与式=A^2-3A-10$$
$$=(A+2)(A-5)$$

A を $2x-y$ に戻した！

$$=(2x-y+2)(2x-y-5) \cdots\cdots（答）$$

### (4)の別解

$2x-y=A$ の置き換えに気付かない場合，与式を $x$ の 2 次式とみて "たすきがけ" による因数分解にもち込んでもいい。

$$与式=4x^2-4xy+y^2-6x+3y-10$$
$$=4x^2-2(2y+3)x+y^2+3y-10$$

（$x$ の 2 次式）

$$=4x^2-2(2y+3)x+(y+5)(y-2)$$

$2 \quad -(y-2) \to -2y+4$

$2 \quad -(y+5) \to -2y-10$

（たすきがけ！）

$$=\{2x-(y-2)\}\{2x-(y+5)\}$$
$$=(2x-y+2)(2x-y-5) \cdots\cdots（答）$$

## 実力アップ問題 3　難易度 ★★　CHECK 1　CHECK 2　CHECK 3

次の式を因数分解せよ。

(1) $a^2b+ab^2+a+b-ab-1$ （北海道薬大）

(2) $(x+y)(y+z)(z+x)+xyz$ （名城大）

(3) $x(y^2-z^2)+y(z^2-x^2)+z(x^2-y^2)$ （鹿児島国際大）

(4) $x^3+y^3+z^3-3xyz$

**ヒント！** (1) $a$ の2次式，(2) $x$ の2次式とみて"たすきがけ"の因数分解にもち込む。(3) $x$ の2次式とみて，共通因数をくくり出す。(4) $(x+y)^3+z^3$ の形を作ると，見通しが立つ。

(1) 与式を $a$ でまとめると，

$a^2b+ab^2+a+b-ab-1$

（$b$ を定数と考えて，$a$ の2次式としてまとめた！）

$=ba^2+(b^2-b+1)a+b-1$

$1 \quad\quad b-1 \to b^2-b$
$b \quad\quad 1 \to 1$
（たすきがけ！）

$=(1\cdot a+b-1)(b\cdot a+1)$

$=(ab+1)(a+b-1)$ ………………（答）

**注意！**
与式は $a$, $b$ いずれでみても，同じ2次式なので，$b$ でまとめて，
$ab^2+(a^2-a+1)b+a-1$ と変形して
"たすきがけ" にもち込んでもいい！

(2) 与式を展開して，$x$ でまとめると，

（$y$，または $z$ でまとめてもいい！）

与式 $=(x+y)(y+z)(z+x)+xyz$

$=(y+z)(x+y)(x+z)+yz\cdot x$

$=(y+z)\{x^2+(y+z)x+yz\}+yz\cdot x$

$=(y+z)x^2+(y+z)^2x+yz\cdot(y+z)+yz\cdot x$

$=(y+z)x^2+(y^2+3yz+z^2)x+yz(y+z)$

$1 \quad\quad (y+z) \to (y+z)^2$
$y+z \quad\quad yz \to yz$
（たすきがけ！）

$=(x+y+z)\{(y+z)x+yz\}$

$=(x+y+z)(xy+yz+zx)$ ………（答）

(3) 与式を展開して，$x$ でまとめると，

（$y$ または $z$ でもいい！）

与式 $=x(y^2-z^2)+y(z^2-x^2)+z(x^2-y^2)$

$=-(y-z)x^2+(y^2-z^2)x+yz^2-y^2z$

（$x$ の 2 次式とみる。$y,z$ は定数扱い！）

$=-(y-z)x^2+(y+z)(y-z)x-(y-z)yz$

（共通因数）

$=-(y-z)\{x^2-(y+z)x+yz\}$

（共通因数）

$=-(y-z)(x-y)(x-z)$

$=(x-y)(y-z)(z-x)$ …………（答）

(4) $x^3+y^3+z^3-3xyz$ を変形して，

（$x^3+3x^2y+3xy^2+y^3-3x^2y-3xy^2$
$=(x+y)^3-3xy(x+y)$）

与式 $=(\underset{\alpha}{x+y})^3+\underset{\beta}{z}^3-3xy(x+y)-3xyz$

$=(x+y+z)\{(x+y)^2-(x+y)z+z^2\}$
$\quad -3xy(x+y+z)$

（公式 $\alpha^3+\beta^3=(\alpha+\beta)(\alpha^2-\alpha\beta+\beta^2)$ を使った！）

$=(x+y+z)\{(x+y)^2-(x+y)z+z^2-3xy\}$

（共通因数）

$=(x+y+z)(x^2+2xy+y^2-zx-yz+z^2-3xy)$

$=(x+y+z)(x^2+y^2+z^2-xy-yz-zx)$（答）

**注意！**
実は，これは因数分解公式の1つなんだけれど，このようにして証明できることも知っておくといい！

## 実力アップ問題 4　　難易度 ★★　　CHECK 1　CHECK 2　CHECK 3

次の式の分母を有理化して，簡単にせよ。

**(1)** $\dfrac{1}{\sqrt{2}+\sqrt{5}}+\dfrac{1}{2\sqrt{2}+\sqrt{5}}+\dfrac{1}{\sqrt{2}+2\sqrt{5}}$ ……①　　(大同工大)

**(2)** $\dfrac{2\sqrt{5}-\sqrt{2}}{\dfrac{\sqrt{5}}{\sqrt{5}-\sqrt{2}}+\dfrac{3\sqrt{2}}{\sqrt{5}+\sqrt{2}}-1}$ ……②　　(中京大)

**ヒント！** **(1)** は，それぞれの項を項別に有理化して，通分すればいいね。**(2)** は，繁分数の形だけれど，まず，分母の分数式を先に整理するといい。

**(1)** ①を変形して，

$$\frac{1}{\sqrt{5}+\sqrt{2}}+\frac{1}{2\sqrt{2}+\sqrt{5}}+\frac{1}{2\sqrt{5}+\sqrt{2}}$$

$$=\frac{\sqrt{5}-\sqrt{2}}{(\sqrt{5}+\sqrt{2})(\sqrt{5}-\sqrt{2})}+\frac{2\sqrt{2}-\sqrt{5}}{(2\sqrt{2}+\sqrt{5})(2\sqrt{2}-\sqrt{5})}$$

($5-2=3$)　($8-5=3$)

$$+\frac{2\sqrt{5}-\sqrt{2}}{(2\sqrt{5}+\sqrt{2})(2\sqrt{5}-\sqrt{2})}$$

($20-2=18$)

$$=\frac{\sqrt{5}-\sqrt{2}}{3}+\frac{2\sqrt{2}-\sqrt{5}}{3}+\frac{2\sqrt{5}-\sqrt{2}}{18}$$

$$=\frac{6\sqrt{2}+2\sqrt{5}-\sqrt{2}}{18}$$

$$=\frac{5\sqrt{2}+2\sqrt{5}}{18}$$ ……………………(答)

**(2)** ②の分母についてまず計算すると，

$$\cdot\,分母=\frac{\sqrt{5}}{\sqrt{5}-\sqrt{2}}+\frac{3\sqrt{2}}{\sqrt{5}+\sqrt{2}}-1$$

(通分)

$$=\frac{\sqrt{5}(\sqrt{5}+\sqrt{2})+3\sqrt{2}(\sqrt{5}-\sqrt{2})}{(\sqrt{5}-\sqrt{2})(\sqrt{5}+\sqrt{2})}-1$$

($5-2=3$)

$$\cdot\,分母=\frac{\sqrt{5}(\sqrt{5}+\sqrt{2})+3\sqrt{2}(\sqrt{5}-\sqrt{2})-3}{3}$$

$$=\frac{5+\sqrt{10}+3\sqrt{10}-6-3}{3}$$

$$=\frac{4(\sqrt{10}-1)}{3}$$ となる。

よって，②は，

$$\frac{2\sqrt{5}-\sqrt{2}}{\dfrac{4(\sqrt{10}-1)}{3}}=\frac{3(2\sqrt{5}-\sqrt{2})}{4(\sqrt{10}-1)}$$

(分母の分母は上へ)

$$=\frac{3(2\sqrt{5}-\sqrt{2})(\sqrt{10}+1)}{4(\sqrt{10}-1)(\sqrt{10}+1)}$$

($10-1=9$)

$$=\frac{10\sqrt{2}+2\sqrt{5}-2\sqrt{5}-\sqrt{2}}{12}$$

$$=\frac{9\sqrt{2}}{12}=\frac{3\sqrt{2}}{4}$$ ……………………(答)

| 実力アップ問題 5 | 難易度 ★★ | CHECK 1 | CHECK 2 | CHECK 3 |
|---|---|---|---|---|

次の式を 1 つの既約分数で表せ。

(＊は，改題を表す)

**(1)** $0.\dot{1}\dot{2}+0.\dot{4}\dot{2}$　　**(2)** $3.\dot{0}3\dot{9}-2.\dot{4}8\dot{3}$　　(茨城大＊，国士館大＊)

ヒント！ 循環小数の問題で，$0.\dot{1}\dot{2}$ と $3.\dot{0}3\dot{9}$ はそれぞれ，$0.\dot{1}\dot{2}=0.12121212\cdots$，$3.\dot{0}3\dot{9}=3.039039039\cdots$ のことなんだ。他も同様だ。

(1) ・$0.\dot{1}\dot{2}=x$ ……①とおく。
($x=0.12121212\cdots$ のこと)

**参考**

①の両辺に 100 をかけると，
$100x=12.121212\cdots$
$=12+0.\dot{1}\dot{2}=12+x$
となるので，$x$ の方程式を解けば，$0.\dot{1}\dot{2}$ を既約分数で表せる。
他も同様に解けばいいんだね。

①の両辺に 100 をかけて，
$100x=12+0.\dot{1}\dot{2}=12+x$
よって，$100x-x=12$，$99x=12$
$\therefore x=0.\dot{1}\dot{2}=\dfrac{12}{99}=\dfrac{4}{33}$ ……②
・同様に，
$0.\dot{4}\dot{2}=y$ ……③とおき，③の両辺に
($y=0.42424242\cdots$ のこと)
100 をかけると，
$100y=42+0.\dot{4}\dot{2}=42+y$
よって，$99y=42$
$\therefore y=0.\dot{4}\dot{2}=\dfrac{42}{99}=\dfrac{14}{33}$ ……④
以上②，④より，
$0.\dot{1}\dot{2}+0.\dot{4}\dot{2}=x+y=\dfrac{4}{33}+\dfrac{14}{33}$
$=\dfrac{18}{33}=\dfrac{6}{11}$ ……………………(答)

(2) ・$0.\dot{0}3\dot{9}=z$ とおき，この両辺に 1000 をかけると，
$1000z=39+0.\dot{0}3\dot{9}=39+z$
よって，$999z=39$ より，
$z=\dfrac{39}{999}=\dfrac{13}{333}$ ……⑤
・$0.\dot{4}8\dot{3}=w$ とおき，この両辺に 1000 をかけると，
$1000w=483+0.\dot{4}8\dot{3}$
$=483+w$
よって，$999w=483$ より，
$w=\dfrac{483}{999}=\dfrac{161}{333}$ ……⑥
以上⑤，⑥より，求める式は，
$3.\dot{0}3\dot{9}-2.\dot{4}8\dot{3}$
$=3+\underbrace{0.\dot{0}3\dot{9}}_{z}-(2+\underbrace{0.\dot{4}8\dot{3}}_{w})$
$=3+\dfrac{13}{333}-2-\dfrac{161}{333}$
$=\dfrac{333+13-161}{333}=\dfrac{185}{333}$
$=\dfrac{5\times\cancel{37}}{9\times\cancel{37}}=\dfrac{5}{9}$ ……………………(答)

## 実力アップ問題 6　難易度 ★★　CHECK 1　CHECK 2　CHECK 3

次の問いに答えよ。

**(1)** $\frac{2}{3} < x < \frac{3}{4}$ のとき，$\sqrt{9x^2-12x+4}+\sqrt{x^2+4x+4}-\sqrt{16x^2-24x+9}$

を簡単な式で表せ。　(東北工大)

**(2)** $x=\sqrt{8+2\sqrt{15}}$ ，$y=\sqrt{8-2\sqrt{15}}$ のとき，(ⅰ) $\frac{1}{x}+\frac{1}{y}$ ，(ⅱ) $x^3+y^3$

の値を求めよ。　(埼玉工大)

**ヒント！** (1) 公式 $\sqrt{A^2}=|A|$ を利用し，$A$ の正・負を調べて，絶対値をはずす。(2) 2 重根号をはずし，基本対称式 $x+y$, $xy$ の値を求めて，対称式の値を求める。

(1) $\frac{2}{3} < x < \frac{3}{4}$ のとき，与式を $P$ とおくと

$$P=\sqrt{9x^2-12x+4}+\sqrt{x^2+4x+4}-\sqrt{16x^2-24x+9}$$

$$=\sqrt{(3x-2)^2}+\sqrt{(x+2)^2}-\sqrt{(4x-3)^2}$$

$$=|\underbrace{3x-2}_{\oplus}|+|\underbrace{x+2}_{\oplus}|-|\underbrace{4x-3}_{\ominus}|$$

**基本事項**

公式：$\sqrt{A^2}=|A|$ が成り立つ。

( ∵ $A=3$ のとき，$\sqrt{3^2}=3$ だけれど，$A=-3$ のときも $\sqrt{(-3)^2}=\sqrt{9}=3$ となって，$\sqrt{A^2}=|A|$ となることがわかるはずだ。)

(ⅰ) $\frac{2}{3} < x$ より $3x-2>0$

$\therefore |3x-2|=3x-2$

(ⅱ) $\frac{2}{3} < x$ より $x+2>0$

$\therefore |x+2|=x+2$

(ⅲ) $x<\frac{3}{4}$ より $4x-3<0$

$\therefore |4x-3|=-(4x-3)$

以上(ⅰ)(ⅱ)(ⅲ)より，

$$P=3x-\cancel{2}+x+\cancel{2}+(4x-3)$$

$$=8x-3 \quad \cdots\cdots(答)$$

(2) $x=\sqrt{8+2\sqrt{15}}=\sqrt{5}+\sqrt{3}$　(たして)(かけて)

$y=\sqrt{8-2\sqrt{15}}=\sqrt{5}-\sqrt{3}$　(たして)(かけて)

**基本事項**

2 重根号のはずし方

$a>b>0$ のとき，

$$\sqrt{(a+b)\pm2\sqrt{ab}}=\sqrt{a}\pm\sqrt{b}$$

(たして)　(かけて)

よって (基本対称式)

$$\begin{cases} x+y=\sqrt{5}+\cancel{\sqrt{3}}+\sqrt{5}-\cancel{\sqrt{3}}=2\sqrt{5} \\ xy=(\sqrt{5}+\sqrt{3})(\sqrt{5}-\sqrt{3})=5-3=2 \end{cases}$$

**基本事項**

対称式($x^2+y^2$, $x^3+y^3$ など…)はすべて基本対称式($x+y$, $xy$)で表される。

(ⅰ) $\frac{1}{x}+\frac{1}{y}=\frac{x+y}{xy}=\frac{\cancel{2}\sqrt{5}}{\cancel{2}}=\sqrt{5}$ …(答)　(対称式)

(ⅱ) $x^3+y^3=(x+y)^3-3xy(x+y)$

$$=(2\sqrt{5})^3-3\cdot2\cdot2\sqrt{5}$$

$$=40\sqrt{5}-12\sqrt{5}=28\sqrt{5} \quad \cdots\cdots(答)$$

## 実力アップ問題 7　難易度 ★★　CHECK 1　CHECK 2　CHECK 3

次の問いに答えよ。

**(1)** $\dfrac{1}{\sqrt{3}-\sqrt{2}}$ の小数部分を $x$ とする。このとき，$\dfrac{23}{x^2+6x+3}$ の値を求めよ。

（神奈川大）

**(2)** $t=x+\dfrac{1}{x}$ のとき，(i) $x^2+\dfrac{1}{x^2}$，(ii) $x^3+\dfrac{1}{x^3}$，(iii) $x^5+\dfrac{1}{x^5}$ の各式を $t$ で表せ。

（東京海洋大）

**ヒント！** (1) 分母を有理化して $\sqrt{3}+\sqrt{2}$ の整数部分が3より，小数部分 $x=\sqrt{3}+\sqrt{2}-3$ となる。(2) 与式を2乗，3乗することにより，(i)(ii) は $t$ で表せる。

**(1)** $\dfrac{1}{\sqrt{3}-\sqrt{2}}=\dfrac{\sqrt{3}+\sqrt{2}}{(\sqrt{3}-\sqrt{2})(\sqrt{3}+\sqrt{2})}$ ←分子・分母に $\sqrt{3}+\sqrt{2}$ をかけた！

$(\sqrt{3})^2-(\sqrt{2})^2=3-2=1$

$=\sqrt{3}+\sqrt{2}$ （$\sqrt{3}\fallingdotseq 1.7$，$\sqrt{2}\fallingdotseq 1.4$）

よって，$\dfrac{1}{\sqrt{3}-\sqrt{2}}=\sqrt{3}+\sqrt{2}$ の整数部分は3より，この小数部分 $x$ は，

$x=\sqrt{3}+\sqrt{2}-3$ ……①

**参考**

①を，$\dfrac{23}{x^2+6x+3}$ に直接代入するのは得策ではない。この分母の $x^2+6x$ に着目して，①から $(x+3)^2=(\sqrt{3}+\sqrt{2})^2$ を求める。

①より，$x+3=\sqrt{3}+\sqrt{2}$

両辺を2乗して，

$(x+3)^2=(\sqrt{3}+\sqrt{2})^2$

$x^2+6x+9=3+2\sqrt{6}+2$

$x^2+6x=2\sqrt{6}-4$ ……②

②を，与えられた分数式に代入して，

$\dfrac{23}{x^2+6x+3}=\dfrac{23}{2\sqrt{6}-4+3}=\dfrac{23}{2\sqrt{6}-1}$

$=\dfrac{23(2\sqrt{6}+1)}{(2\sqrt{6}-1)(2\sqrt{6}+1)}$ ←分子・分母に $2\sqrt{6}+1$ をかけた！

$(2\sqrt{6})^2-1^2=24-1=23$

$=\dfrac{23(2\sqrt{6}+1)}{23}=2\sqrt{6}+1$ ……(答)

**(2)** $t=x+\dfrac{1}{x}$ ……③のとき，

(i) ③の両辺を2乗して，

$t^2=\left(x+\dfrac{1}{x}\right)^2=x^2+2\cdot x\cdot\dfrac{1}{x}+\dfrac{1}{x^2}$

$\therefore\ x^2+\dfrac{1}{x^2}=t^2-2$ ……④ ……(答)

(ii) ③の両辺を3乗して，

$t^3=\left(x+\dfrac{1}{x}\right)^3=x^3+3\cdot x^2\cdot\dfrac{1}{x}+3\cdot x\cdot\dfrac{1}{x^2}+\dfrac{1}{x^3}$

$t^3=x^3+\dfrac{1}{x^3}+3\left(x+\dfrac{1}{x}\right)$ （$x+\dfrac{1}{x}=t$（③より））

$\therefore\ x^3+\dfrac{1}{x^3}=t^3-3t$ ……⑤ ……(答)

(iii) ④と⑤の辺々をかけて，

$\left(x^2+\dfrac{1}{x^2}\right)\left(x^3+\dfrac{1}{x^3}\right)=(t^2-2)(t^3-3t)$

$x^5+x^2\cdot\dfrac{1}{x^3}+\dfrac{1}{x^2}\cdot x^3+\dfrac{1}{x^5}=t^5-5t^3+6t$

$x^5+\dfrac{1}{x^5}+\left(x+\dfrac{1}{x}\right)=t^5-5t^3+6t$ （$x+\dfrac{1}{x}=t$（③より））

$x^5+\dfrac{1}{x^5}+t=t^5-5t^3+6t$

$\therefore\ x^5+\dfrac{1}{x^5}=t^5-5t^3+5t$ ……(答)

## 実力アップ問題 8

難易度 ★★ CHECK 1 CHECK 2 CHECK 3

次の問いに答えよ。

(1) $\dfrac{x+y}{5}=\dfrac{y+z}{6}=\dfrac{z+x}{7}\fallingdotseq 0$ のとき，式 $\dfrac{xy+yz+zx}{x^2+y^2+z^2}$ の値を求めよ。

（愛知学院大＊）

(2) $x+y+z=3,\ \dfrac{1}{x}+\dfrac{1}{y}+\dfrac{1}{z}=\dfrac{1}{3}$ のとき，$x^3+y^3+z^3$ の値を求めよ。

（同志社大＊）

ヒント！ (1) $A=B=C$ の場合，$A=B=C=k$ とおいて，3つの式に分解する。(2) 公式 $x^3+y^3+z^3-3xyz=(x+y+z)(x^2+y^2+z^2-xy-yz-zx)$ を利用する。

(1) $\dfrac{x+y}{5}=\dfrac{y+z}{6}=\dfrac{z+x}{7}=k\ (k\fallingdotseq 0)$ とおく。

$\dfrac{x+y}{5}=k$ より，　$x+y=5k$ ……①

$\dfrac{y+z}{6}=k$ より，　$y+z=6k$ ……②

$\dfrac{z+x}{7}=k$ より，　$z+x=7k$ ……③

**基本事項**

$A=B=C$ の形の式に対しては，
$A=B=C=k$ とおいて，
$A=k, B=k, C=k$ に分解して解く。

①+②+③より，

$2(x+y+z)=18k$

$\therefore x+y+z=9k$ ……④

④−②より，　$x=3k$ ……⑤

④−③より，　$y=2k$ ……⑥

④−①より，　$z=4k$ ……⑦

⑤,⑥,⑦を与式に代入して，

$$\frac{xy+yz+zx}{x^2+y^2+z^2}=\frac{3k\cdot 2k+2k\cdot 4k+4k\cdot 3k}{(3k)^2+(2k)^2+(4k)^2}$$

$$=\frac{(6+8+12)\cancel{k^2}}{(9+4+16)\cancel{k^2}}=\frac{26}{29}$$ ………(答)

(2) $x+y+z=3$ ……⑧

$\dfrac{1}{x}+\dfrac{1}{y}+\dfrac{1}{z}=\dfrac{1}{3}\ (x\fallingdotseq 0, y\fallingdotseq 0, z\fallingdotseq 0)$ より

$\dfrac{yz+zx+xy}{xyz}=\dfrac{1}{3}$

$3(\underbrace{xy+yz+zx}_{u})=xyz$

ここで，$xy+yz+zx=u$ ……⑨とおくと

$xyz=3u$ ……⑩　$(u\fallingdotseq 0)$

また，因数分解公式より，

$x^3+y^3+z^3-3xyz$

$=(x+y+z)\{x^2+y^2+z^2-(xy+yz+zx)\}$

「実力アップ問題3」の(4)で証明した公式 …⑪

ここで，

$x^2+y^2+z^2=(x+y+z)^2-2(xy+yz+zx)$ …⑫

⑫を⑪に代入して，

$x^3+y^3+z^3-3\underbrace{xyz}_{3u\ (⑩)}$

$=(\underbrace{x+y+z}_{3\ (⑧)})\{(\underbrace{x+y+z}_{3\ (⑧)})^2-3(\underbrace{xy+yz+zx}_{u\ (⑨)})\}$

これに⑧，⑨，⑩を代入して，

$x^3+y^3+z^3-\cancel{9u}=3(9-\cancel{3u})$

$\therefore x^3+y^3+z^3=27$ ………………(答)

## 実力アップ問題 9　難易度 ★★　CHECK 1　CHECK 2　CHECK 3

$\dfrac{a+1}{b+c+2}=\dfrac{b+1}{c+a+2}=\dfrac{c+1}{a+b+2}$ のとき，この式の値を求めよ。

（東北学院大）

**ヒント！** $A=B=C$ の形の式なので，まず $A=B=C=k$ とおいて，これを $A=k$, $B=k$, $C=k$ と，3つの式に分解して考えるといい。

$$\frac{a+1}{b+c+2}=\frac{b+1}{c+a+2}=\frac{c+1}{a+b+2}\ \cdots\cdots①$$

$(b+c+2\neq 0,\ c+a+2\neq 0,\ a+b+2\neq 0)$

①を

$$\frac{a+1}{b+c+2}=\frac{b+1}{c+a+2}=\frac{c+1}{a+b+2}=k$$

とおいて，3つの式に分解すると，

$\dfrac{a+1}{b+c+2}=k$ より，$a+1=k(b+c+2)$ …②

$\dfrac{b+1}{c+a+2}=k$ より，$b+1=k(c+a+2)$ …③

$\dfrac{c+1}{a+b+2}=k$ より，$c+1=k(a+b+2)$ …④

②＋③＋④より，

$a+b+c+3=k(2a+2b+2c+6)$

$2k(a+b+c+3)=a+b+c+3$

**注意！**
この両辺を $a+b+c+3$ で割って，$2k=1$ としてはいけない。$a+b+c+3=0$ であるかも知れないからだ！

$2k(a+b+c+3)-(a+b+c+3)=0$（共通因数）

$(a+b+c+3)(2k-1)=0$

以上より，

(i) $a+b+c+3=0$

または，

(ii) $2k-1=0$

(i) $a+b+c+3=0$ の場合，

$$\begin{cases} b+c+2=-a-1\neq 0 \\ c+a+2=-b-1\neq 0 \\ a+b+2=-c-1\neq 0 \end{cases}$$

（①の分母）（0でない！）

$\therefore\ a\neq -1,\ b\neq -1,\ c\neq -1$

このとき，①は，

$$\frac{a+1}{-(a+1)}=\frac{b+1}{-(b+1)}=\frac{c+1}{-(c+1)}=-1$$

以上より，$a+b+c=-3$, $a\neq -1$, $b\neq -1$, $c\neq -1$ のとき，①の式の値は，

$-1$ ……………………………………（答）

(ii) $k=\dfrac{1}{2}$ の場合，②，③，④より，

$$\begin{cases} a+1=\dfrac{1}{2}(b+c+2) \\ b+1=\dfrac{1}{2}(c+a+2) \\ c+1=\dfrac{1}{2}(a+b+2) \end{cases}$$

$$\therefore \begin{cases} b+c=2a\ \cdots\cdots⑤ \\ c+a=2b\ \cdots\cdots⑥ \\ a+b=2c\ \cdots\cdots⑦ \end{cases}$$

⑤－⑥より，$b-a=2(a-b)$

$3(a-b)=0\quad \therefore\ a=b$

⑥－⑦より，同様に，$b=c$

以上より，$a=b=c\neq -1$ のとき

（（①の分母）$\neq 0$ から導ける！）

①の式の値は，$\dfrac{1}{2}$ ……………………（答）

| 実力アップ問題 10 | 難易度 ★★ | CHECK 1 | CHECK 2 | CHECK 3 |
|---|---|---|---|---|

実数$x$に対して，その整数部分を$[x]$で表す。すなわち$[x]$は不等式
$[x] \leqq x < [x]+1$をみたす整数である。実数$x$に対して，等式

$$[x]+\left[x+\frac{1}{3}\right]+\left[x+\frac{2}{3}\right]=[3x] \cdots\cdots(\ast)$$

が成り立つことを示せ。　(奈良女子大)

**ヒント！** ガウス記号$[x]$の問題である。左辺の形から$x$の小数部$\alpha$を，3通りに場合分けして，調べなければならない。

**基本事項**

ガウス記号$[x]$

$[x]$：実数$x$を越えない最大の整数

よって，整数$n$に対して，

$n \leqq x < n+1$ …㋐ のとき，

$[x]=n$ …㋑ となる。

また，㋑を㋐に代入すると，

$[x] \leqq x < [x]+1$ も成り立つ。(問題文の式)

実数$x$の整数部分を$[x]$とおくとき，$(\ast)$が成り立つことを示す。

ここで，$x$の整数部分を$n$，小数部を$\alpha$ $(0 \leqq \alpha < 1)$とおくと，

$$x=\boxed{n}+\alpha \qquad (0 \leqq \alpha < 1)$$

($n$：$[x]$のこと)

**注意！**

左辺の第2, 3項の形から，

(i) $0 \leqq \alpha < \frac{1}{3}$，(ii) $\frac{1}{3} \leqq \alpha < \frac{2}{3}$，(iii) $\frac{2}{3} \leqq \alpha < 1$ に場合分けする。

(i) $0 \leqq \alpha < \frac{1}{3}$のとき，

$(\ast)$の左辺$=[x]+\left[x+\frac{1}{3}\right]+\left[x+\frac{2}{3}\right]$

$=[n+\alpha]+\left[n+\alpha+\frac{1}{3}\right]+\left[n+\alpha+\frac{2}{3}\right]$

（$\alpha$：1より小，$\alpha+\frac{1}{3}$：1より小，$\alpha+\frac{2}{3}$：1より小）

$=n+n+n=3n$

$(\ast)$の右辺$=[3x]=[3n+3\alpha]=3n$（$3\alpha$：1より小）

∴ $(\ast)$は成り立つ。

(ii) $\frac{1}{3} \leqq \alpha < \frac{2}{3}$のとき，

$(\ast)$の左辺

$=[n+\alpha]+\left[n+\alpha+\frac{1}{3}\right]+\left[n+\alpha+\frac{2}{3}\right]$

（$\alpha$：1より小，$\alpha+\frac{1}{3}$：1より小，$\alpha+\frac{2}{3}$：1以上）

$=n+n+n+1=3n+1$

$(\ast)$の右辺$=[3n+3\alpha]=3n+1$（$3\alpha$：1以上，2より小）

∴ $(\ast)$は成り立つ。

(iii) $\frac{2}{3} \leqq \alpha < 1$のとき，

$(\ast)$の左辺

$=[n+\alpha]+\left[n+\alpha+\frac{1}{3}\right]+\left[n+\alpha+\frac{2}{3}\right]$

（$\alpha$：1より小，$\alpha+\frac{1}{3}$：1以上，$\alpha+\frac{2}{3}$：1以上）

$=n+n+1+n+1=3n+2$

$(\ast)$の右辺$=[3n+3\alpha]=3n+2$（$3\alpha$：2以上，3より小）

∴ $(\ast)$は成り立つ。

以上(i)(ii)(iii)より，すべての実数$x$に対して，$(\ast)$は成り立つ。

………(終)

## 実力アップ問題 11

難易度 ★★★ CHECK 1 CHECK 2 CHECK 3

次の問いに答えよ。

**(1)** $a^2 : b^2 : c^2 = 1 : 2 : 3$, $a^2+b^2+c^2=abc$ のとき，$\dfrac{a^2b^2}{a^2+b^2}$ の値を求めよ。

(北海道薬大＊)

**(2)** 実数 $a$, $b$ が，等式 $\dfrac{1}{a}+\dfrac{1}{b}+1=\dfrac{1}{a+b+1}$ $(a \neq -1,\ b \neq -1)$ をみたしている。このとき，(ⅰ) $\dfrac{b}{a}$ と (ⅱ) $\dfrac{1}{a^n}+\dfrac{1}{b^n}+\left(\dfrac{b}{a}\right)^n+\left(\dfrac{a}{b}\right)^n$ （ただし，$n$ は奇数）の値を求めよ。

(中央大)

**ヒント！** (1) $a^2=k$, $b^2=2k$, $c^2=3k$ とおいて，まず $k$ の値を求める。(2) 与えられた式を変形して，$a+b=0$ が導ける。(ⅱ) では，$n$ が奇数であることに注意する。

**(1)** $a^2 : b^2 : c^2 = 1 : 2 : 3$ より，

$$\begin{cases} a^2 = k \\ b^2 = 2k \quad \cdots\cdots ① \\ c^2 = 3k \quad (k>0) \end{cases}$$

とおける。

（$k=0$ と仮定すると，$a^2=b^2=c^2=0$ となって $a^2 : b^2 : c^2 = 1:2:3$ をみたさない。$\therefore k \neq 0$）

$a^2+b^2+c^2=abc$ ……②

②の両辺を 2 乗して，

$$(a^2+b^2+c^2)^2 = a^2\cdot b^2\cdot c^2 \quad \cdots\cdots ②'$$

（$a^2=k$, $b^2=2k$, $c^2=3k$）

②′に①を代入して，

$(6k)^2=6k^3$ $\therefore k=6$ ……④

①，④より，

$a^2=6$, $b^2=12$

$$\therefore \frac{a^2b^2}{a^2+b^2}=\frac{6\cdot 12}{6+12}=\frac{6\cdot 12}{18}=4 \quad \cdots\cdots\cdots\cdots（答）$$

**(2)** $\dfrac{1}{a}+\dfrac{1}{b}+1=\dfrac{1}{a+b+1}$ ……⑤

$(a \neq -1,\ b \neq -1)$ （分母 $\neq 0$）

⑤より，$a \neq 0$, $b \neq 0$, $a+b+1 \neq 0$

⑤を変形して，

$$\frac{b+a+ab}{ab}=\frac{1}{a+b+1}$$

$$\{(a+b)+ab\}\{(a+b)+1\}=ab$$

$$(a+b)^2+(a+b)+ab(a+b)+ab=ab$$

$$(a+b)(a+b+1+ab)=0$$

$$(a+b)\{a(b+1)+(b+1)\}=0$$

$$(a+b)(a+1)(b+1)=0$$

ここで，$a+1 \neq 0$, $b+1 \neq 0$ より，

$a+b=0$, $b=-a$ ……⑥

(ⅰ) ⑥より，$\dfrac{b}{a}=-1$ （$\because a \neq 0$） …（答）

(ⅱ) ⑥より，

$$\frac{1}{a^n}+\frac{1}{b^n}+\left(\frac{b}{a}\right)^n+\left(\frac{a}{b}\right)^n$$

（$b^n=(-a)^n$, $\dfrac{b}{a}=-1$, $\dfrac{a}{b}=\dfrac{1}{-1}=-1$）

$$=\frac{1}{a^n}+\frac{1}{(-1)^n\cdot a^n}+(-1)^n+(-1)^n$$

（$(-1)^n=-1$）

ここで，$n$ は奇数より，$(-1)^n=-1$

$$\therefore 与式=\frac{1}{a^n}-\frac{1}{a^n}-1-1=-2 \cdots（答）$$

## 実力アップ問題 12　難易度 ★★　CHECK 1　CHECK 2　CHECK 3

**(1)** $\dfrac{1}{x+1}+\dfrac{x}{(x+1)^2}+\dfrac{x^2}{(x+1)^3}=\dfrac{a}{x+1}+\dfrac{b}{(x+1)^2}+\dfrac{1}{(x+1)^3}$ が $x$ についての恒等式であるとき，$a=$ ［ア］，$b=$ ［イ］　（工学院大）

**(2)** $x+y-z=0$ および $2x-2y+z+1=0$ をみたす $x, y, z$ のすべての値に対し，$ax^2+by^2+cz^2=1$ が成立するとき，定数 $a,\ b,\ c$ の値を求めると，$(a,\ b,\ c)=$ ［ウ］ である。　（東北学院大）

**ヒント！** (1) 分母を通分して左右両辺の分子が恒等式であることから，$a, b$ の値を求める。(2) まず，$y$ と $z$ を $x$ で表して，恒等式にもち込む。

(1) 左辺 $=\dfrac{1}{x+1}+\dfrac{x}{(x+1)^2}+\dfrac{x^2}{(x+1)^3}$

$=\dfrac{(x+1)^2+x(x+1)+x^2}{(x+1)^3}$

$=\dfrac{3x^2+3x+1}{(x+1)^3}$

右辺 $=\dfrac{a}{x+1}+\dfrac{b}{(x+1)^2}+\dfrac{1}{(x+1)^3}$

$=\dfrac{a(x+1)^2+b(x+1)+1}{(x+1)^3}$

$=\dfrac{ax^2+(2a+b)x+a+b+1}{(x+1)^3}$

与式は恒等式より，通分後の両辺の分子も恒等式となる。よって，

$3x^2+3x+1=\boxed{a}x^2+(\boxed{2a+b})x+\boxed{a+b+1}$　（$a=3$，$2a+b=3$，$a+b+1=1$）

$$\therefore\begin{cases} a=3 & \cdots\cdots\text{①　かつ}\\ 2a+b=3 & \cdots\cdots\text{②　かつ}\\ a+b+1=1 & \cdots\text{③}\end{cases}$$

②より，$b=3-2\times3=-3$　（∵ ①）

以上より，

$a=3,\ b=-3$ ………(ア)(イ)（答）

（これは，③もみたす。）

(2) $x+y-z=0$ ………④

$2x-2y+z+1=0$ …⑤

④+⑤より，$3x-y+1=0$

$\therefore y=3x+1$ ……⑥

⑥を④に代入して，

$x+3x+1-z=0$

$\therefore z=4x+1$ ……⑦

（$y$ と $z$ を $x$ の式で表した。）

⑥，⑦を $ax^2+by^2+cz^2=1$ に代入して，

$ax^2+b(3x+1)^2+c(4x+1)^2=1$

$(\boxed{a+9b+16c})x^2+(\boxed{6b+8c})x+\boxed{b+c}=\boxed{1}$　（$a+9b+16c=0$，$6b+8c=0$，$b+c=1$）

（$0x^2+0x+1$ とみる。）

これは恒等式より，

$$\begin{cases} a+9b+16c=0 & \cdots\cdots\text{⑧}\\ 6b+8c=0 & \cdots\cdots\text{⑨}\\ b+c=1 & \cdots\cdots\text{⑩}\end{cases}$$

⑩×8−⑨より，$2b=8$　$\therefore b=4$

⑩より，$c=1-4=-3$

⑧より，$a=-9\times4-16\times(-3)=12$

$\therefore (a, b, c)=(12,\ 4,\ -3)$

……(ウ)(答)

## 実力アップ問題 13　難易度 ★★　CHECK 1　CHECK 2　CHECK 3

**(1)** 連立 1 次方程式 $\begin{cases}(a-1)x+2ay=5a\\3ax+(4a+1)y=a-2\end{cases}$ が無数の解をもつような定数 $a$ をすべて求めよ。　（法政大）

**(2)** 連立 1 次方程式 $\begin{cases}5x+y+az=0\\7x+ay+z=0\\x\quad\quad+z=0\end{cases}$ が $x=y=z=0$ 以外の解をもつように $a$ を定めよ。　（青山学院大）

**ヒント！** (1) 連立 1 次方程式が，不定解をもつようにする。(2) $z$ を消去して $x$ と $y$ の連立 1 次方程式にして，これが $x=y=0$ 以外にも解をもつ，すなわち不定解をもつようにする。

### 基本事項

連立 1 次方程式

$\begin{cases}a_1x+b_1y+c_1=0\cdots㋐\\a_2x+b_2y+c_2=0\cdots㋑\end{cases}$

㋐，㋑ が不定解をもつための条件は，

$a_1:a_2=b_1:b_2=c_1:c_2$

である。

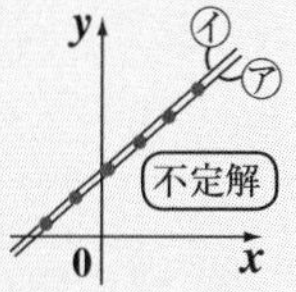


2 直線㋐，㋑ が一致するイメージ

**(1)** $\begin{cases}(a-1)x+2ay-5a=0\quad\cdots\cdots\cdots①\\3ax+(4a+1)y+2-a=0\quad\cdots\cdots②\end{cases}$

①，②の連立 1 次方程式が，無数の解（不定解）をもつための条件は，

$\underbrace{(a-1):3a=2a:(4a+1)}_{(\text{i})}=(-5a):(2-a)$　（ii）は $2a:(4a+1)=(-5a):(2-a)$

(i) $(a-1):3a=2a:(4a+1)$

$6a^2=(a-1)(4a+1)$

$2a^2+3a+1=0$

$\begin{matrix}2 & & 1\\1 & & 1\end{matrix}$

$(a+1)(2a+1)=0\quad\therefore a=-1,\,-\dfrac{1}{2}$

(ii) $2a:(4a+1)=(-5a):(2-a)$

$2a(2-a)=-5a(4a+1)$

$18a^2+9a=0$

$a(2a+1)=0\qquad\therefore a=0,\,-\dfrac{1}{2}$

以上 (i)(ii) を共に みたす $a$ は，

$a=-\dfrac{1}{2}$ ……………………………(答)

**(2)** $\begin{cases}5x+y+az=0\quad\cdots③\\7x+ay+z=0\quad\cdots④\\x\quad\quad+z=0\quad\cdots⑤\end{cases}$

$x=y=z=0$ は，③，④，⑤を明らかにみたすので，これを"自明の解"という。

③ $-a\times$ ④より，

$(5-7a)x+(1-a^2)y=0$ ……⑥

④ − ⑤より，

$6x+\quad ay=0$ ……⑦

⑥，⑦が $x=y=0$ 以外の解をもつ条件は，

$(5-7a):6=(1-a^2):a$

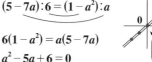

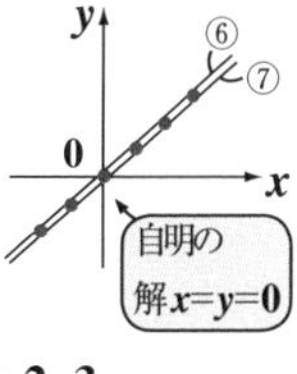


$6(1-a^2)=a(5-7a)$

$a^2-5a+6=0$

$(a-2)(a-3)=0\quad\therefore a=2,\,3$

以上より，③，④，⑤が $x=y=z=0$ 以外の解をもつような $a$ の値は，

$a=2$ または $3$ ……………………(答)

| 実力アップ問題 14 | 難易度 ☆☆ | CHECK 1 | CHECK 2 | CHECK 3 |
|---|---|---|---|---|

次の各問いに答えよ。

**(1)** 任意の実数 $x$ について，$ax+b\geqq 0$ …① が成り立つための定数 $a$, $b$ の条件を求めよ。

**(2)** すべての実数 $x$ について，$|x-1|+p\geqq 0$ …② が成り立つための定数 $p$ の条件を求めよ。

**(3)** ある実数 $x$ について，$-|x+2|+q\geqq 0$ …③ が成り立つための定数 $q$ の条件を求めよ。

**(4)** すべての実数 $x$ について，$|x-1|+p\geqq -|x+2|+q$ …④ が成り立つための定数 $p$, $q$ の条件を求めよ。

**(5)** ある定数 $k$ が与えられたとき，すべての実数 $x$ について，$|x-1|+p\geqq k\geqq -|x+2|+q$ …⑤ が成り立つための定数 $p$, $q$ の条件を求めよ。

**ヒント！** "任意"と"すべて"は同じ意味であると考えていい。いずれの問題も $xy$ 平面上のグラフで考えると明快に解けるはずだ。頑張ろう！

**(1)** 不等式 $ax+b\geqq 0$ …① を分解して，

$$\begin{cases} y=ax+b \\ y=0 \end{cases}$$ とおくと，（$y=0$ ← $x$ 軸のこと）

$a\neq 0$ のとき，グラフ(i)(ii)から明らかに $y<0$ となる範囲が必ず存在する。

図(i) $a>0$ のとき

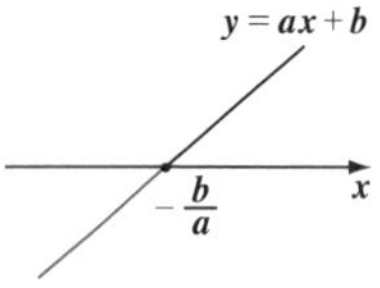


図(ii) $a<0$ のとき

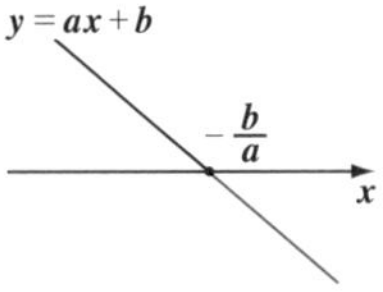


よって，任意の実数 $x$ に対して，①の不等式が成り立つための $a$, $b$ の条件は，図(iii)に示すように，

図(iii) $a=0$ かつ $b\geqq 0$

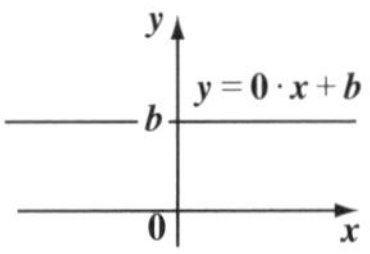


$a=0$ かつ $b\geqq 0$ である。………(答)

（$a=0$ ← 傾き 0，$b\geqq 0$ ← $y$ 切片が 0 以上）

**(2)** ②の不等式を分解して，

$$\begin{cases} y=|x-1|+p & \cdots⑥ \\ y=0 \end{cases}$$ とおくと，（$y=0$ ← $x$ 軸）

⑥は，$y=|x|=\begin{cases} x & (x\geqq 0) \\ -x & (x<0) \end{cases}$ を

$(1, p)$ だけ平行移動した $V$ 字型のグラフの関数である。

よって，すべての実数 $x$ に対して②が成り立つための条件は，⑥のグラフの尖点の

図(iv)

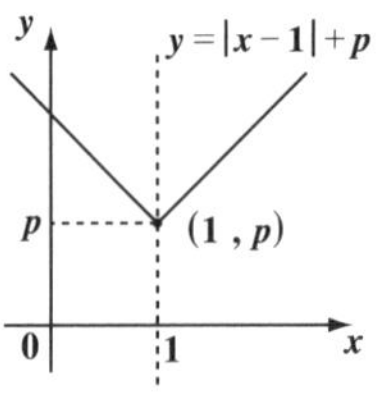

$y$ 軸標 $p$ が $0$ 以上となることである。

⑥のグラフの最小値

∴求める $p$ の条件は，

$p \geqq 0$ である。 ………………………(答)

**(3)** ③の不等式を分解して，

$$\begin{cases} y=-|x+2|+q \cdots ⑦ \\ y=0 \leftarrow \boxed{x\text{軸}} \end{cases}$$ とおくと，

⑦は，$y=-|x|=\begin{cases} -x & (x \geqq 0) \\ x & (x<0) \end{cases}$ を

$(-2, q)$ だけ平行移動した逆 $V$ 字型のグラフの関数である。

よって，ある実数 $x$ に対して，③が成り立つための条件は⑦のグラフの尖点の $y$ 軸標 $q$

⑦のグラフの最大値

が $0$ 以上となることである。

図 (v)

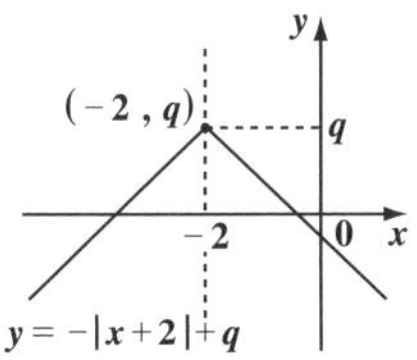


∴求める $q$ の条件は，

$q \geqq 0$ である。 ………………………(答)

**(4)** ④の不等式を分解して，

$$\begin{cases} y=|x-1|+p \cdots ⑥ \\ y=-|x+2|+q \cdots ⑦ \end{cases}$$ とおくと，

すべての実数 $x$ に対して，④が成り立つための条件は図 (vi) に示すように，

図 (vi)

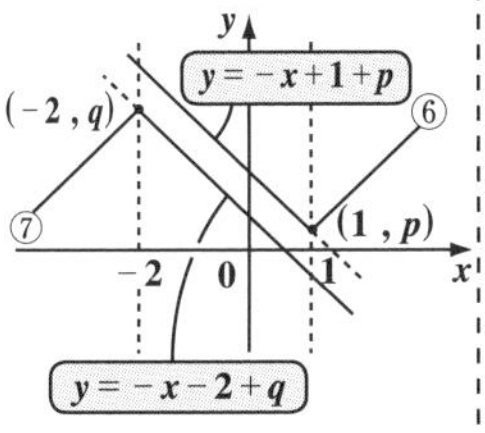


・⑥の $x<1$ の部分の半直線

$y=-(x-1)+p=-x+1+p \cdots ⑥'$ と，

・⑦の $-2 \leqq x$ の部分の半直線

$y=-(x+2)+q=-x-2+q \cdots ⑦'$ の

間に，次の大小関係が成り立つことである。

$\cancel{-x}+1+p \geqq \cancel{-x}-2+q$

以上より，求める $p$ と $q$ の条件は，

$p-q \geqq -3$ である。 ………………(答)

**(5)** ⑤の不等式も分解して，

$$\begin{cases} y=|x-1|+p \cdots ⑥ \\ y=k \leftarrow \boxed{x\text{軸に平行な直線}} \\ y=-|x+2|+q \cdots ⑦ \end{cases}$$ とおくと，

ある定数 $k$ が与えられたとき，すべての実数 $x$ に対して，⑤の不等式が成り立つための条件は，図 (vii) に示すように，

図 (vii)

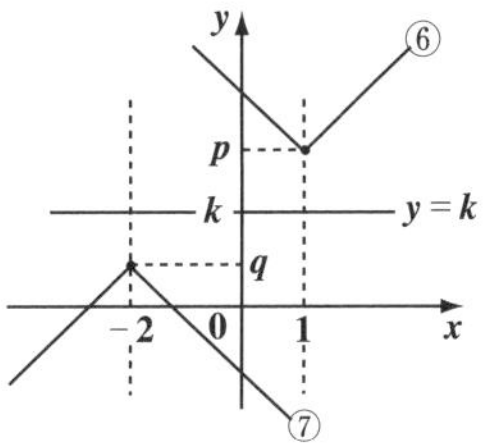


⑥の尖点の $y$ 座標 $p$ と⑦の尖点の $y$ 座標 $q$ が，定数 $k$ に対して，

$q \leqq k \leqq p$ となることである。

よって，求める $p$，$q$ の条件は，

$q \leqq k \leqq p$ である。 ………………………(答)

## 実力アップ問題 15　難易度 ★★　CHECK 1　CHECK 2　CHECK 3

次の方程式を解け。

(1) $|3x-20|=|x-10|+|x+1|$　（上智大）

(2) $\sqrt{4x^2-4x+1}=2-x$　（立教大＊）

**ヒント！** (1) $x$ の値の範囲を 4 通りに場合分けして，それぞれの 1 次方程式を解く。(2) $\sqrt{4x^2-4x+1}=\sqrt{(2x-1)^2}=|2x-1|$ と変形するのは大丈夫だね。

(1)

$$|x+1|=\begin{cases}-(x+1) & (x<-1)\\ x+1 & (-1\leqq x)\end{cases}$$

$$|3x-20|=\begin{cases}-(3x-20) & \left(x<\dfrac{20}{3}\right)\\ 3x-20 & \left(\dfrac{20}{3}\leqq x\right)\end{cases}$$

$$|x-10|=\begin{cases}-(x-10) & (x<10)\\ x-10 & (10\leqq x)\end{cases}$$

よって，この方程式を 4 通りに場合分けして解く。

(ⅰ) $x<-1$ のとき，

$-(3x-20)=-(x-10)-(x+1)$

$x=11$ となって，不適。

(ⅱ) $-1\leqq x<\dfrac{20}{3}$ のとき，

$-(3x-20)=-(x-10)+x+1$

$3x=9$

$\therefore x=3$ ← これは $-1\leqq x<\dfrac{20}{3}$ をみたす。

(ⅲ) $\dfrac{20}{3}\leqq x<10$ のとき，

$3x-20=-(x-10)+x+1$

$3x=31$，$x=\dfrac{31}{3}$ となって不適。

(ⅳ) $10\leqq x$ のとき，

$3x-20=x-10+x+1$

$x=11$ ← これは，$10\leqq x$ をみたす。

以上(ⅰ)～(ⅳ)より，求める方程式の解は，

$x=3,\ 11$ ……………………………(答)

(2) $\sqrt{4x^2-4x+1}=\sqrt{(2x-1)^2}=|2x-1|$

公式：$\sqrt{A^2}=|A|$

より，この方程式は，

$|2x-1|=2-x$ ……① となる。

(ⅰ) $2x-1\geqq 0$，すなわち $x\geqq\dfrac{1}{2}$ のとき，

$2x-1=2-x$，　$3x=3$

$\therefore x=1$

（これは，$x\geqq\dfrac{1}{2}$ をみたす）

(ⅱ) $2x-1<0$，すなわち $x<\dfrac{1}{2}$ のとき，

$-(2x-1)=2-x$　$-2x+1=2-x$

$\therefore x=-1$

（これは，$x<\dfrac{1}{2}$ をみたす）

以上(ⅰ)(ⅱ)より，①の方程式の解は，

$x=\pm 1$ ……………………………(答)

演習 exercise

# 2 集合と論理

テーマ

▶ **集合の演算**

($n(A \cup B) = n(A) + n(B) - n(A \cap B)$ など)

▶ **命題の証明**

(元の命題 “$p \Longrightarrow q$” $\Longleftrightarrow$ 対偶 “$\overline{q} \Longrightarrow \overline{p}$”)

▶ **合同式**

($a \equiv b \pmod{n}$)

▶ **整数問題**

($A \cdot B = n$ 型、範囲を押さえるタイプ)

# 演習2 集合と論理 ●公式&解法パターン

## 1. 集合の要素の個数

**(1)** 和集合の要素の個数

( i ) $A \cap B \neq \phi$ のとき，$n(A \cup B) = n(A) + n(B) - n(A \cap B)$

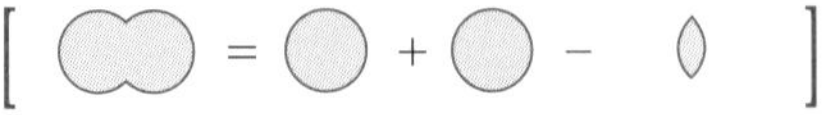

( ii ) $A \cap B = \phi$ のとき，$n(A \cup B) = n(A) + n(B)$

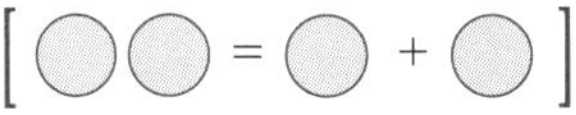

**(2)** 補集合の要素の個数

$n(\overline{A}) = n(U) - n(A)$　　　$n(A) = n(U) - n(\overline{A})$

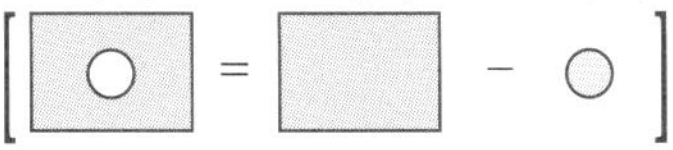

**(3)** ド・モルガンの法則と要素の個数

( i ) $\overline{A \cup B} = \overline{A} \cap \overline{B}$　　　( ii ) $\overline{A \cap B} = \overline{A} \cup \overline{B}$

和集合 $A \cup B \cup C$ の要素の個数もベン図をイメージすると，次の公式で求められることがわかるはずだ。

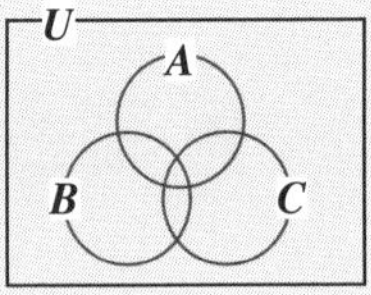


$n(A \cup B \cup C) = n(A) + n(B) + n(C)$

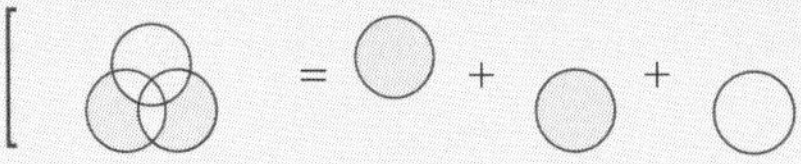

$- n(A \cap B) - n(B \cap C) - n(C \cap A) + n(A \cap B \cap C)$

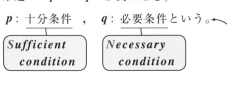

## 2. 必要条件・十分条件

**(1)** 命題："$p \Rightarrow q$" が真のとき，

$p$：十分条件，$q$：必要条件という。

Sufficient condition　　Necessary condition

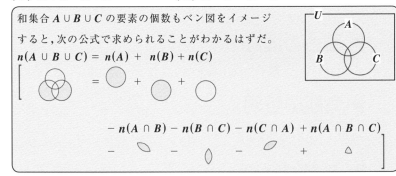

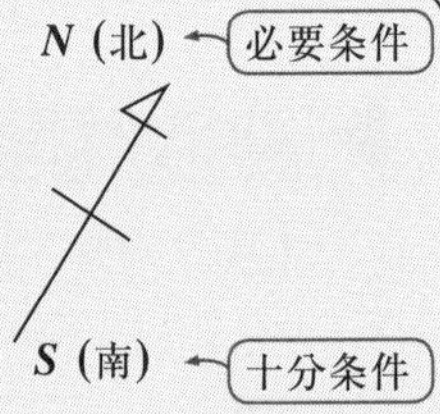


地図の方位を表す矢印で覚えるといい。

**(2)** 命題と真理集合

命題："$p \Longrightarrow q$" が真であるとき, $p$ , $q$ をみたすものの集合をそれぞれ $P$ , $Q$ とおくと, $P \subseteq Q$

（これをそれぞれ $p, q$ の"真理集合"と呼ぶ。）

の関係が成り立つ。逆に $P \subseteq Q$ ならば,

"$p \Longrightarrow q$" が真であると言える。

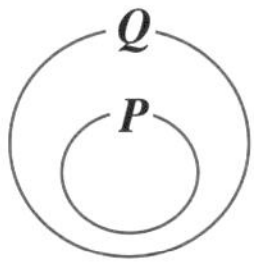


**(3)** 元の命題と逆・裏・対偶

命題 "$p \Longrightarrow q$" に対して, (i) 逆："$q \Longrightarrow p$" (ii) 裏："$\overline{p} \Longrightarrow \overline{q}$"

(iii) 対偶："$\overline{q} \Longrightarrow \overline{p}$"　となる。

（元の命題 "$p \Rightarrow q$" とその対偶 "$\overline{q} \Rightarrow \overline{p}$" は真偽の運命共同体だ。）

**(4)** 命題の証明法

(i) 対偶による証明：命題 "$p \Longrightarrow q$" を証明したいとき, その対偶 "$\overline{q} \Longrightarrow \overline{p}$" が成り立つことを示せばよい。

(ii) 背理法による証明：命題 "$p \Longrightarrow q$" や "$q$ である" を証明したいとき, $q$ を否定して矛盾を導けばいい。

### 3. 合同式

**2** つの整数 $a$, $b$ をある整数 $n$ で割ったときの余りが等しいとき, "$a$ と $b$ は $n$ を法として合同である" といい,

$a \equiv b \pmod{n}$ で表す。これを合同式と呼ぶ。

合同式には, 次の公式がある。

$a \equiv b$, $c \equiv d \pmod{n}$ のとき,

(i) $a + c \equiv b + d \pmod{n}$　(ii) $a - c \equiv b - d \pmod{n}$

(iii) $a \times c \equiv b \times d \pmod{n}$　が成り立つ。

（合同式は, 教科書では数学 **A** の "**整数の性質**" の章で扱っているけれど, 様々な整数の入った論証問題で, この合同式の考え方はとても役に立つんだね。よって, 本書では, 合同式をこの "**集合と論理**" の章で解説することにした。）

次の問いに答えよ。

**(1)** $a$ を正の定数とする。次の **2** つの集合

$$A = \{x \mid x^2 - 2x - a^2 + 1 < 0\}$$
$$B = \{x \mid 3x^2 - 2ax - a^2 < 0\}$$

について，$B \subset A$ が成り立つとき，$a$ の値の範囲を求めよ。（久留米大＊）

**(2)** $U$ を全体集合，$A, B$ をその部分集合とする。$A \subseteqq B$ のとき，$\overline{A} \cup B$ は ア ，$\overline{A} \cap \overline{B}$ は イ という集合になる。 （久留米大）

ヒント！ **(1)** 2 つの集合 $A, B$ の $x$ の値の範囲を出して，$a$ の値の範囲を求める。
**(2)** ベン図から，図形的に判断して解く。

**(1)**（ⅰ）集合 $A$ を表す $x$ の範囲は，

$$x^2 - 2x - (a^2 - 1) < 0 \quad (a > 0)$$
$$x^2 - 2x - (a+1)(a-1) < 0$$

$$\begin{array}{cc} 1 & -(a+1) \\ 1 & (a-1) \end{array}$$

$$(x - a - 1)(x + a - 1) < 0$$

$$\therefore \underset{\ominus}{1-a} < x < \underset{\oplus}{1+a}$$

（ⅱ）集合 $B$ を表す $x$ の範囲は，

$$3x^2 - 2ax - a^2 < 0$$

$$\begin{array}{cc} 3 & a \\ 1 & -a \end{array}$$

$$(3x + a)(x - a) < 0$$

$$\therefore -\frac{a}{3} < x < a$$

以上（ⅰ）（ⅱ）より，$B \subset A$ となるための条件は，

$$1 - a \leqq -\frac{a}{3}$$

等号が成り立つときでも，$B \subset A$ となる

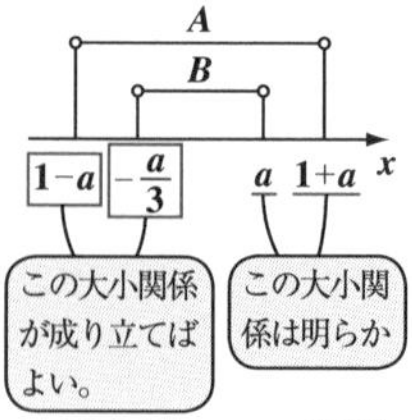

この大小関係が成り立てばよい。

この大小関係は明らか

$$\frac{2}{3}a \geqq 1$$

$$\therefore a \geqq \frac{3}{2} \quad \cdots\cdots\cdots\cdots（答）$$

（これは，$a > 0$ をみたす。）

**(2)** ベン図で考える。　図1

$A \subseteqq B$ より，図 **1** のベン図が描ける。

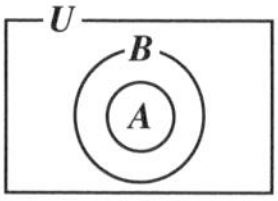

（ア）$\overline{A} \cup B$ について，

$$\overline{A} \quad \cup \quad B \quad = \quad U$$

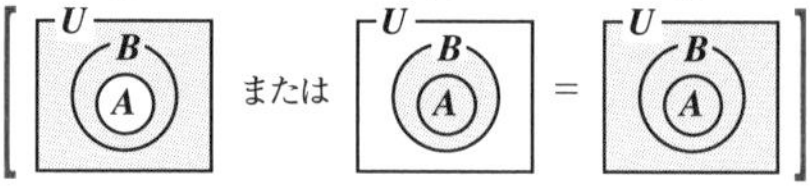

または

$$\therefore \overline{A} \cup B = U \quad \cdots\cdots\cdots（ア）（答）$$

（イ）$\overline{A} \cap \overline{B}$ について，

$$\overline{A} \quad \cap \quad \overline{B} \quad = \quad \overline{B}$$

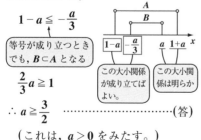

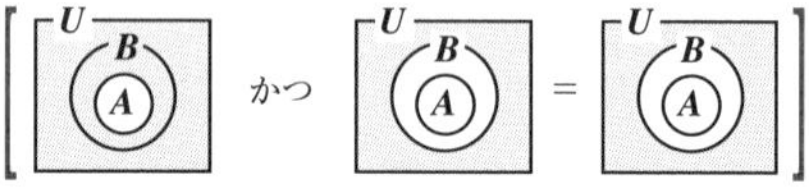

かつ

$$\therefore \overline{A} \cap \overline{B} = \overline{B} \quad \cdots\cdots\cdots（イ）（答）$$

実力アップ問題 17　難易度 ★★　CHECK 1　CHECK 2　CHECK 3

自然数全体の集合を $N$，3 で割り切れないすべての整数の集合を $X$ とする。

(1) $X$ の要素となる整数は一般にどのような式で表されるか。

(2) $X$ の任意の要素の 2 乗を 3 で割ったときの余りはいくらか。

(3) $N$ の任意の 2 つの要素 $m, n$，$X$ の任意の 2 つの要素 $x, y$ に対して，$x^{2m}$ と $y^{2n}$ との差は集合 $X$ には属さないことを示せ。　(奈良大)

ヒント！ 3 で割り切れない整数の 2 乗を 3 で割ると，必ず余りは 1 となる。これは知識として覚えておくとよい。

(1) $X=\{x\,|\,x$ は 3 で割り切れない整数$\}$

この要素 $x$ は，次のように表せる。

$x=3k+1,\ 3k+2\ \ (k：整数)$ …(答)

（または，$x=3k\pm1$

または，$\left[\dfrac{x}{3}\right]<\dfrac{x}{3}$）

$x$ が 3 で割り切れるとき，$\dfrac{x}{3}$ は整数となるので，$\left[\dfrac{x}{3}\right]=\dfrac{x}{3}$ となる。

(2) 整数 $a, b$ を，ある整数 $c$ で割った余りが等しいとき，

$a\equiv b\ (\mathrm{mod}\ c)$ と表すことにする。

合同式の解説

このとき，具体的に，

$a=cm+k$ ，$b=cn+k$

$(m, n：商，k：余り\ (0\leqq k<c))$

とおくと，

$a^2\equiv b^2\ (\equiv k^2)\ (\mathrm{mod}\ c)$

が成り立つことが分かる。同様に任意の自然数 $n$ に対して，

$a^n\equiv b^n\ (\mathrm{mod}\ c)$ が成り立つ。

(ⅰ) $x=3k+1$ のとき，$(k：整数)$

$x\equiv1\ \ (\mathrm{mod}\ 3)$ より，

$x^2\equiv1^2\equiv1\ \ (\mathrm{mod}\ 3)$

$x^2$ は 3 で割って 1 余る。

(ⅱ) $x=3k+2$ のとき，$(k：整数)$

$x\equiv2\ \ (\mathrm{mod}\ 3)$ より，

$x^2\equiv2^2\equiv1\ \ (\mathrm{mod}\ 3)$

$x^2$ は 3 で割って 1 余る。

以上(ⅰ)(ⅱ)より，$x$ が 3 で割り切れない整数，すなわち集合 $X$ の要素のとき，$x^2$ を 3 で割った余りは 1 である。……………………………(答)

(3) $x, y\in X$ で，$m, n$ が自然数のとき，

$x, y$ は共に 3 で割って，割り切れない整数

(2)から $x^2\equiv1,\ y^2\equiv1\ \ (\mathrm{mod}3)$ より，

$$\begin{cases} x^{2m}\equiv(x^2)^m\equiv1^m\equiv1\ \ (\mathrm{mod}\ 3)\\ y^{2n}\equiv(y^2)^n\equiv1^n\equiv1\ \ (\mathrm{mod}\ 3)\end{cases}$$

よって $$\begin{cases} x^{2m}-y^{2n}\equiv1-1\equiv0\ (\mathrm{mod}\ 3)\\ y^{2n}-x^{2m}\equiv1-1\equiv0\ (\mathrm{mod}\ 3)\end{cases}$$

以上より，$x^{2m}-y^{2n}$，$y^{2n}-x^{2m}$ のいずれも 3 の倍数となるので，$x^{2m}$ と $y^{2n}$ の差は集合 $X$ に属さない。　……(終)

| 実力アップ問題 18 | 難易度 ★★ | CHECK 1 | CHECK 2 | CHECK 3 |
|---|---|---|---|---|

全体集合 $X$ を **30** 以下の自然数の集合とし，$X$ の部分集合 $A, B$ をそれぞれ

$A=\{x \mid x$ は **3** の倍数$\}$，　$B=\{x \mid x$ は **5** の倍数$\}$

とする。

**(1)** $A\cup B$ と $A\cap B$ を，それぞれ要素を書き並べる方法で表せ。

**(2)** $\overline{A}\cap\overline{B}$ の要素の個数を求めよ。

**(3)** $C$ を $X$ の部分集合で，以下の **4** つの条件を満たすものとする。

① $C$ の要素の個数は **8**　② $A\cap C$ の要素の個数は **5**

③ $B\cap C$ の要素の個数は **4**　④ $A\cap B\cap C$ の要素の個数は **2**

このとき，$C\cap(\overline{A\cup B})$ の要素の個数を求めよ。　（東京理大）

ヒント！ **(2)** ド・モルガンの法則 $\overline{A}\cap\overline{B}=\overline{A\cup B}$ を使う。**(3)** は複雑そうに見えるが，ベン図を使うと，シンプルに解ける。

**(1)** **30** 以下の自然数の集合 $X$ の部分集合 $A, B$ を，要素を並べる形で示す。

$A=\{x \mid x$ は **3** の倍数$\}$

$=\{3, 6, 9, 12, 15, 18, 21, 24, 27, 30\}$

$B=\{x \mid x$ は **5** の倍数$\}$

$=\{5, 10, 15, 20, 25, 30\}$

よって

$A\cup B=\{3, 5, 6, 9, 10, 12, 15, 18, 20, 21, 24, 25, 27, 30\}$ ……（答）

$A\cap B=\{15, 30\}$ ……………………（答）

**(2)** 集合 $X$ の要素の個数を $n(X)$，などと表すと，

ベン図 1

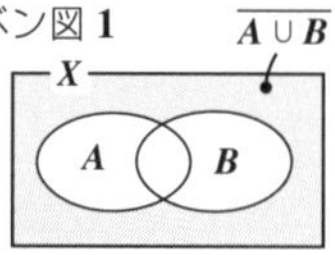


$n(X)=30$

$n(A\cup B)=14$

よって，（ド・モルガン）

$n(\overline{A}\cap\overline{B})=n(\overline{A\cup B})$

$=n(X)-n(A\cup B)$

$=30-14=16$ ……………（答）

**(3)** $X$ の部分集合 $C$ について，

$n(C)=8$，$n(A\cap C)=5$，$n(B\cap C)=4$，

$n(A\cap B\cap C)=2$

ベン図 2

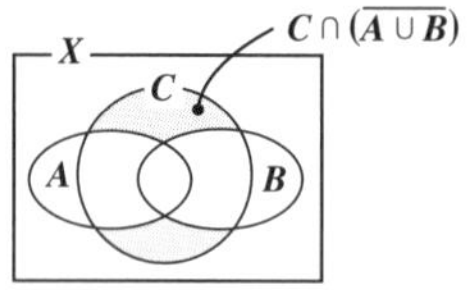


以上より，

$n(C\cap(\overline{A\cup B}))=n(C)-n(C\cap(A\cup B))$

$=n(C)-\{n(C\cap A)+n(C\cap B)$

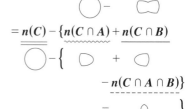

$-n(C\cap A\cap B)\}$

$=8-(5+4-2)=1$ …………（答）

## 実力アップ問題 19　難易度 ★★★　CHECK 1　CHECK 2　CHECK 3

**R** 大学の学生 **100** 人を調査したところ，パソコンを持っている者は **75** 人，携帯電話を持っている者は **80** 人，自家用車のある者は **60** 人であった。パソコンと携帯電話の両方を持っている人数を $N$ 人とするとき，起こりうる $N$ の最小値は［ ア ］である。**3** つとも持っている人数を $M$ 人とするとき，起こりうる $M$ の最小値は［ イ ］である。（立教大）

**ヒント！** **2** つ，または **3** つの集合の要素の個数（人数）についての応用問題である。ベン図を利用して，不等式にもち込むのがポイント。

**R** 大の **100** 人の学生を全体集合 $U$ とおき，また，そのうちパソコン，携帯電話，自家用車を持っている人の集合をそれぞれ $P, K, J$ とおく。

それぞれの要素の個数（学生の人数）は，

$n(U)=100,\ n(P)=\underline{75},\ n(K)=\underline{\underline{80}},$

$n(J)=60$

(Ⅰ) パソコンと携帯電話をもっている人の人数：

$N=n(P\cap K)$

について，和集合の要素数の公式より，

ベン図 **1**

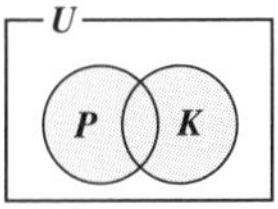


$$n(P\cup K)=\underset{75}{n(P)}+\underset{80}{n(K)}-\underset{N}{n(P\cap K)}\quad\cdots①$$

ここで，$P\cup K$ は $U$ の部分集合より

$n(P\cup K)\leqq n(U)=100$ ……………②

以上①，②より

$75+80-N\leqq 100$

$55\leqq N$

∴最小値 $N=55$

……(ア)(答)

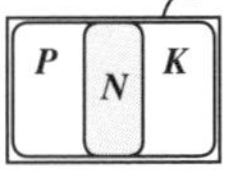


（$N=55$ のときのイメージ）

(Ⅱ) パソコン，携帯電話，自家用車の **3** つをすべてもっている人の人数：

$M=n(P\cap K\cap J)$

に対して，

$n(P\cap K)=x+M$

$n(K\cap J)=y+M$

$n(J\cap P)=z+M$

とおく。

ベン図 **2**

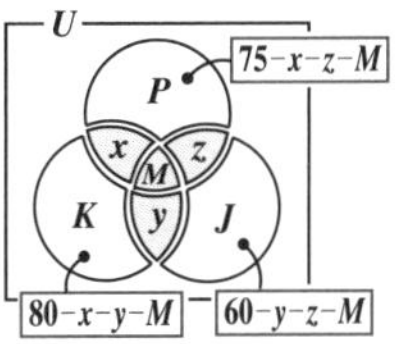


(ⅰ) $x+z+M\leqq n(P)$

∴ $x+z+M\leqq 75$ …③

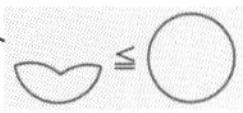

(ⅱ) $x+y+M\leqq n(K)$

∴ $x+y+M\leqq 80$ …④

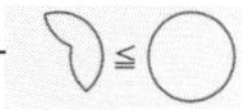

(ⅲ) $y+z+M\leqq n(J)$

∴ $y+z+M\leqq 60$ …⑤

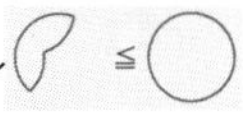

③＋④＋⑤より，$2(x+y+z)+3M\leqq 215$

$$\therefore\ \boxed{x+y+z\leqq\frac{215-3M}{2}}\quad\cdots\cdots\cdots⑥$$

(ⅳ) $n(P)+n(K)+n(J)$

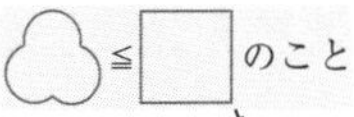


$-(x+M)-(y+M)-(z+M)+M\leqq n(U)$

$75+80+60-(x+y+z)-2M\leqq 100$

$$\boxed{115-2M\leqq x+y+z}\quad\cdots\cdots\cdots⑦$$

⑥，⑦より，

$$\boxed{115-2M\leqq}\ x+y+z\ \boxed{\leqq\frac{215-3M}{2}}$$

$230-4M\leqq 215-3M$

$15\leqq M$

∴最小値 $M=15$ ………………(イ)(答)

| 実力アップ問題 20 | 難易度 ★★★ | CHECK 1 | CHECK 2 | CHECK 3 |
|---|---|---|---|---|

$[x]$ は，実数 $x$ を越えない最大の整数を表す。$\left[\frac{1}{6}x\right]=\left[\frac{1}{2}x+1\right]$ ……①をみたす $x$ について考える。$\left[\frac{1}{6}x\right]=\left[\frac{1}{2}x+1\right]=k$ とおく。

(i) $\left[\frac{1}{6}x\right]=k$ から，［ア］$\leqq x<$［イ］…………②であり，

(ii) $\left[\frac{1}{2}x+1\right]=k$ から，［ウ］$\leqq x<$［エ］……③である。

$x$ の範囲②，③が共通部分をもつのは，$k=$［オ］のときのみであるから，①をみたす $x$ の値の範囲は［カ］$\leqq x<$［キ］である。　(上智大*)

**ヒント！** $[x]=k$ (整数) のとき，$k\leqq x<k+1$ となることがポイントだ。

$\left[\frac{1}{6}x\right]=\left[\frac{1}{2}x+1\right]$ ……①

$\left[\frac{1}{6}x\right]=\left[\frac{1}{2}x+1\right]=k$ (整数) とおくと，

(i) $\left[\frac{1}{6}x\right]=k$ より，$k\leqq\frac{1}{6}x<k+1$

$6k\leqq x<6k+6$ …②…(ア)(イ)(答)

(ii) $\left[\frac{1}{2}x+1\right]=k$ より，

$k\leqq\frac{1}{2}x+1<k+1$

$2k-2\leqq x<2k$ …③…(ウ)(エ)(答)

**参考**

②，③の区間の幅が，それぞれ 6 と 2 より，$x$ の範囲②，③が共通部分をもつのは，次の 3 通りのみである。

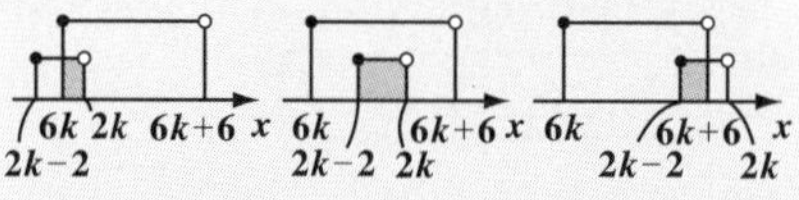


以上より，②，③が共通部分をもつ条件は，

(ア) $6k\leqq 2k-2<6k+6$

または

(イ) $6k<2k\leqq 6k+6$

②，③が共通部分をもつ条件は，

(ア) $6k\leqq 2k-2<6k+6$，すなわち

$-2<k\leqq -\frac{1}{2}$

または，

(イ) $6k<2k\leqq 6k+6$，すなわち

$-\frac{3}{2}\leqq k<0$

以上より，$-2<k<0$

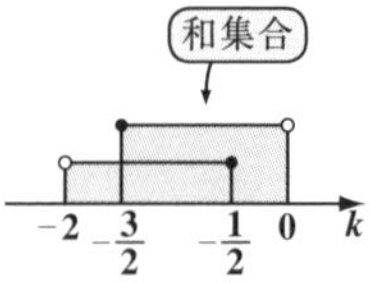


これをみたす整数 $k$ は，$k=-1$ のみ。

……(オ)(答)

このとき，②，③は，

$-6\leqq x<0$ ……②′

$-4\leqq x<-2$ …③′

②′と③′の共通部分が，①の方程式をみたす $x$ の範囲である。

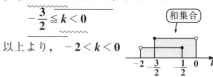

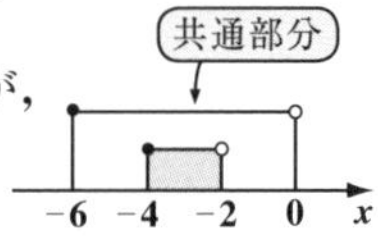


$\therefore -4\leqq x<-2$ ……………(カ)(キ)(答)

実力アップ問題 21　　難易度 ★★★　　CHECK 1　　CHECK2　　CHECK3

次の □ に、"必要条件である"、"十分条件である"、"必要十分条件である"
"必要条件でも十分条件でもない" のうち，適するものを入れよ。
また，その理由も書け。

(1) $|x+1| > |x-1| > |x-2|$ は、$-1 < x < 2$ であるための □ 。

(2) $|x+1| < |x-1| < |x-2|$ は、$x < -1$ であるための □ 。

( 群馬大 )

ヒント！　真理集合と必要条件・十分条件の問題だ。$P \subseteq Q$ ならば、"$p \Rightarrow q$" が
成り立つと言えるんだね。

(1), (2) 共に最初の不等式を $p$, 後の不等式を $q$ で表すことにし、また、これらの不等式をみたす実数 $x$ の集合をそれぞれ $P, Q$ と表すことにする。
　　　　　　　↑　　　↑
　　　　　（真理集合）

(1) $p$ の不等式

$|x+1| > |x-1| > |x-2|$ をみたす実数 $x$ の範囲は右のグラフより $x > \dfrac{3}{2}$

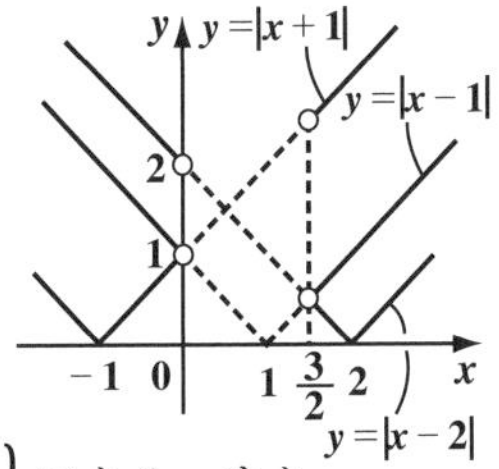

よって、$p$ の真理集合 $P$ は、

$P = \left\{ x \mid x > \dfrac{3}{2} \right\}$ である。また、

$q$ の真理集合 $Q$ は、$Q = \{x \mid -1 < x < 2\}$

よって、

(ⅰ) $P \subsetneqq Q$ より、

　$p \Rightarrow q$ は偽である。

(ⅱ) $P \not\supseteq Q$ より、

　$p \Longleftarrow q$ も偽である。

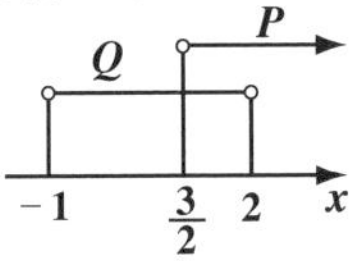

以上より、$p$ は $q$ であるための

　必要条件でも十分条件でもない 。
　　　　　　　　　　　…………(答)

(2) $p$ の不等式

$|x+1| < |x-1| < |x-2|$ をみたす実数 $x$ の範囲は、(1) のグラフより $x < 0$ となる。よって、$p$ の真理集合 $P$ は、

$P = \{x \mid x < 0\}$ である。また、

$q$ の真理集合 $Q$ は、$Q = \{x \mid x < -1\}$

である。

(ⅰ) $P \subsetneqq Q$ より、

　$p \Rightarrow q$ は偽

　である。

(ⅱ) $P \supseteq Q$ より、

　$p \Longleftarrow q$ は真である。

以上より、$p$ は $q$ であるための

　必要条件である 。　………………(答)

$p \Longleftarrow q$ が真
$N$ : 必要条件

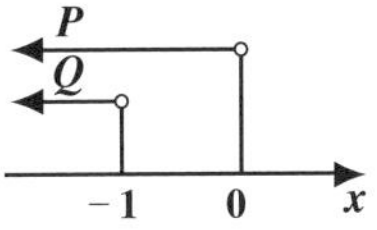

## 実力アップ問題 22　難易度 ☆☆　CHECK 1　CHECK 2　CHECK 3

$a, b$ を実数とする。 ア ～ ウ には下の選択肢から正しいものを選べ。

**(1)** $a$ と $b$ が共に有理数であることは，$a+b$ と $ab$ が共に有理数であるための ア

**(2)** $a$ と $b$ が共に無理数であることは，$a+b$ と $ab$ が共に無理数であるための イ

**(3)** $a$ と $b$ が共に正であることは，$a^3+b^3$ と $a^3b^3$ が共に正であるための ウ

選択肢：①必要条件であるが十分条件でない。
②十分条件であるが必要条件でない。
③必要十分条件である。
④必要条件でも十分条件でもない。　　(上智大＊)

ヒント！ “$p \Longrightarrow q$” が真のとき，$p$ を十分条件，$q$ を必要条件というんだね。また，“$p \Longrightarrow q$” が偽であることを示すには，反例を1つ挙げればいい。頻出典型問題だからよく練習しよう。

**(1)** $\begin{cases} p : a \text{ と } b \text{ が共に有理数である。} \\ q : a+b \text{ と } ab \text{ が共に有理数である。} \end{cases}$

とおく。

(i) “$p \Longrightarrow q$” について，

$a$ と $b$ が共に有理数のとき，

$a+b=$(有理数)+(有理数)
$=$(有理数)

$ab=$(有理数)×(有理数)
$=$(有理数)

∴ “$p \Longrightarrow q$” は真である。（$p$：十分条件である。）

(ii) “$p \Longleftarrow q$” は偽である。（$p$：必要条件でない。）

(反例) $a=\sqrt{2},\ b=-\sqrt{2}$

このとき，

$a+b=0$(有理数)

$ab=-2$(有理数)であるが，

$a, b$ は有理数でない。

以上(i)(ii)より，

$a$ と $b$ が共に有理数であることは，$a+b$ と $ab$ が共に有理数であるための十分条件ではあるが必要条件ではない。

∴ (ア) は②　………………(答)

**(2)** $\begin{cases} p: a\text{ と }b\text{ が共に無理数である。} \\ q: a+b\text{ と }ab\text{ が共に無理数である。} \end{cases}$
とおく。

(ⅰ) "$p \Longrightarrow q$" は偽である。
（十分条件でない。）
(反例) $a=\sqrt{2},\ b=-\sqrt{2}$
このとき，$a, b$ は共に無理数だが，
$a+b=0,\ ab=-2$ となって，
$a+b$ と $ab$ は共に無理数ではない。

(ⅱ) "$p \Longleftarrow q$" も偽である。
（必要条件でない。）
(反例) $a=1,\ b=\sqrt{2}$
このとき，$a+b=1+\sqrt{2}$ と $ab=\sqrt{2}$
は共に無理数だが，$a$ は有理数である
ため $a$ と $b$ は共に無理数ではない。

以上(ⅰ)(ⅱ)より，
$a$ と $b$ が共に無理数であることは，
$a+b$ と $ab$ が共に無理数であるため
の必要条件でも十分条件でもない。
∴ (イ) は④ ……………(答)

**(3)** $\begin{cases} p: a\text{ と }b\text{ が共に正である。} \\ q: a^3+b^3\text{ と }a^3b^3\text{ が共に正である。} \end{cases}$
とおく。

(ⅰ) "$p \Longrightarrow q$" について，
$a>0,\ b>0$ のとき，
$a^3+b^3=(\text{正の数})^3+(\text{正の数})^3$
$=(\text{正の数})+(\text{正の数})$
$=(\text{正の数})$
$a^3b^3=(\text{正の数})^3\times(\text{正の数})^3$
$=(\text{正の数})\times(\text{正の数})$
$=(\text{正の数})$
∴ "$p \Longrightarrow q$" は真である。
（十分条件である。）

(ⅱ) "$p \Longleftarrow q$" について，
$a^3+b^3>0$ かつ $a^3b^3>0$ のとき
$a^3b^3=(ab)^3>0$ より，
$ab>0$ ……①
$a^3+b^3=(a+b)(a^2-ab+b^2)$
（$a^3+b^3$ は ⊕）
$=(a+b)\{(a-b)^2+ab\}>0$
（$(a-b)^2$ は 0以上，$ab$ は ⊕）
で，$(a-b)^2+ab>0$ より，
$a+b>0$ ……②
以上の①，②より，$a>0$ かつ $b>0$

> $ab>0$ …①より，
> $\begin{cases} \text{(ⅰ) } a>0\text{ かつ }b>0 \\ \text{または} \\ \text{(ⅱ) } a<0\text{ かつ }b<0\text{ となる。} \end{cases}$
> ここでさらに，$a+b>0$ …②
> の条件より(ⅰ)の $a>0$ かつ $b>0$
> が導かれる。

∴ "$p \Longleftarrow q$" も真である。
（必要条件である。）

以上(ⅰ)(ⅱ)より，
$a$ と $b$ が共に正であることは，
$a^3+b^3$ と $a^3b^3$ が共に正であるための必
要十分条件である。
∴ (ウ) は③ ………………(答)

## 実力アップ問題 23　難易度 ★★　CHECK 1　CHECK 2　CHECK 3

次の命題の真偽を述べ，その理由を説明せよ。ただし，$\sqrt{2}$，$\sqrt{3}$，$\sqrt{5}$，$\sqrt{6}$ が無理数であることを用いてもよい。

**(1)** $\sqrt{2}+\sqrt{3}$ は無理数である。

**(2)** $x$ が実数であるとき，$x^2+x$ が有理数ならば，$x$ は有理数である。

**(3)** $x$，$y$ がともに無理数ならば，$x+y$，$x^2+y^2$ のうち少なくとも一方は無理数である。　　　（北海道大）

**ヒント！** (1) 背理法で証明できる。(2) $x\cdot(x+1)$ より，$x=$（無理数）$-0.5$ の形の数で反例を示す。(3) 容易に反例が示せる。

**基本事項**

背理法

命題 "$q$ である"

が成り立つことを示すには，「$q$ でない」と仮定して，矛盾が出ることを示せばよい。

**(1)** 命題：

「$\sqrt{2}+\sqrt{3}$ は無理数である。」…(＊)

(＊) が真であることを背理法により示す。

「$\sqrt{2}+\sqrt{3}$ は有理数である。」（有理数：分数または整数）

と仮定すると，

$\sqrt{2}+\sqrt{3}=P$ （有理数）…①

とおける。

①の両辺を 2 乗して，

$(\sqrt{2}+\sqrt{3})^2=P^2$

$2+2\sqrt{6}+3=P^2$

$\boxed{\sqrt{6}}=\boxed{\dfrac{P^2-5}{2}}$
（左辺：無理数，右辺：有理数）

∴（無理数）＝（有理数）となって矛盾する。よって，命題：

「$\sqrt{2}+\sqrt{3}$ は無理数である。」…(＊)

は真である。 ……………（答）

**(2)** 反例として，$x=\sqrt{2}-\dfrac{1}{2}$ が挙げられる。このとき

$x^2+x=x\cdot(x+1)$

$=\left(\sqrt{2}-\dfrac{1}{2}\right)\cdot\left(\sqrt{2}+\dfrac{1}{2}\right)$

$=2-\dfrac{1}{4}=\dfrac{7}{4}$

は有理数であるが，

$x=\sqrt{2}-\dfrac{1}{2}$ は

無理数である。

∴与命題は偽である。 ………（答）

**(3)** 反例として，$x=\sqrt{2}$，$y=-\sqrt{2}$ が挙げられる。（$x$，$y$ は共に無理数）

このとき

$$\begin{cases} x+y=\sqrt{2}-\sqrt{2}=0 & \text{（有理数）} \\ x^2+y^2=(\sqrt{2})^2+(-\sqrt{2})^2=4 & \text{（有理数）} \end{cases}$$

となって，$x+y$，$x^2+y^2$ は共に有理数となる。

∴与えられた命題は偽である。

………（答）

## 実力アップ問題 24　難易度 ★★★　CHECK 1　CHECK 2　CHECK 3

下記の各命題についてその真偽を記し，理由を述べよ。

**(1)** $\sqrt{7}$ は無理数である。

**(2)** 和も積も共に $\mathbf{0}$ でない有理数であるような $\mathbf{2}$ つの実数 $a$，$b$ は，共に有理数である。

**(3)** 和も積も共に有理数であるような $\mathbf{2}$ つの実数 $a$，$b$ に対して，$a^5+b^5$ は有理数である。　（九州大＊）

**ヒント！** (1) 背理法を使う。(2) $a=1+\sqrt{7}$，$b=1-\sqrt{7}$ が $1$ つの反例である。(3) 基本対称式と対称式の問題でもある。

**(1)** 「$\sqrt{7}$は無理数である。」が真の命題であることを，背理法によって証明する。

「$\sqrt{7}$は有理数である。」と仮定すると，

$\sqrt{7}=\dfrac{n}{m}$ …①

$(m,\ n$ : 互いに素な自然数$)$　（1 以外に公約数がない。）

とおける。①より，

$\sqrt{7}m=n$　両辺を $2$ 乗して，

$7m^2=n^2$ ……②

$n^2$ は $7$ の倍数より，$n$ も $7$ の倍数となる。

（これを示すには，対偶：「$n$ が $7$ の倍数でないならば，$n^2$ は $7$ の倍数でない。」を示せばよい。ここでは，これを明らかとして使っている。）

よって，$n=7l$ …③　（$l$ : 自然数）

③を②に代入して，

$7m^2=(7l)^2$，　$7m^2=49l^2$

$m^2=7l^2$

$m^2$ は $7$ の倍数より，$m$ も $7$ の倍数となって，$m$ と $n$ が互いに素の条件に反する。よって，矛盾。

以上より，「$\sqrt{7}$ は無理数である。」は真である。 ……………………(答)

**(2)** 反例として，

$a=1+\sqrt{7}$，$b=1-\sqrt{7}$

が挙げられる。

$$\begin{cases} a+b=1+\sqrt{7}+1-\sqrt{7}=2 & (\text{有理数}) \\ ab=(1+\sqrt{7})(1-\sqrt{7})=-6 & (\text{有理数}) \end{cases}$$

であるが，$a$，$b$ は共に有理数ではない。

よって，与命題は偽である。

……… (答)

**(3)** $\begin{cases} a+b=p & (\text{有理数}) \\ ab=q & (\text{有理数}) \end{cases}$ …④ のとき

（基本対称式）

$a^5+b^5$ を変形して，（対称式）

（対称式は基本対称式で表される！）

$a^5+b^5$

$=(a^2+b^2)(a^3+b^3)-a^3b^2-a^2b^3$

（$a^2+b^2=(a+b)^2-2ab$，$a^3+b^3=(a+b)^3-3ab(a+b)$）

$=\{(a+b)^2-2ab\}\{(a+b)^3-3ab(a+b)\}-(ab)^2(a+b)$

$=(p^2-2q)(p^3-3qp)-q^2p$　（∵④）

$=$（有理数）　（∵ $p,q$ : 有理数）

以上より，命題：「$a+b$, $ab$ が共に有理数ならば，$a^5+b^5$ は有理数である。」は，真である。 ………………… (答)

## 実力アップ問題 25　難易度 ★★★　CHECK 1　CHECK 2　CHECK 3

次の問いに答えよ。ただし，平方数とはある整数の 2 乗となっている数のことである。

(1) $s$ を正の整数とする。$s^2$ が奇数であれば，$s$ は奇数であることを証明せよ。

(2) $n$ が正の整数で，$2n+1$ が平方数であれば，$n+1$ は 2 つの平方数の和で表せることを証明せよ。 （甲南大）

ヒント！ (1) 対偶命題が成り立つことを示して，元の命題が真であることを証明する。(2) (1) の結果を使って，うまく式を変形していく。

**基本事項**

対偶による証明法

命題：「$p \longrightarrow q$」

が成り立つことを示すために，

対偶命題：「$\overline{q} \longrightarrow \overline{p}$」

が成り立つことを示す。

$\left( \because \text{対偶命題が真} \Longleftrightarrow \text{元の命題が真} \right)$

(1) 命題：「$s^2$ が奇数ならば，$s$ は奇数である。」…(＊)

が成り立つことを示すために，

対偶命題：「$s$ が偶数ならば，$s^2$ は偶数である。」…(＊＊)

が成り立つことを示す。

$s$ が偶数のとき，

$s = 2k$ …① ($k$：整数)

とおける。

①の両辺を 2 乗して，

$s^2 = (2k)^2 = 2 \cdot \boxed{2k^2}$ （整数）

$\therefore s^2$ も偶数となって，対偶命題 (＊＊) は成り立つ。

ゆえに，元の命題 (＊) は成り立つ。

…………(終)

(2) 正の整数 $n$ に対して，

命題：「$2n+1$ が平方数であれば，$n+1$ は 2 つの平方数の和で表される。」…(＊＊＊)

が成り立つことを示す。

$2n+1$ が平方数のとき，$k$ を整数として，

$\underline{2n+1} = k^2$ …② とおける。（奇数）

②より，$k^2$ は奇数より，(＊) の真の命題から，$k$ は奇数である。

$\therefore k = 2l+1$ …③ ($l$：整数)

とおける。

③を②に代入すると，

$2n+1 = (2l+1)^2$

$2n+\cancel{1} = 4l^2+4l+\cancel{1}$

$2n = 4l^2+4l$

両辺を 2 で割って，

$n = 2l^2+2l$

$\therefore n+\underline{\underline{1}} = 2l^2+2l+\underline{\underline{1}}$

$= l^2+(l^2+2l+1)$

$= \underbrace{l^2}_{\text{平方数}} + \underbrace{(l+1)^2}_{\text{平方数}}$

よって，$n+1$ は 2 つの平方数の和で表されるので，(＊＊＊) は成り立つ。

…………(終)

## 実力アップ問題 26　難易度 ☆☆☆　CHECK 1　CHECK 2　CHECK 3

$a, b, c$ は，$a^2 - 3b^2 = c^2$ を満たす整数とするとき，次のことを証明せよ。
(1) $a, b$ の少なくとも一方は偶数である。
(2) $a, b$ が共に偶数なら，少なくとも一方は 4 の倍数である。　（東北大＊）

**ヒント！** (1)(奇数)$^2$ = (奇数)，(偶数)$^2$ = (4 の倍数) であることに注意する。(2) (1) の結果を利用すると証明できる。

$a^2 - 3b^2 = c^2$　……①
($a, b, c$ : 整数)

(1) 命題：「$a, b$ の少なくとも一方は偶数である。」　……(＊)

(＊) が成り立つことを背理法を用いて示す。
「$a, b$ が共に奇数である。」と仮定すると，

$a = 2k + 1,\ b = 2l + 1$
($k, l$ : 整数) とおける。

これを①に代入して，

$(2k+1)^2 - 3(2l+1)^2 = c^2$

$c^2 = 4k^2 + 4k + 1 - 3(4l^2 + 4l + 1)$
$= 4k^2 + 4k - 12l^2 - 12l - 2$
$= 2(2k^2 + 2k - 6l^2 - 6l - 1)$
$= 2\{2(\boxed{k^2 + k - 3l^2 - 3l}) - 1\}$　（$k^2+k-3l^2-3l$：整数，$\{\ \}$内：奇数）

$\therefore c^2 = 2 \times$ (奇数)

ここで，
(ⅰ) $c$ が奇数ならば，$c^2$ = (奇数)
(ⅱ) $c$ が偶数ならば，$c^2$ = (4の倍数)

となるが，$c^2 = 2 \times$ (奇数) はこのいずれもみたさず，矛盾である。
$\therefore$ (＊) は真である。　………(終)

(2) 命題：「$a, b$ が共に偶数ならば，少なくとも一方は 4 の倍数である。」　……(＊＊)

が成り立つことを示す。
$a, b$ が共に偶数のとき，

$a = 2m,\ b = 2n$　($m, n$ : 整数)

とおける。
これを①に代入して，

$(2m)^2 - 3(2n)^2 = c^2$
$c^2 = 4m^2 - 12n^2$
$c^2 = 4(\boxed{m^2 - 3n^2})$　……②　（$m^2-3n^2$：整数）

$c^2$ は，4 の倍数より，$c$ は偶数。
$\therefore c = 2j$　($j$ : 整数) とおける。
これを②に代入して，

$(2j)^2 = 4(m^2 - 3n^2)$
$4(m^2 - 3n^2) = 4j^2$
$m^2 - 3n^2 = j^2$　……③

$m, n, j$ は整数なので，③は①と同じ形の式である。よって (1) の結果より，$m, n$ の少なくとも一方は偶数である。ゆえに，$a = 2m,\ b = 2n$ の少なくとも一方は，4の倍数である。
$\therefore$ (＊＊) は成り立つ。　……(終)

## 実力アップ問題 27

難易度 ★★★　CHECK 1　CHECK 2　CHECK 3

$n$ を正の整数とし，$2000^n$ を 7 で割ったときの余りを $a_n$ とおく。

(1) $a_1, a_2, a_3$ を求めよ。

(2) $S_n = a_1 + a_2 + \cdots + a_n$ とおく。$S_n$ が 7 で割り切れる最小の $n$ を求めよ。

(同志社大)

### レクチャー　◆合同式◆

2 つの整数 $a$，$b$ をある整数 $n$ で割ったときの余りが等しいとき，

$a \equiv b \pmod{n}$ と書き，これを「$n$ を法として，$a$ と $b$ は合同」と読む。（$n$ に対しての意味）

$n = 4$ のときの例を下に示す。

$0 \equiv 4 \equiv 8 \equiv 12 \equiv \cdots \pmod{4}$ ← 4 で割って，割り切れる数はすべて合同

$1 \equiv 5 \equiv 9 \equiv 13 \equiv \cdots \pmod{4}$ ← 4 で割って，1 余る数はすべて合同

$2 \equiv 6 \equiv 10 \equiv 14 \equiv \cdots \pmod{4}$ ← 4 で割って，2 余る数はすべて合同

$3 \equiv 7 \equiv 11 \equiv 15 \equiv \cdots \pmod{4}$ ← 4 で割って，3 余る数はすべて合同

合同式には，次の重要公式がある。

$a \equiv b,\ c \equiv d \pmod{n}$ のとき，

(Ⅰ) $a + c \equiv b + d$　(Ⅱ) $a - c \equiv b - d$　(Ⅲ) $a \times c \equiv b \times d$

（この合同式の定義と公式は答案に書いた方がいい。）

($ex$1) $54 \times 95$ を，4 で割った余りを求める。

mod4 として，$54 \equiv 2$，$95 \equiv 3$ より，

$54 \times 95 \equiv 2 \times 3 \equiv 6 \equiv 2$　∴余りは 2 となる。

($ex$2) $95^3$ を，4 で割った余りを求める。

$95^3 \equiv 3^3 \equiv 27 \equiv 3 \pmod{4}$　∴余りは 3

（$95 \times 95 \equiv 3 \times 3 \equiv 3^2$，$95^2 \times 95 \equiv 3^2 \times 3 \equiv 3^3$ となる。）

(1) $2000 = 285 \times 7 + ⑤$ より，（余り）

$2000 \equiv ⑤ \pmod{7}$　（$a_1$）

$2000^2 \equiv 5^2 \equiv ④ \pmod{7}$　（$a_2$）

$2000^3 \equiv 4 \times 5 \equiv ⑥ \pmod{7}$　（$a_3$）

$2000^4 \equiv 6 \times 5 \equiv ② \pmod{7}$　（$a_4$）

$2000^5 \equiv 2 \times 5 \equiv ③ \pmod{7}$　（$a_5$）

$2000^6 \equiv 3 \times 5 \equiv ① \pmod{7}$　（$a_6$）

（$a_6 = 1$ より，以降 $a_7$，$a_8$，…は 5，4，6，2，3，1 を繰り返す。）

∴ $a_1 = 5$，$a_2 = 4$，$a_3 = 6$　…(答)

(2) $a_1 + a_2 + a_3 + \cdots = 5 + 4 + 6 + \cdots$

を計算して，第 $n$ 項までの和 $S_n$ が 7で割り切れる最小の $n$ を求める。

$$S_6 = a_1 + a_2 + a_3 + a_4 + a_5 + a_6$$
$$= 5 + 4 + 6 + 2 + 3 + 1$$
$$= 21 = 7 \times 3$$ より，

求める最小の $n$ は，6 である。

………(答)

演習
exercise

# 3 2次関数

テーマ

▶ 2次関数の基本

(解の公式：$x = \dfrac{-b \pm \sqrt{b^2-4ac}}{2a}$)

▶ 一般の不等式の証明

▶ 2次関数の標準形と最大・最小

(カニ歩き＆場合分け)

▶ 2次方程式・2次不等式

▶ 解と係数の関係，解の範囲の問題

$$\left(\alpha+\beta=-\frac{b}{a},\ \ \alpha\beta=\frac{c}{a}\right)$$

## 演習3 2次関数 ●公式＆解法パターン

### 1. 2次方程式

2次方程式：$ax^2+bx+c=0$ …① $(a\neq 0)$には3つの解法がある。

(1) ①の左辺が因数分解できて，$a(x-\alpha)(x-\beta)=0$ と変形できるとき，

解 $x=\alpha$ または $\beta$ となる。

(2) 解の公式：$x=\dfrac{-b\pm\sqrt{b^2-4ac}}{2a}$ $\left(\begin{array}{l}\text{ただし,}\\ \text{判別式 } D=b^2-4ac\geqq 0\end{array}\right)$

(3) ①が，$ax^2+2b'x+c=0$ …①′ $(a\neq 0)$の形の場合，

解の公式：$x=\dfrac{-b'\pm\sqrt{b'^2-ac}}{a}$ $\left(\begin{array}{l}\text{ただし,}\\ \text{判別式 } \dfrac{D}{4}=b'^2-ac\geqq 0\end{array}\right)$

### 2. 2次方程式の解の判別

2次方程式：$ax^2+bx+c=0$ [または，$ax^2+2b'x+c=0$] $(a\neq 0)$は

(ⅰ) 判別式 $D>0$ $\left[\text{または，}\dfrac{D}{4}>0\right]$ のとき，相異なる2実数解をもつ。

(ⅱ) 判別式 $D=0$ $\left[\text{または，}\dfrac{D}{4}=0\right]$ のとき，重解をもつ。

(ⅲ) 判別式 $D<0$ $\left[\text{または，}\dfrac{D}{4}<0\right]$ のとき，実数解をもたない。

### 3. 不等式の証明に使われる4つの公式

(1) $A^2\geqq 0$，$A^2+B^2\geqq 0$ など。

$(ex)$ $x^2+x+1$ は，$\left\{x^2+\underline{1}\cdot x+\left(\dfrac{1}{2}\right)^2\right\}+\dfrac{3}{4}=\underline{\left(x+\dfrac{1}{2}\right)^2}+\underline{\dfrac{3}{4}}$ と変形できるので，任意の実数 $x$ に対して，$x^2+x+1>0$ と言えるんだね。

（2で割って2乗）（0以上）（⊕）

(2) 相加・相乗平均の不等式

$a>0$，$b>0$ のとき，

$a+b\geqq 2\sqrt{ab}$

（等号成立条件：$a=b$）

これも，$(\sqrt{a}-\sqrt{b})^2\geqq 0$ ← $A^2\geqq 0$ を変形して，$a-2\sqrt{a}\sqrt{b}+b\geqq 0$ から，$a+b\geqq 2\sqrt{ab}$ と導けるんだね。

(*ex*) $t>0$ のとき，$t+\dfrac{4}{t}$ の最小値は，相加・相乗平均の不等式を使って，

$$t+\frac{4}{t} \geqq 2\sqrt{t\cdot\frac{4}{t}}=2\sqrt{4}=4$$

等号成立条件：$t=\dfrac{4}{t}$ $\quad t^2=4 \quad \therefore t=2 \quad (\because t>0)$

よって，$t=2$ のとき，

$t+\dfrac{4}{t}$ は最小値 $4$ をとる。

**(3)** $|a| \geqq a$

**(4)** $a>b>0 \implies a^2>b^2$

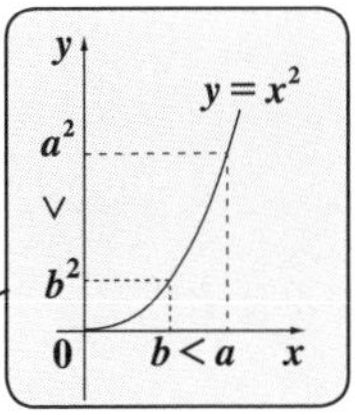


## 4. 2 次関数の基本

(ⅰ) 基本形：$y=ax^2$

(ⅱ) 標準形：$y=a(x-p)^2+q$

$y=ax^2$ を $(p,\ q)$ だけ平行移動したもの。頂点 $(p,\ q)$，軸 $x=p$

(ⅲ) 一般形：$y=ax^2+bx+c$

これを変形して，(ⅱ)標準形にする。

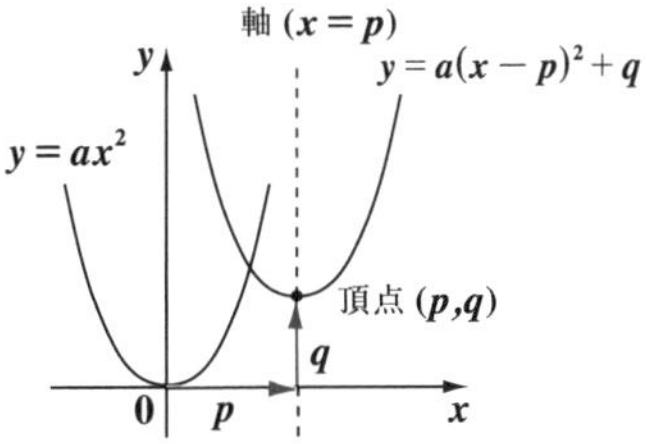


## 5. グラフの対称移動

(ⅰ) $y$ 軸に関して対称移動

$y=f(x) \longrightarrow y=f(-x)$

$x$ の代わりに $-x$ を代入する。

(ⅱ) $x$ 軸に関して対称移動

$y=f(x) \longrightarrow -y=f(x)$

$y$ の代わりに $-y$ を代入する。

(ⅲ) 原点に関して対称移動

$y=f(x) \longrightarrow -y=f(-x)$

$x$ の代わりに $-x$
$y$ の代わりに $-y$ を代入する。

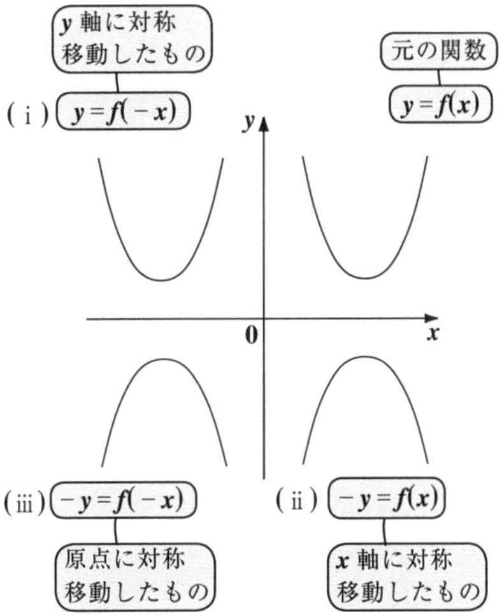

## 6．2 次関数と最大・最小問題

**(1)** 実際の問題では，絶対値などを含めた $y=|ax^2+b|x|+c|$ などのような複雑な形の関数も出題されるが，グラフを描いて，与えられた $x$ の定義域内での $y$ 座標の最大値や最小値を求めればいい。

**(2)** カニ歩き＆場合分けの問題

たとえば，$y=f(x)=(x-a)^2+1\quad(0\leqq x\leqq 2)$ の場合，この下に凸の放物線の頂点の $x$ 座標が文字定数 $a$ なので，この最小値を求めるには，放物線を次のように **3** 通りに場合分けする必要がある。

（頂点の $x$ 座標）

（放物線が横に動くので，“カニ歩き”）

（i）$a\leqq 0$ のとき　（ii）$0<a\leqq 2$ のとき　（iii）$2<a$ のとき

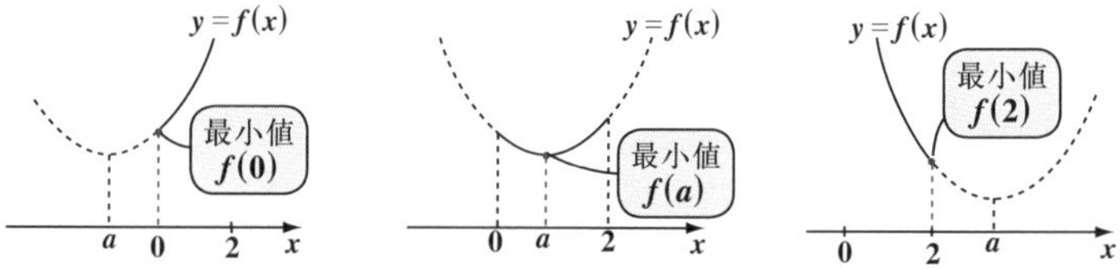


## 7．2 次不等式の解

**2** 次方程式 $f(x)=ax^2+bx+c=0\quad(a>0)$ の判別式を $D$ とおく。

（Ⅰ）$D>0$ のとき，$f(x)=0$ は相異なる実数解 $\alpha$，$\beta\ (\alpha<\beta)$ をもつ。

（i）**2** 次不等式 $f(x)>0$ の解：$x<\alpha$，$\beta<x$

（ii）**2** 次不等式 $f(x)<0$ の解：$\alpha<x<\beta$

（Ⅱ）$D=0$ のとき，$f(x)=0$ は重解 $\alpha$ をもつ。

（i）**2** 次不等式 $f(x)>0$ の解：$x\neq\alpha$　（$\alpha$ を除くすべての実数）

（ii）**2** 次不等式 $f(x)<0$ の解：解なし。

（Ⅲ）$D<0$ のとき，$f(x)=0$ は実数解をもたない。

（i）**2** 次不等式 $f(x)>0$ の解：すべての実数

（ii）**2** 次不等式 $f(x)<0$ の解：解なし。

> **2** 次不等式を解く場合も，**2** 次関数 $y=f(x)$ と $x$ 軸 $(y=0)$ のグラフの位置関係で考えるとわかりやすい。イメージが大切なんだね。

## 8. 分数不等式の解法パターン

(1) $\frac{B}{A} > 0 \iff A \cdot B > 0$

(2) $\frac{B}{A} < 0 \iff A \cdot B < 0$

(3) $\frac{B}{A} \geqq 0 \iff A \cdot B \geqq 0$ かつ $A \neq 0$

(4) $\frac{B}{A} \leqq 0 \iff A \cdot B \leqq 0$ かつ $A \neq 0$

> (1)～(4) の分数不等式の両辺に $A^2(>0)$ をかける。
> 特に，(3) $AB \geqq 0$，(4) $AB \leqq 0$ の場合，$A=0$ もこれらの不等式の解に含まれる。ところが，$A$ は元々分母にあったわけだから，当然 $A \neq 0$ としなければいけない。

## 9. 2 次方程式の解と係数の関係

2 次方程式：$ax^2+bx+c=0$ $(a \neq 0)$ の解が $\alpha$，$\beta$ のとき，

(i) $\alpha+\beta = -\frac{b}{a}$　　(ii) $\alpha\beta = \frac{c}{a}$　　が成り立つ。

> 与方程式は，$x^2+\frac{b}{a}x+\frac{c}{a}=0$ …① $(a \neq 0)$ と表せる。また，この解が，$\alpha$，$\beta$ より，これは，$(x-\alpha)(x-\beta)=0$ つまり，$x^2-(\alpha+\beta)x+\alpha\beta=0$…②とも表せる。①，②の各係数を比較して，公式 (i)(ii) が導ける…。

## 10. 2 次方程式の解 $\alpha$，$\beta$ と符号の決定

2 次方程式：$ax^2+bx+c=0$ $(a \neq 0)$ が相異なる 2 実数解 $\alpha$，$\beta$ をもつとき，判別式を $D$ とおくと，

(I) $\alpha$，$\beta$ が共に正
- (i) $D>0$
- (ii) $\alpha+\beta = -\frac{b}{a} > 0$
- (iii) $\alpha\beta = \frac{c}{a} > 0$

(II) $\alpha$，$\beta$ が共に負
- (i) $D>0$
- (ii) $\alpha+\beta = -\frac{b}{a} < 0$
- (iii) $\alpha\beta = \frac{c}{a} > 0$

(III) $\alpha$，$\beta$ が異符号
- (i) $\alpha\beta = \frac{c}{a} < 0$

## 11. 2 次方程式の解 $\alpha$，$\beta$ の範囲の問題

2 次方程式：$f(x)=ax^2+bx+c=0$ $(a \neq 0)$ の解 $\alpha$，$\beta$ の範囲の問題については，2 次関数 $y=f(x)$ と $x$ 軸 $(y=0)$ のグラフの位置関係から条件を導けばいい。(具体的な練習は実力アップ問題でしよう。)

## 実力アップ問題 28　難易度 ☆☆　CHECK 1　CHECK 2　CHECK 3

次の方程式を解け。

(1) $x+\sqrt{x^2+\sqrt{x}}=1$　（工学院大）

(2) $x(x-1)(x-2)(x-3)=4\cdot5\cdot6\cdot7$　（長崎総合科学大）

**ヒント！** (1) $\sqrt{x^2+\sqrt{x}}=1-x$ として，両辺を 2 乗し，$\sqrt{x}=t$ とおくといい。(2) $x=7$ 以外にも解はある。$x^2-3x=A$ とおいて，まず因数分解にもち込む。

(1) $x+\sqrt{x^2+\sqrt{x}}=1$ を変形して，

$\sqrt{x^2+\sqrt{x}}=1-x$ ……①

$1-x\geqq0,\quad \sqrt{x}\geqq0$ より，$0\leqq x\leqq1$

①の両辺を 2 乗して，

$x^2+\sqrt{x}=(1-x)^2$

$x^2+\sqrt{x}=1-2x+x^2$

$2x+\sqrt{x}-1=0$ ……②

ここで，$\sqrt{x}=t$ とおくと，②は，

$2t^2+t-1=0\quad(t\geqq0)$

$\begin{matrix}2 & & -1\\ 1 & & 1\end{matrix}$

$(2t-1)(t+1)=0$　（$t+1$ は ⊕）

ここで，$t\geqq0$ より，$t+1>0$

よって，$t=\dfrac{1}{2}\quad[=\sqrt{x}]$

$\therefore x=\dfrac{1}{4}$ …………………………(答)

(2) $x(x-1)(x-2)(x-3)=4\cdot5\cdot6\cdot7$ …③

**参考**

③の方程式から，$x=7$ のとき，左辺 $=7\cdot6\cdot5\cdot4$ となるので，$x=7$ が解であることはすぐに分かる。しかし，それ以外の解を求めるために左辺を

$\begin{cases}x(x-3)=x^2-3x\\(x-1)(x-2)=x^2-3x+2\end{cases}$ と分けて，

計算し，$x^2-3x=A$ とおくと，話が見えてくる。

③を変形して，

$x(x-3)\cdot(x-1)(x-2)=4\cdot5\cdot6\cdot7$

$(x^2-3x)(x^2-3x+2)=4\cdot5\cdot6\cdot7$　（$x^2-3x$ は $A$）

ここで，$x^2-3x=A$ とおくと，

$A(A+2)=4\cdot5\cdot6\cdot7$

$A^2+2A-4\cdot5\cdot6\cdot7=0$

$\begin{matrix}1 & & 5\cdot6\\ 1 & & -4\cdot7\end{matrix}$

$(A+30)(A-28)=0$

$A$ に $x^2-3x$ を代入して，

$(x^2-3x+30)(x^2-3x-28)=0$

$\therefore\begin{cases}(\text{i})\ x^2-3x+30=0 \text{ ……④}\\ \text{または}\\ (\text{ii})\ x^2-3x-28=0 \text{ ……⑤}\end{cases}$

(i) ④の判別式を $D$ とおくと，

$D=(-3)^2-4\cdot1\cdot30<0$

よって，④は実数解をもたない。

(ii) ⑤より，$(x+4)(x-7)=0$

$\therefore x=-4,\ 7$

以上(i)(ii)より，求める③の実数解は，

$x=-4$ または $7$ …………………(答)

## 実力アップ問題 29 難易度 ☆☆☆ CHECK 1 CHECK 2 CHECK 3

$x$ の 4 次方程式 $x^4+3x^3-8x^2-6x+4=0$ …① について，
次の問いに答えよ。

(1) ①の両辺を $x^2$ $(\neq 0)$ で割って，$t=x-\frac{2}{x}$ とおくことにより，
$t$ の 2 次方程式を導いて，その解を求めよ。

(2) (1) の結果を用いて，①の解を求めよ。

ヒント！ ①は $x$ の 4 次方程式だけれど，(1) の導入に従えば 2 つの 2 次方程式に分解できる。これは“複 2 次方程式”と呼ばれる頻出典型問題の 1 つだ。

(1) $x\neq 0$ より，①の両辺を $x^2$ $(\neq 0)$ で

> $x=0$ と仮定すると，これを①の左辺に代入して，$4=0$ となって矛盾する。よって $x\neq 0$ だ。(背理法)

割って，

$$x^2+3x-8-\frac{6}{x}+\frac{4}{x^2}=0$$

$$\left(x^2+\frac{4}{x^2}\right)+3\left(x-\frac{2}{x}\right)-8=0 \quad \cdots\cdots ①'$$

（$x^2+\frac{4}{x^2}=t^2+4$，$x-\frac{2}{x}=t$）

ここで，$t=x-\frac{2}{x}$ ……②とおくと，

②の両辺を 2 乗して，

$$t^2=\left(x-\frac{2}{x}\right)^2=x^2-2\cdot x\cdot\frac{2}{x}+\frac{4}{x^2}$$

よって，$x^2+\frac{4}{x^2}=t^2+4$ ……②´

②と②´を①´に代入して，

$t^2+3t-4=0$ ……③ ……………(答)

③を解いて，

$(t-1)(t+4)=0$

$\therefore\ t=1$ または $-4$ ……………(答)

(2) (1) の結果より，

(i) $t=x-\frac{2}{x}=1$ のとき，

$x-\frac{2}{x}=1$，　$x^2-2=x$

$x^2-x-2=0$，$(x+1)(x-2)=0$

$\therefore\ x=-1,\ 2$

(ii) $t=x-\frac{2}{x}=-4$ のとき，

$x-\frac{2}{x}=-4$，　$x^2-2=-4x$

$x^2+4x-2=0$

$\therefore\ x=-2\pm\sqrt{6}$

> $ax^2+2b'x+c=0$ の解は，
> $x=\dfrac{-b'\pm\sqrt{b'^2-ac}}{a}$

以上(i)(ii)より，求める①の 4 次方程式の解は，

$x=-1,\ 2,\ -2\pm\sqrt{6}$ …………(答)

> ①は，(i)，(ii)のように 2 つの 2 次方程式に分解して解けるので，この①のような 4 次方程式を特に，“複 2 次方程式”という。

## 実力アップ問題 30　難易度 ★★★　CHECK 1　CHECK 2　CHECK 3

実数 $x$ に対して，$[x]$ は $n \leqq x < n+1$ となる整数 $n$ を表す。
例えば，$[\sqrt{3}]=1$，$[-3.14]=-4$ である。
**(1)** $([x])^2+2[x]-3=0$ をみたす $x$ の値の範囲を求めよ。
**(2)** $[3x]-[x]=4$ をみたす $x$ の値の範囲を求めよ。　(東京電機大＊)

**ヒント！** ガウス記号と方程式の融合問題だ。(1) では，$[x]=n$ とおいて，$n$ の値を求めよう。(2) でも，$[x]=m$ とおくと，$[3x]$ は場合分けが必要になる。

**(1)** $([x])^2+2[x]-3=0$ ……①
とおく。
ここで，整数 $n$ に対して，$n \leqq x < n+1$ のとき，$[x]=n$ ……②より，
②を①に代入して，
$n^2+2n-3=0$，$(n-1)(n+3)=0$
$\therefore n=1$ または $-3$
( i ) $n=1$ のとき，
$1 \leqq x < 2$
( ii ) $n=-3$ のとき，
$-3 \leqq x < -2$
（$[x]=n$ のとき $n \leqq x < n+1$）
以上 ( i )( ii ) より，①をみたす $x$ の値の範囲は，
$-3 \leqq x < -2$ または $1 \leqq x < 2$ …(答)

**(2)** $[3x]-[x]=4$ ……③
（$[x]$ を $m$ とおく。）
とおく。
ここで，$[x]=m$ (整数) とおくと，
$m \leqq x < m+1$ より，各辺を 3 倍して
$3m \leqq 3x < 3m+3$
（これから，$[3x]=3m$，$3m+1$，$3m+2$（いずれも整数））

( i ) $[3x]=3m$，すなわち $m \leqq x < m+\frac{1}{3}$ のとき，③は，
（$3m \leqq 3x < 3m+1$）
$3m-m=4$　$\therefore m=2$
$\therefore x$ の範囲は，$2 \leqq x < \frac{7}{3}$

( ii ) $[3x]=3m+1$，すなわち
$m+\frac{1}{3} \leqq x < m+\frac{2}{3}$ のとき，③は，
（$3m+1 \leqq 3x < 3m+2$）
$3m+1-m=4$，$m=\frac{3}{2}$ となって，
$m$ は整数ではない。
よって，不適。

( iii ) $[3x]=3m+2$，すなわち
$m+\frac{2}{3} \leqq x < m+1$ のとき，③は，
（$3m+2 \leqq 3x < 3m+3$）
$3m+2-m=4$，$m=1$
$\therefore x$ の範囲は，$\frac{5}{3} \leqq x < 2$

以上 ( i ), ( ii ), ( iii ) より，与方程式をみたす $x$ の値の範囲は，
$\frac{5}{3} \leqq x < \frac{7}{3}$ である。 ………………(答)

## 実力アップ問題 31　難易度 ★★★　CHECK 1　CHECK 2　CHECK 3

$x$ の 2 次方程式 $x^2 - 2\sqrt{m}x + |k-1| = 0$……① $(m \geqq 0)$ がある。次の各場合をみたす $m$ の条件を求めよ。

(1) $0 \leqq k \leqq 3$ のすべての $k$ に対して，①が実数解をもつ。

(2) $0 \leqq k \leqq 3$ のある $k$ に対して，①が実数解をもつ。

**ヒント！** ①の判別式を $D$ とおくと，$\frac{D}{4} = m - |k-1|$ となる。ここで，たて軸に $\frac{D}{4}$ を，横軸に $k$ をとって，グラフで考えるとわかりやすい。

$x$ の 2 次方程式

$\underset{a}{\boxed{1}} \cdot x^2 \underset{2b'}{\boxed{-2\sqrt{m}}} x + \underset{c}{\boxed{|k-1|}} = 0$ …① $(m \geqq 0)$

の判別式を $D$ とおくと，（$\frac{D}{4} = b'^2 - ac$）

$\frac{D}{4} = (-\sqrt{m})^2 - |k-1|$

$= -|k-1| + m$

**参考**

$\frac{D}{4} = -|k-1| + m$ について，

（$y = -|x-1| + m$
$= \begin{cases} -(x-1)+m & (x \geqq 1) \\ (x-1)+m & (x \leqq 1) \end{cases}$
と考えるといいよ。）

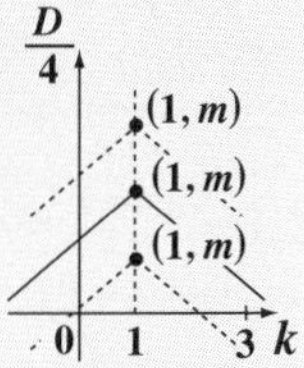


たて軸に $\frac{D}{4}$，横軸に $k$ をとると，これは，点 $(1, m)$ を頂点にもつ，逆 V 字型のグラフになる。$m$ の値を変化させると，これは上下に移動するグラフだね。

ここで，$\frac{D}{4} = f(k) = -|k-1| + m$ $(0 \leqq k \leqq 3)$ とおく。

(1) $0 \leqq k \leqq 3$ のすべての $k$ に対して

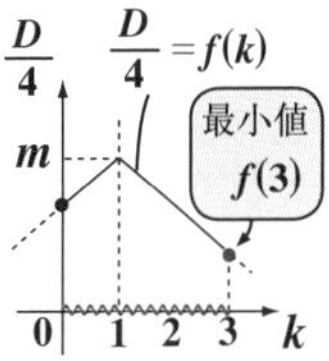


$\frac{D}{4} = f(k) \geqq 0$

となる $m$ の条件は，

最小値 $f(3) \geqq 0$

$f(3) = \boxed{-|3-1| + m \geqq 0}$

$\therefore m \geqq 2$ ……………………………(答)

（$0 \leqq k \leqq 3$ における最小値 $f(3)$ でさえ 0 以上であれば，この区間内のすべての $k$ に対して，$f(k) \geqq 0$ となる。）

(2) $0 \leqq k \leqq 3$ のある $k$ に対して

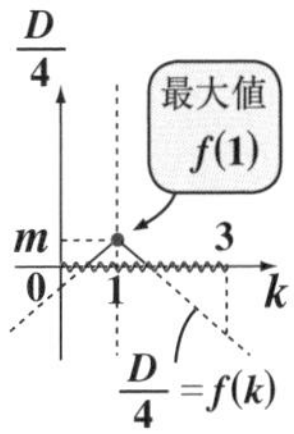


$\frac{D}{4} = f(k) \geqq 0$

となる $m$ の条件は，

最大値 $f(1) \geqq 0$

$f(1) = \boxed{m \geqq 0}$

$\therefore m \geqq 0$ ……………………………(答)

（$0 \leqq k \leqq 3$ における最大値 $f(1)$ が 0 以上であれば，この区間内のある $k$ に対して $f(k) \geqq 0$ となる。）

## 実力アップ問題 32　難易度 ★★★　CHECK 1　CHECK 2　CHECK 3

$x$, $y$ についての方程式 $x^2+2xy-3y^2+8x+a=0$ ……①が 2 直線を表すように定数 $a$ の値を求めよ。また，その 2 直線の方程式を求めよ。　(武庫川女子大＊)

**ヒント！** 与えられた方程式を，まず $x$ の 2 次方程式とみて，その判別式を $D_x$ とおく。次に，$y$ の 2 次方程式 $D_x=0$ の判別式を $D_y$ とおいて，$D_y=0$ とおくことにより，$a$ の値を求める。

**参考**

①の左辺＝($x$ と $y$ の 1 次式)×($x$ と $y$ の 1 次式)の形にもち込めればいい。

まず，①を $x$ の 2 次方程式とみると，

$1\cdot x^2+2(y+4)x-(3y^2-a)=0$ ……①′

この判別式を $D_x$ とおくと，

$\frac{D_x}{4}=(y+4)^2+(3y^2-a)$

$=4y^2+8y+16-a$ ← ($y$ の 2 次式)

①′の解を

$\alpha=-(y+4)+\sqrt{\frac{D_x}{4}}$, $\beta=-(y+4)-\sqrt{\frac{D_x}{4}}$

とおくと，①′は

$(x-\alpha)(x-\beta)=0$ より，

$\left(x+y+4-\sqrt{\frac{D_x}{4}}\right)\left(x+y+4+\sqrt{\frac{D_x}{4}}\right)=0$

(同様)　($y$ の 1 次式)　($\sqrt{(2y+p)^2}=|2y+p|$)

($x$ と $y$ の 1 次式)　($x$ と $y$ の 1 次式)

となる。ここで，$\frac{D_x}{4}=0$ の $y$ の 2 次方程式 $4y^2+8y+16-a=0$ が重解をもつように $(2y+p)^2=0$ の形にすれば，目標達成ということになるんだね。

①を $x$ の 2 次方程式とみて，

$\underset{a}{1}\cdot x^2+\underset{2b'}{2(y+4)}x\underset{c}{-(3y^2-a)}=0$ ……①′

①′の判別式を $D_x$ とおくと，

$\frac{D_x}{4}=(y+4)^2+(3y^2-a)$ ← ($\frac{D}{4}=b'^2-ac$)

$=4y^2+8y+16-a$

ここで，$y$ の 2 次方程式

$\frac{D_x}{4}=\underset{a}{4}y^2+\underset{2b'}{8}y+\underset{c}{16-a}=0$ の判別式

を $D_y$ とおくと，　($\frac{D}{4}=b'^2-ac$)

$\frac{D_y}{4}=\boxed{16-4(16-a)=0}$ のとき

①は 2 直線を表す。

$\therefore\ 4-16+a=0$ より，$a=12$ ………(答)

このとき①′は

$x^2+2(y+4)x-(3y^2-12)=0$

$x^2+2(y+4)x-3(y+2)(y-2)=0$

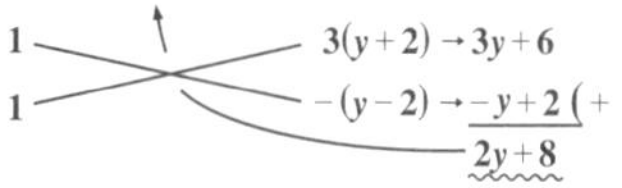


$(x+3y+6)(x-y+2)=0$

∴求める 2 直線の方程式は，

$x+3y+6=0$ と

$x-y+2=0$　である。………………(答)

## 実力アップ問題 33

難易度 ★★★ CHECK 1 CHECK 2 CHECK 3

(1) 関数 $y = \dfrac{x^2}{x-2}$ $(x > 2)$ の最小値を求めよ。 (神奈川大)

(2) 実数全体で定義された関数 $f(x) = \dfrac{x^4+3x^2+4}{x^2+1}$ の最小値を求めよ。 (同志社大)

ヒント！ (1) では，$x-2=t$ とおき，(2) では $x^2+1=u$ とおくと，相加・相乗平均の不等式の形が見えてくる。

**基本事項**

相加・相乗平均の不等式

$a>0,\ b>0$ のとき，

$a+b \geqq 2\sqrt{ab}$ (等号成立条件：$a=b$)

(1) $y = \dfrac{x^2}{x-2}$ ……① $(x>2)$

の最小値を求める。

$t = x-2$ とおくと，$x>2$ より，

$t>0$

$x = t+2$ より，①は，

$$y = \frac{x^2}{x-2} = \frac{(t+2)^2}{t}$$

$$= \frac{t^2+4t+4}{t}$$

$$= t + \frac{4}{t} + 4 \quad \cdots\cdots②$$

ここで，$t>0$ より，$t+\dfrac{4}{t}$ に相加・相乗平均の不等式を用いて，

$$t + \frac{4}{t} \geqq 2\sqrt{t \cdot \frac{4}{t}} = 4$$

$[\ a+b \geqq 2\sqrt{ab}\ ]$

この両辺に $4$ をたすと，②より，

$$y = t + \frac{4}{t} + 4 \geqq 4 + 4 = \boxed{8}$$

($y$ の最小値)

等号成立条件：$t = \dfrac{4}{t}$ $[a=b]$

$t^2 = 4$ $\therefore t = 2$ $[=x-2]$ $(\because t>0)$

以上より，$x=4$ のとき，

最小値 $y=8$ ……………………(答)

(2) $f(x) = \dfrac{x^4+3x^2+4}{x^2+1}$

について，$x^2+1=u$ $(u \geqq 1)$ とおくと，$x^2 = u-1$ より，

$$f(x) = \frac{(u-1)^2+3(u-1)+4}{u}$$

$$= \frac{u^2+u+2}{u}$$

$$= u + \frac{2}{u} + 1$$

$u>0$ より，$u+\dfrac{2}{u}$ に相加・相乗平均の不等式を用いて，

$$u + \frac{2}{u} \geqq 2\sqrt{u \cdot \frac{2}{u}} = 2\sqrt{2}$$

この両辺に $1$ をたすと，

$$f(x) = u + \frac{2}{u} + 1 \geqq 2\sqrt{2} + 1$$

($f(x)$ の最小値)

等号成立条件：$u = \dfrac{2}{u}$

$\therefore u = \sqrt{2}$ $[=x^2+1]$ $(\because u \geqq 1)$

以上より，$x = \pm\sqrt{\sqrt{2}-1}$ のとき，

最小値 $f(x) = 2\sqrt{2}+1$ …………(答)

## 実力アップ問題 34　難易度 ★★★　CHECK 1　CHECK 2　CHECK 3

(1) $x < 1$ のとき，$x$ の関数 $y = x + \dfrac{1}{x-1}$ の最大値を求めよ。また，そのときの $x$ の値を求めよ。（関西大）

(2) $x > 0,\ y > 0,\ x + y = 1$ のとき，$P = \left(1+\dfrac{1}{x}\right)\left(1+\dfrac{1}{y}\right)$ の最小値と，そのときの $x, y$ の値を求めよ。（宮崎大）

**ヒント！** (1) $x < 1$ より，$t = 1 - x > 0$ とおいて，相加・相乗にもち込む。(2) $xy$ の最大値を求めることが，ポイントになる。

(1) $x < 1$ のとき，$1 - x > 0$ より，

$t = 1 - x$ とおくと，

$$y = x - \frac{1}{1-x}$$

$$= -\left(\underbrace{1-x}_{t} + \underbrace{\frac{1}{1-x}}_{\frac{1}{t}}\right) + 1$$

$$\underset{\text{最大}}{y} = 1 - \left(\underset{\text{最小}}{t + \frac{1}{t}}\right)$$

$t + \dfrac{1}{t}$ が最小のとき，$y$ は最大になる。

$t > 0$ より，相加・相乗平均の不等式を用いて，

$$t + \frac{1}{t} \geqq 2\sqrt{t \cdot \frac{1}{t}} = \underset{\text{最小値}}{2}$$

公式：$a + b \geqq 2\sqrt{ab}$

等号成立条件：$t = \dfrac{1}{t}$

$t^2 = 1 \quad \therefore t = 1 \ [= 1 - x] (\because t > 0)$

以上より，$x = 0$ のとき，

最大値 $y = 1 - \underset{t+\frac{1}{t}\text{ の最小値}}{2} = -1$ ………(答)

(2) $\begin{cases} x > 0,\ y > 0 \\ x + y = 1 \ \cdots\cdots① \end{cases}$

このとき，$P$ の式を変形して，

$$P = \left(1+\frac{1}{x}\right)\left(1+\frac{1}{y}\right)$$

$$= 1 + \frac{1}{x} + \frac{1}{y} + \frac{1}{xy}$$

$$= 1 + \frac{x+y}{xy} + \frac{1}{xy} \quad (x+y = 1\ (①より))$$

$$\therefore \underset{\text{最小}}{P} = 1 + \frac{2}{\underset{\text{最大}}{xy}}$$

ここで，$x>0$，$y>0$ より，①に相加・相乗平均の不等式を用いて，

$$1 = x+y \geqq 2\sqrt{xy}$$

$\therefore 2\sqrt{xy} \leqq 1$　この両辺を 2 乗して，

$4xy \leqq 1 \quad \therefore xy \leqq \dfrac{1}{4}$（$xy$ の最大値）

等号成立条件は，

$$x = y = \frac{1}{2} \ (\because x+y = 1 \cdots\cdots ①)$$

以上より，$x = y = \dfrac{1}{2}$ のとき，

最小値 $P = 1 + \dfrac{2}{\frac{1}{4}} = 1+8 = 9$ …(答)（$\frac{1}{4}$：$xy$ の最大値）

実力アップ問題 35　難易度 ★★　CHECK 1　CHECK 2　CHECK 3

次の問いに答えよ。

**(1)** $a, b, c$ を自然数とする。2 次関数 $y=ax^2+bx+c$ が 2 点 $(-2, 3)$, $(3, 28)$ を通るとき，定数 $a, b, c$ の値を求めよ。　(富山大)

**(2)** 放物線 $y=-2x^2+4x-4$ を $x$ 軸に関して対称移動し，さらに $x$ 軸方向に 8，$y$ 軸方向に 4 だけ平行移動して得られる放物線の方程式を求めよ。　(慶応大)

ヒント！ (1) 2 次関数が 2 点を通ることから，$a, b, c$ の 2 つの方程式ができる。(2) $y=(f)$ を $x$ 軸に関して対称移動すると，$-y=(f)$ になる。

(1) 2 次関数を

$y=f(x)=ax^2+bx+c$ とおく。

$(a, b, c$：自然数$)$

これが，2 点 $(-2,3)$, $(3,28)$ を通るので，

$$\begin{cases} f(-2)=\boxed{4a-2b+c=3} \cdots\cdots\cdots ① \\ f(3)=\boxed{9a+3b+c=28} \cdots\cdots\cdots ② \end{cases}$$

②－①より，$5a+5b=25$

$\therefore a+b=5$ （$a$ は 1, 2, 3, 4）

$a, b$ は自然数(正の整数)より，

$(a, b)=(1,4), (2,3), (3,2), (4,1)$

の 4 通りのみを考えればよい。

①より，$c=3-4a+2b$　$\cdots\cdots\cdots ①'$

(i) $(a, b)=(1,4)$ のとき，

①′より，$c=3-4+8=7$

(ii) $(a, b)=(2,3)$ のとき，

①′より，$c=3-8+6=1$

(iii) $(a, b)=(3,2)$ のとき，

①′より，$c=3-12+4=-5$ ∴不適

(iv) $(a, b)=(4,1)$ のとき，

①′より，$c=3-16+2=-11$ ∴不適

以上(i)〜(iv)より，求める $a, b, c$ の値の組は，

$(a, b, c)=(1,4,7), (2,3,1)$　$\cdots\cdots\cdots$(答)

(2) $y=-2x^2+4x-4$ について，

(i) まず，これを $x$ 軸に関して対称移動して得られる方程式は

$-y=-2x^2+4x-4$

$$y=f(x) \xrightarrow[\text{対称移動}]{x\text{ 軸に}} -y=f(x)$$

$\therefore y=2x^2-4x+4$

(ii) 次に，これを $(8,4)$ だけ平行移動して得られる方程式は，

$y-4=2(x-8)^2-4(x-8)+4$

$$y=f(x) \xrightarrow[\text{平行移動}]{(8,\ 4)} y-4=f(x-8)$$

$y=2(x^2-16x+64)-4x+32+8$

$y=2x^2-32x+128-4x+40$

$\therefore y=2x^2-36x+168$

以上(i)(ii)より，求める放物線の方程式は，

$y=2x^2-36x+168$　$\cdots\cdots\cdots$(答)

| 実力アップ問題 36 | 難易度 ★★ | CHECK 1 | CHECK 2 | CHECK 3 |
|---|---|---|---|---|

**2** 次関数 $y = ax^2 + bx + c$ の最大値が $-3a$ であり，そのグラフが **2** 点 $(-1\,,\,-2)$，$(1\,,\,6)$ を通るとき，$a$，$b$，$c$ の値を求めよ。 （摂南大）

**ヒント！** 定義域の指定のない **2** 次関数 $y = ax^2 + bx + c$ が最大値 $-3a$ をもつということは，上に凸の放物線だから，$a < 0$ であることがわかる。これは，$x = p$ のときに最大値 $y = -3a\ (>0)$ をとるものとすると，標準形：$y = a(x-p)^2 - 3a$ の形で表すことができるんだね。

$y = f(x) = ax^2 + bx + c$ ……① とおく。

①が最大値 $-3a$ をもつことより，

$a < 0$ ……② である。

$x = p$ のとき最大値 $-3a$ をとるものとすると，①は，

$y = f(x) = a(x-p)^2 - 3a$ ……③

と表すことができる。

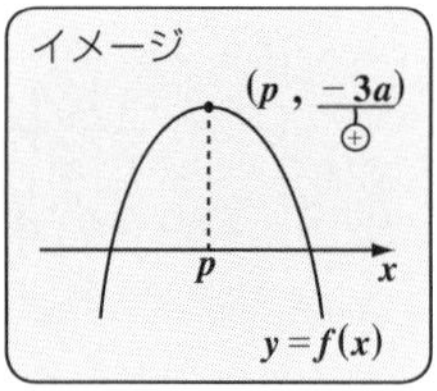


③は，2 点 $(-1\,,\,-2)$，$(1\,,\,6)$ を通るので，

$$\begin{cases} f(-1) = a\underbrace{(-1-p)^2}_{(p+1)^2} - 3a = -2 \\ f(1) = a\underbrace{(1-p)^2}_{(p-1)^2} - 3a = 6 \end{cases}$$

以上より，

$$\begin{cases} a\{(p+1)^2 - 3\} = -2 & \cdots\cdots④ \\ a\{(p-1)^2 - 3\} = 6 & \cdots\cdots⑤ \end{cases}$$

ここで，⑤÷④により $a$ を消去すると，

$$\frac{\cancel{a}\{(p-1)^2 - 3\}}{\cancel{a}\{(p+1)^2 - 3\}} = \frac{6}{-2}$$

$$\frac{p^2 - 2p - 2}{p^2 + 2p - 2} = -3$$

$p^2 - 2p - 2 = -3(p^2 + 2p - 2)$

$4p^2 + 4p - 8 = 0$ 　両辺を **4** で割って，

$p^2 + p - 2 = 0$ 　$(p+2)(p-1) = 0$

$\therefore\ p = -2$ または $1$

（ i ）$p = -2$ のとき，④より，

$a(1-3) = -2$，　$a = 1\ (>0)$

となって，$a < 0$ ……②に反する。

∴不適

（ ii ）$p = 1$ のとき，④より，

$a(4-3) = -2$，　$a = -2$

（これは，$a < 0$ ……②をみたす）

以上より，$a = -2$，$p = 1$ を③に代入して，

$y = f(x) = -2(x-1)^2 + 6$

$= -2(x^2 - 2x + 1) + 6$

$= \underbrace{-2}_{a}x^2 + \underbrace{4}_{b}x + \underbrace{4}_{c}$

$\therefore\ a = -2$，$b = 4$，$c = 4$ ……(答)

## 実力アップ問題 37　難易度 ★★★　CHECK 1　CHECK 2　CHECK 3

$y=|x^2-2|x||$ と $y=k$ のグラフが最も多くの共有点をもつための実数 $k$ の条件を求めよ。　(芝浦工大)

**ヒント！** 与えられた曲線が偶関数であることに気付けば，$y$ 軸に関して対称なグラフになるので，まず $x \geqq 0$ のときについて調べればいい。

**基本事項**

絶対値 $|A|$

$$|A|=\begin{cases} A & (A \geqq 0 \text{ のとき}) \\ -A & (A \leqq 0 \text{ のとき}) \end{cases}$$

**基本事項**

偶関数の条件

関数 $y=f(x)$ が

$f(-x)=f(x)$ をみたすとき，

$y=f(x)$ を偶関数という。

(偶関数 $y=f(x)$ のグラフは $y$ 軸に関して対称になる。)

$y=f(x)=|x^2-2|x||$ とおく。

ここで，

$$f(-x)=|(-x)^2-2|-x||$$

（$(-x)^2 = x^2$，$|-x| = |x|$）

$|3|=3$ だけど $|-3|=3$ となるので，$|-3|=|3|$
この例からもわかるように，一般に $|-x|=|x|$

$$=|x^2-2|x||=f(x)$$

より，$y=f(x)$ は偶関数である。

よって，曲線 $y=f(x)$ は，$y$ 軸に関して対称なので，まず $x \geqq 0$ の場合について調べる。

$x \geqq 0$ のとき，$|x|=x$ より，

$$y=f(x)=|x^2-2x|$$

$x^2-2x \geqq 0$ のとき
$x(x-2) \geqq 0$
$\therefore x \geqq 2$ （$\because x \geqq 0$）

$$=\begin{cases} x^2-2x & (2 \leqq x) \\ -(x^2-2x) & (0 \leqq x \leqq 2) \end{cases}$$

(i) $2 \leqq x$ のとき，

$$y=f(x)=(x^2-2x+1)-1$$

（2 で割って 2 乗）

$$=(x-1)^2-1$$

（頂点 $(1,-1)$ の下に凸の放物線）

(ii) $0 \leqq x \leqq 2$ のとき，

$$y=f(x)=-(x^2-2x+1)+1$$

（2 で割って 2 乗）

$$=-(x-1)^2+1$$

（頂点 $(1,1)$ の上に凸の放物線）

以上 (i)(ii)，および $y=f(x)$ のグラフが $y$ 軸に関して対称なので，曲線 $y=f(x)$ は右図のようになる。

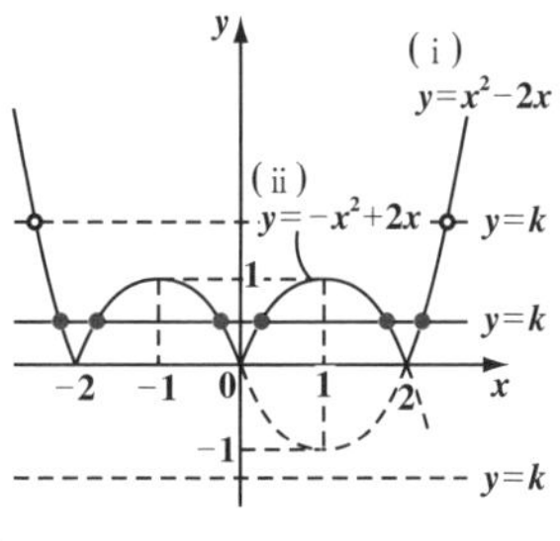

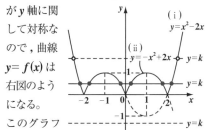

このグラフと直線 $y=k$（$x$ 軸に平行な直線）が最も多くの共有点をもつのは，上図から明らかに 6 個の点で交わるときであり，こうなるための実数定数 $k$ の条件 (とり得る値の範囲) は，

$0<k<1$ である。　………………… (答)

## 実力アップ問題 38　難易度 ★★★　CHECK 1　CHECK 2　CHECK 3

$\alpha$, $\beta$ を $0<\alpha<\beta<2$ をみたす実数とし，$0 \leqq x \leqq 2$ の範囲で定義された関数 $f(x)$ を $f(x)=|(x-\alpha)(x-\beta)|$ とする。$f(x)$ の最大値を $M$ とするとき，$f(x)=M$ となる $x$ がちょうど $3$ つあるとき実数 $\alpha$, $\beta$ の値を求めよ。

（北海道大＊）

**ヒント！** $g(x)=(x-\alpha)(x-\beta)$ とおくと，(i) $x \leqq \alpha$, $\beta \leqq x$ のとき $f(x)=g(x)$，(ii) $\alpha<x<\beta$ のとき $f(x)=-g(x)$ となるんだね。

$y=f(x)=|(x-\alpha)(x-\beta)|$ …① $(0 \leqq x \leqq 2)$

$(0<\alpha<\beta<2)$ とおく。

ここで，さらに，

$y=g(x)=(x-\alpha)(x-\beta)$ …②とおくと，

$\alpha \leqq x \leqq \beta$ のとき，$g(x) \leqq 0$ となるので，右図に示すように，

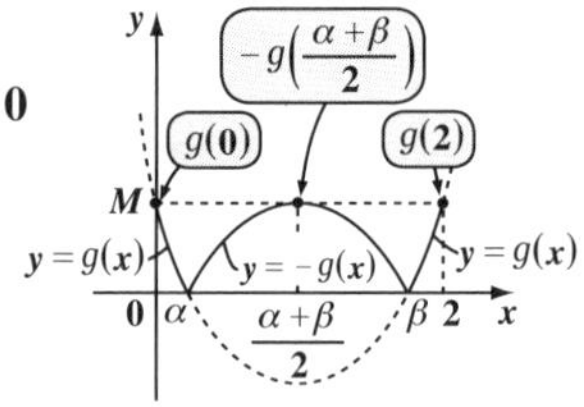


$y=f(x)=|g(x)|$は，

$$y=f(x)=\begin{cases} g(x) & (0 \leqq x \leqq \alpha,\ \beta \leqq x \leqq 2) \\ -g(x) & (\alpha<x<\beta) \end{cases}$$

となる。放物線のグラフの対称性から，$0 \leqq x \leqq 2$ で，$y=f(x)$ が最大値 $M$ をとる $x$ が $3$ 点あるとき，それは $x=0,\ \frac{\alpha+\beta}{2},\ 2$ であり，

$$g(0)=g(2)=-g\left(\frac{\alpha+\beta}{2}\right)=M \quad \cdots\cdots③$$

$g(0)$：$(-\alpha)(-\beta)=\alpha\beta$

$g(2)$：$(2-\alpha)(2-\beta)=\alpha\beta-2\alpha-2\beta+4$

$-g\left(\frac{\alpha+\beta}{2}\right)$：$-\left(\frac{\alpha+\beta}{2}-\alpha\right)\left(\frac{\alpha+\beta}{2}-\beta\right)=-\frac{1}{4}(\beta-\alpha)(\alpha-\beta)=\frac{1}{4}(\alpha-\beta)^2$

(i) ③の $g(0)=g(2)$ より，

$$\alpha\beta=\alpha\beta-2\alpha-2\beta+4$$

$$\therefore\ \alpha+\beta=2 \quad \cdots\cdots④$$

(ii) ③の $g(0)=-g\left(\frac{\alpha+\beta}{2}\right)$ より，

$$4\alpha\beta=(\alpha-\beta)^2$$

基本対称式　$(\alpha-\beta)^2=(\alpha+\beta)^2-4\alpha\beta$

$$8\alpha\beta=(\alpha+\beta)^2$$

$\alpha+\beta=2$（④より）

$$\therefore\ \alpha\beta=\frac{1}{2} \quad \cdots\cdots⑤$$

④，⑤より，$\alpha$ と $\beta$ を解にもつ $t$ の $2$ 次方程式は，$(t-\alpha)(t-\beta)=0$ より，

$$t^2-(\alpha+\beta)t+\alpha\beta=0$$

$\alpha+\beta=2$（④より），$\alpha\beta=\frac{1}{2}$（⑤より）

$$\therefore\ 2t^2-4t+1=0$$

これを解いて，

$$t=\frac{2\pm\sqrt{4-2}}{2}=\frac{2\pm\sqrt{2}}{2}$$

ここで，$\alpha<\beta$ より，

$$\alpha=\frac{2-\sqrt{2}}{2},\quad \beta=\frac{2+\sqrt{2}}{2} \quad \cdots\cdots\cdots\cdots（答）$$

一般に，$\alpha+\beta=p$, $\alpha\beta=q$ のとき，$\alpha$ と $\beta$ を解にもつ $x$ の $2$ 次方程式は，$x^2-px+q=0$ となる。

## 実力アップ問題 39　難易度 ★★　CHECK 1　CHECK 2　CHECK 3

実数 $x$, $y$ について，次の各問いに答えよ。

(1) $x+y=2$ のとき，$x^2+2y^2$ の最小値を求めよ。

(2) $x^2+2y^2=2$ のとき，$x+y$ の最大値と最小値を求めよ。

**ヒント！** (1) $y=2-x$ を $x^2+2y^2$ に代入して，$x$ の 2 次関数にもち込めばいいね。(2) $x+y=k$ とおき，$y=k-x$ を $x^2+2y^2=2$ に代入して，$x$ の 2 次方程式にもち込む。(1) と (2) は，形式は似ているが，各々解法の違いに気を付けよう。

(1) $x+y=2$ ……① のとき，

$u=x^2+2y^2$ ……② とおいて，$u$ の最小値を調べる。

①より，$y=2-x$ ……①´

①´を②に代入して，$u=f(x)$ とおくと，

$u=f(x)=x^2+\underline{2(2-x)^2}$　（$2(4-4x+x^2)$）

$=3x^2-8x+8$

$=3\left(x^2-\dfrac{8}{3}x+\dfrac{16}{9}\right)+8-\dfrac{16}{3}$　（2 で割って 2 乗）

$=3\left(x-\dfrac{4}{3}\right)^2+\dfrac{8}{3}$

よって，右のグラフに示すように，$u=f(x)$，すなわち $x^2+2y^2$ の最小値は $\dfrac{8}{3}$ である。…………………………(答)

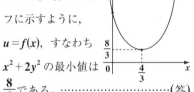

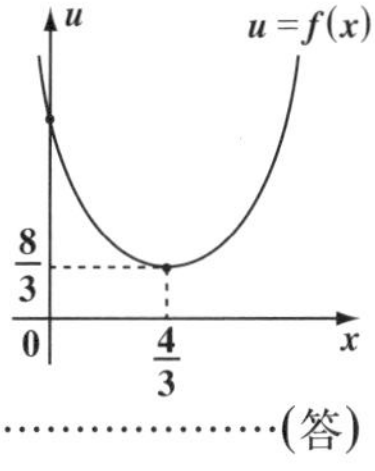


（$x=\dfrac{4}{3}$, $y=\dfrac{2}{3}$ のとき）

(2) 実数 $x$, $y$ が

$x^2+2y^2=2$ ……③をみたすとき，

$x+y=k$ ……④とおいて，$k$ の取り得る値の範囲を求める。

④より，$y=k-x$ ……④´

④´を③に代入して，

$x^2+\underline{2(k-x)^2}=2$　（$2(k^2-2kx+x^2)$）

$\underset{a}{3x^2}\underset{2b'}{-4kx}+\underset{c}{2k^2-2}=0$

$x$ は実数より，この $x$ の 2 次方程式は実数解をもつ。よって，この 2 次方程式の判別式を $D$ とおくと，

$\dfrac{D}{4}=(-2k)^2-3(2k^2-2)\geqq 0$

$-2k^2+6\geqq 0$,　$k^2-3\leqq 0$

$(k+\sqrt{3})(k-\sqrt{3})\leqq 0$

$\therefore -\sqrt{3}\leqq k\leqq\sqrt{3}$ より，

$k$，すなわち $x+y$ の最大値は $\sqrt{3}$，最小値は $-\sqrt{3}$ である。………(答)

## 実力アップ問題 40　難易度 ☆☆☆　CHECK 1　CHECK 2　CHECK 3

実数 $x, y, z$ が $2x+3y+z=2$ をみたすとき，$x^2+y^2+z^2$ の最小値とそのときの $x, y, z$ の値を求めよ。　（早稲田大＊）

**ヒント！** $z=2-2x-3y$ を $x^2+y^2+z^2$ に代入して，これを $u$ とおいて，$u$ の最小値 $m$ を求めればいい。そのとき，$u=A^2+B^2+m$ の形にまとめることがコツだ。

$2x+3y+z=2$ ……①のとき，

$u=x^2+y^2+z^2$ ……②とおいて，$u$ の最小値を調べる。

①より，$z=2-2x-3y$ ……①´

①´を②に代入して，$u=f(x, y)$ とおくと，

（$u$ は，$x$ と $y$ の2変数関数という意味）

$u=f(x, y)=x^2+y^2+(2-2x-3y)^2$

（$(2-2x-3y)^2 = 4+4x^2+9y^2-8x+12xy-12y$）

（公式 $(a+b+c)^2=a^2+b^2+c^2+2ab+2bc+2ca$）

$=5x^2+10y^2-8x+12xy-12y+4$

$=5x^2-4(2-3y)x+10y^2-12y+4$

（まず，$x$ の2次式を平方完成する！）

$=5\left\{x^2-\frac{4(2-3y)}{5}x+\frac{4(2-3y)^2}{25}\right\}$

（2で割って2乗）

$+10y^2-12y+4-\frac{4}{5}(2-3y)^2$

（$-\frac{4}{5}(2-3y)^2 = -\frac{4}{5}(9y^2-12y+4)$）

$=5\left\{x-\frac{2(2-3y)}{5}\right\}^2+\frac{14}{5}y^2-\frac{12}{5}y+\frac{4}{5}$

（平方完成終了！）（この $y$ の2次式をさらに平方完成する。）

$u=f(x, y)$

$=5\left\{x-\frac{2(2-3y)}{5}\right\}^2+\frac{14}{5}\left(y^2-\frac{6}{7}y\right)+\frac{4}{5}$

（$\frac{14}{5}\left(y^2-\frac{6}{7}y\right) = \frac{14}{5}\left(y^2-\frac{6}{7}y+\frac{9}{49}\right)-\frac{14}{5}\times\frac{9}{49}$　2で割って2乗）

$=5\left\{x-\frac{2(2-3y)}{5}\right\}^2+\frac{14}{5}\left(y-\frac{3}{7}\right)^2+\frac{4}{5}-\frac{18}{35}$

（$\frac{4}{5}-\frac{18}{35} = \frac{28-18}{35}=\frac{10}{35}=\frac{2}{7}$）

$=5\left\{x-\frac{2(2-3y)}{5}\right\}^2+\frac{14}{5}\left(y-\frac{3}{7}\right)^2+\frac{2}{7}$

（0以上）（0以上）

よって，$y=\frac{3}{7}$，かつ $x=\frac{2}{5}(2-3y)=\frac{2}{7}$，（$y=\frac{3}{7}$）

さらに①´より，$z=2-\frac{4}{7}-\frac{9}{7}=\frac{1}{7}$，

すなわち　$x=\frac{2}{7}$，$y=\frac{3}{7}$，$z=\frac{1}{7}$ のとき，

$u=f(x, y)$，すなわち $x^2+y^2+z^2$ は

最小値 $\frac{2}{7}$ をとる。……………………(答)

> 一般に $u=A^2+B^2+m$ の形にしたら（$A^2$：0以上）（$B^2$：0以上）
> $A=0$ かつ $B=0$ のときに $u$ は最小値 $m$ をとる。

## 実力アップ問題 41　難易度 ★★★　CHECK 1　CHECK 2　CHECK 3

区間 $a \leqq x \leqq a+1$ における 2 次関数 $y=x^2-6x+10$ の最小値を $g(a)$ とおく。(ⅰ) $a \leqq 2$, (ⅱ) $2 \leqq a \leqq 3$, (ⅲ) $3 \leqq a$ の各場合について $g(a)$ を求めて，さらに $y=g(a)$ のグラフを図示せよ。

**ヒント！** $y=f(x)=x^2-6x+10=(x-3)^2+1$ とおくと，$a \leqq x \leqq a+1$ における最小値 $g(a)$ は，$a$ の関数となることに注意する。

$y=f(x)=x^2-6x+10$

$=(x^2-6x+9)+10-9$　（2 で割って 2 乗）

$=(x-3)^2+1$　とおく。（頂点 $(3,1)$ の下に凸の放物線）

$y=f(x)$ の $a \leqq x \leqq a+1$ の範囲における最小値 $g(a)$ を，$a$ の範囲を次の 3 つに場合分けして求める。

(ⅰ) $a \leqq 2$ のとき，
右図のように，$a \leqq x \leqq a+1$ で，$y=f(x)$は単調に減少する。
よって，この範囲における最小値 $g(a)$ は，$f(a+1)$ となる。

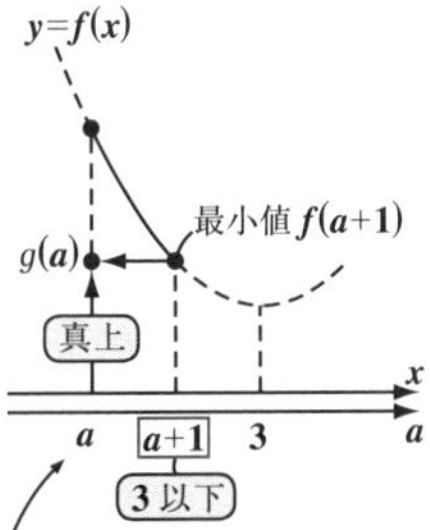


$g(a)$ は，$a$ の関数なので，$x$ 軸と重なって，別に $a$ 軸があると考えるといい。

**注意！**
最小値 $g(a)$ は，$a$ の関数なので，$y$ 座標 $g(a)$ は，$a$ 軸の $a$ の値の真上にくる！

よって，$a \leqq 2$ のとき，

$g(a)=f(a+1)=(a+1-3)^2+1$

$=(a-2)^2+1$（頂点 $(2,1)$ の下に凸の放物線）

(ⅱ) $2 \leqq a \leqq 3$ のとき，
$a \leqq x \leqq a+1$ における最小値 $g(a)$ は，$f(3)=1$ となる。

$\therefore\ g(a)=1$

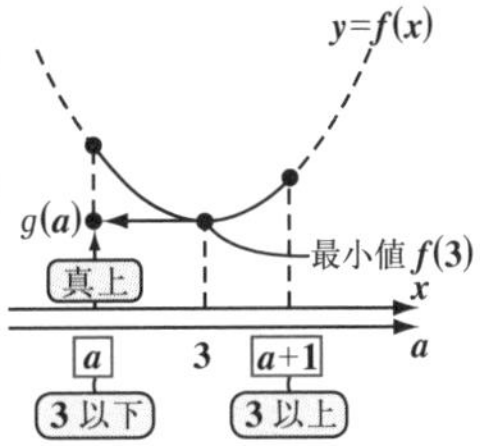


(ⅲ) $3 \leqq a$ のとき，
$a \leqq x \leqq a+1$ で，$y=f(x)$ が単調に増加するので，最小値 $g(a)$ は，$f(a)$ となる。

$\therefore\ g(a)=f(a)$

$=(a-3)^2+1$

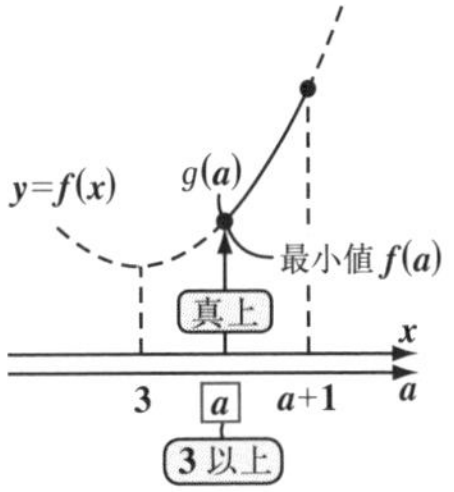


以上より，

(ⅰ) $a \leqq 2$ のとき，
$y=g(a)=f(a+1)$
$=(a-2)^2+1$

(ⅱ) $2 \leqq a \leqq 3$ のとき，
$y=g(a)=1$

(ⅲ) $3 \leqq a$ のとき，
$y=g(a)=f(a)$
$=(a-3)^2+1$

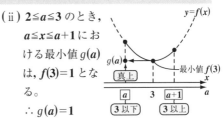

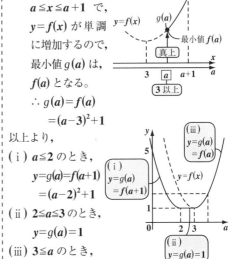

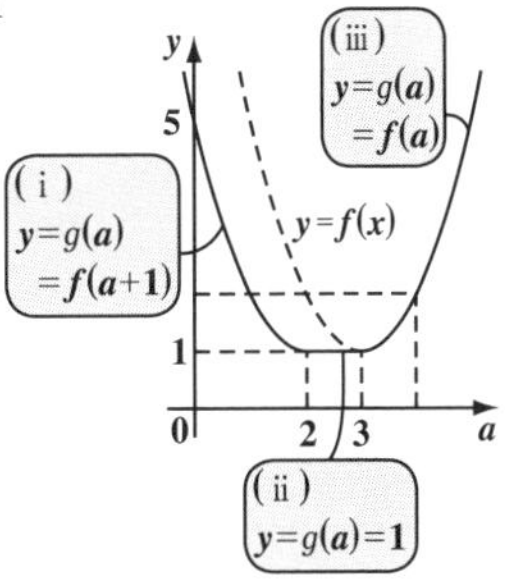


$y=g(a)$ のグラフを右上に示す。……(答)

## 実力アップ問題 42　難易度 ★★★　CHECK 1　CHECK 2　CHECK 3

(1) $x>0$ のとき $t=x+\dfrac{1}{x}$ の値の範囲を求めよ。

(2) すべての正数 $x$ に対して $x^2-2ax+10-\dfrac{2a}{x}+\dfrac{1}{x^2}\geqq 0$　…①　が成立する。$a$ の値の範囲を求めよ。

**ヒント！** (1) 相加・相乗平均から，$t\geqq 2$ が求まる。(2) 与式の左辺を $t$ でまとめると，$t$ の 2 次関数となる。最小値がポイントになる。

(1) $x>0$ より，相加・相乗平均の不等式から，

$$t=x+\frac{1}{x}\geqq 2\sqrt{x\cdot\frac{1}{x}}=2$$ ← $A+B\geqq 2\sqrt{AB}$

∴ $t\geqq 2$　(等号成立条件：$x=1$)　…(答)

"すべての" があるので，$x$ は変数と考える！

(2) すべての正の数 $x$ に対して，①の不等式が成り立つための定数 $a$ の条件を求める。

①の左辺を $x\,(>0)$ の関数とみて，

$y=x^2-2ax+10-\dfrac{2a}{x}+\dfrac{1}{x^2}$　とおく。

これを変形して，

$$y=\left(x^2+\frac{1}{x^2}\right)-2a\left(x+\frac{1}{x}\right)+10 \quad\cdots\cdots②$$

（$x^2+\dfrac{1}{x^2}=t^2-2$，$x+\dfrac{1}{x}=t$）

ここで，$x+\dfrac{1}{x}=t$　…③とおくと，

$$x^2+\frac{1}{x^2}=\left(x+\frac{1}{x}\right)^2-2=t^2-2 \quad\cdots\cdots\cdots\cdots④$$

（$\left(x+\dfrac{1}{x}\right)^2=x^2+2\cdot x\cdot\dfrac{1}{x}+\dfrac{1}{x^2}$）

③，④を②に代入して，$y=f(t)$ とおくと，

$y=f(t)=t^2-2at+8$　$(t\geqq 2)$ ←(1) より

$=(t^2-2at+a^2)+8-a^2$　（2 で割って 2 乗）

$=(t-a)^2+8-a^2$

頂点 $(a,\,8-a^2)$ の下に凸の放物線

$x>0$，すなわち $t\geqq 2$ のとき，$y=f(t)\geqq 0$ となるためには，$t\geqq 2$ のときの $y=f(t)$ の最小値が 0 以上であればよい。

(ⅰ) $a\leqq 2$ のとき　　(ⅱ) $2<a$ のとき

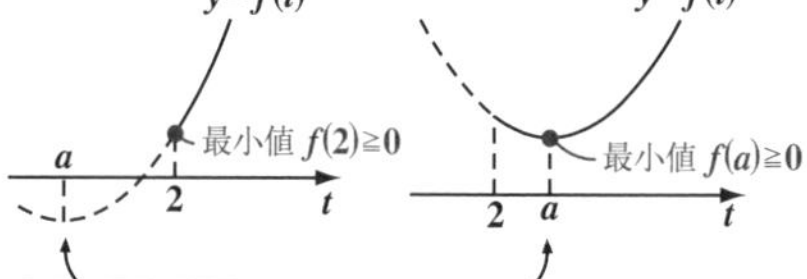


頂点の $t$ 座標が $a$ より，$y=f(t)$ はカニ歩きする。

(ⅰ) $a\leqq 2$ のとき，

最小値 $f(2)=2^2-2a\cdot 2+8$

$=\boxed{12-4a\geqq 0}$

よって，$4a\leqq 12$ より，$a\leqq 3$

∴ $a\leqq 2$

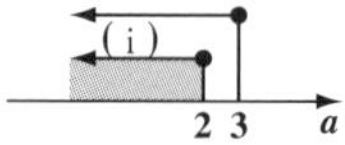


(ⅱ) $2<a$ のとき，

最小値 $f(a)=\boxed{8-a^2\geqq 0}$

$a^2-8\leqq 0$　　$(a+2\sqrt{2})(a-2\sqrt{2})\leqq 0$

よって，$-2\sqrt{2}\leqq a\leqq 2\sqrt{2}$

∴ $2<a\leqq 2\sqrt{2}$

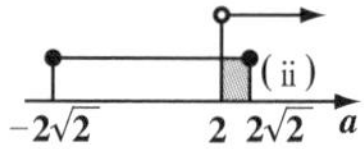


以上 (ⅰ)(ⅱ) の $a$ の値の条件を合わせて，求める $a$ の値の範囲は，

$a\leqq 2\sqrt{2}$　……(答)

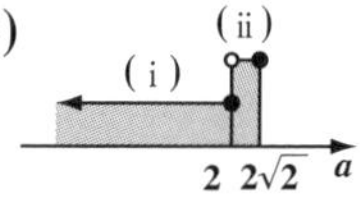

## 実力アップ問題 43　難易度 ★★★　CHECK 1　CHECK 2　CHECK 3

関数 $f(x)=x^2+k|x|-k$ の最小値を $m(k)$ とする。

**(1)** $m(k)$ を $k$ で表せ。

**(2)** $-5\leqq k\leqq 5$ における $m(k)$ の最大値と最小値を求めよ。　(日本女子大)

**ヒント！** $f(-x)=f(x)$ なので，$y=f(x)$ は偶関数で，$y$ 軸に関して対称なグラフになる。よって，最小値 $m(k)$ は，$x\geqq 0$ についてのみ調べればよい。

**(1)** $y=f(x)=x^2+k|x|-k$ とおく。

$$\underline{\underline{f(-x)}}=\underbrace{(-x)^2}_{x^2}+k\underbrace{|-x|}_{|x|}-k$$

$$=x^2+k|x|-k=\underline{\underline{f(x)}}$$

偶関数の定義

よって，$y=f(x)$ は偶関数より，$y$ 軸に関して対称なグラフとなる。よって，最小値 $m(k)$ を求めるには，$x\geqq 0$ のときのみを調べればよい。

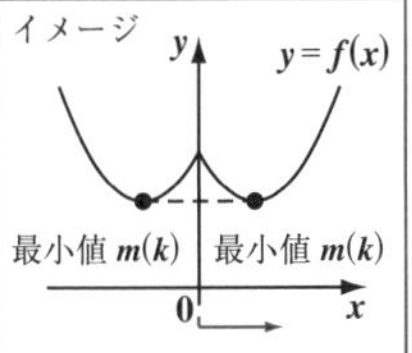


左右対称だから，$x\geqq 0$ のときのみ調べても，最小値 $m(k)$ が求まる。

$x\geqq 0$ のとき，

$|x|=x$ より，

$$y=f(x)=x^2+kx-k$$

$$=\left(x^2+\underline{k}x+\underline{\underline{\frac{k^2}{4}}}\right)-k-\underline{\underline{\frac{k^2}{4}}}$$

2 で割って 2 乗

$$=\left(x+\frac{k}{2}\right)^2-\frac{k^2}{4}-k \qquad (x\geqq 0)$$

頂点の $x$ 座標が $-\frac{k}{2}$ より，カニ歩きする。

(i) $-\frac{k}{2}\geqq 0$, すなわち $k\leqq 0$ のとき，

最小値 $m(k)=f\left(-\frac{k}{2}\right)$

$$=-\frac{k^2}{4}-k \quad \cdots\cdots(\text{答})$$

(ii) $-\frac{k}{2}\leqq 0$, すなわち $0\leqq k$ のとき，

最小値 $m(k)=f(0)=-k \quad \cdots\cdots(\text{答})$

(i) $k\leqq 0$ のとき　(ii) $0\leqq k$ のとき

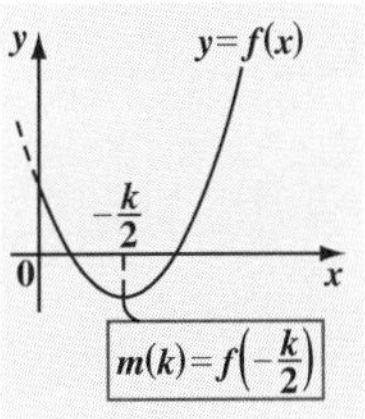


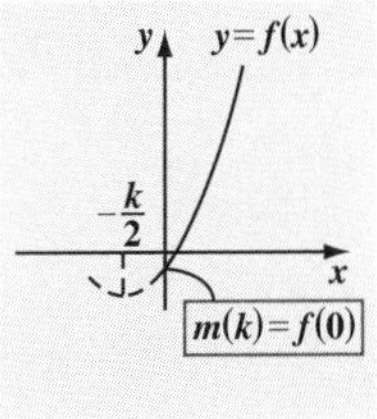


**(2)** (1) より，

(i) $k\leqq 0$ のとき，

$$m(k)=-\frac{1}{4}(k^2+\underline{4}k+\underline{\underline{4}})+\underline{\underline{1}}$$

2 で割って 2 乗

$$=-\frac{1}{4}(k+2)^2+1$$

頂点 $(-2, 1)$ の上に凸の放物線

(ii) $0\leqq k$ のとき，

$$m(k)=-k$$

よって，$-5\leqq k\leqq 5$ における $m(k)$ のグラフは右のようになる。

横軸 $k$ 軸，縦軸 $m(k)$ 軸のグラフ！

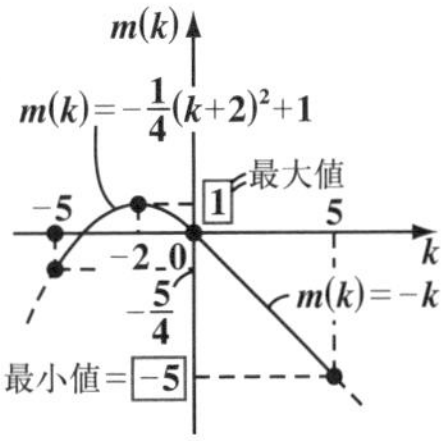


これより，

- $k=-2$ のとき，$m(k)$ の最大値は，1
- $k=5$ のとき，$m(k)$ の最小値は，$-5$

$\cdots\cdots\cdots(\text{答})$

## 実力アップ問題 44　難易度 ★★★　CHECK 1　CHECK 2　CHECK 3

次の不等式を解け。

**(1)** $x^2+2|x|-8\leqq 0$ (摂南大)

**(2)** $-x^2+3x+7\geqq|x-1|+|x-2|$ (東京学芸大)

ヒント！ **(1)** ( i ) $x\geqq 0$, ( ii ) $x<0$ に場合分けして解く。**(2)** では, ( i ) $x<1$, ( ii ) $1\leqq x<2$, ( iii ) $2\leqq x$ の 3 通りに場合分けして調べる。

**(1)**

$$|x|=\begin{cases} x & (x\geqq 0) \\ -x & (x<0) \end{cases}$$ より,

( i ) $x\geqq 0$ のとき, 与式は

$x^2+2\underset{|x|}{x}-8\leqq 0$

$(x+4)(x-2)\leqq 0$

よって $-4\leqq x\leqq 2$

$\therefore\ 0\leqq x\leqq 2$

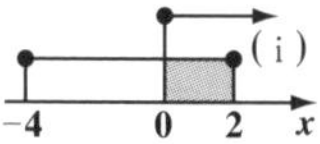

( ii ) $x<0$ のとき, 与式は

$x^2+2(\underset{|x|}{-x})-8\leqq 0$

$(x+2)(x-4)\leqq 0$

よって $-2\leqq x\leqq 4$

$\therefore\ -2\leqq x<0$

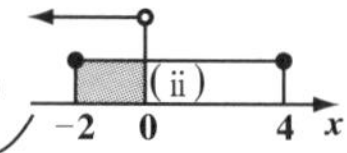

以上 ( i )( ii ) を合わせたものが求める解より,

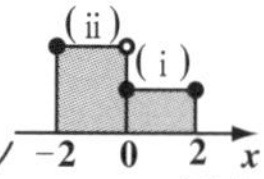

$-2\leqq x\leqq 2$ ……………………………(答)

**(2)**

$$|x-1|+|x-2|=\begin{cases} -(x-1)-(x-2) & (x<1) \\ x-1-(x-2) & (1\leqq x<2) \\ x-1+x-2 & (2\leqq x) \end{cases}$$

($x-1$: ⊖,⊕　$x-2$: ⊖,⊕)

よって,

$$|x-1|+|x-2|=\begin{cases} -2x+3 & (x<1) \\ 1 & (1\leqq x<2) \\ 2x-3 & (2\leqq x) \end{cases}$$

( i ) $x<1$ のとき,

$-x^2+3x+7\geqq -2x+3$

$x^2-5x-4\leqq 0$

（$x^2-5x-4=0$ の解 $x=\dfrac{5\pm\sqrt{41}}{2}$）

$\dfrac{5-\sqrt{41}}{2}\leqq x\leqq\dfrac{5+\sqrt{41}}{2}$　（$\sqrt{41}$ ≒ 6.4）

$\therefore\ \dfrac{5-\sqrt{41}}{2}\leqq x<1$

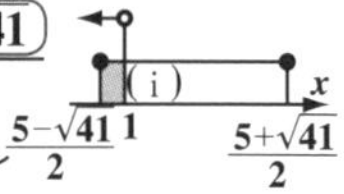

( ii ) $1\leqq x<2$ のとき,

$-x^2+3x+7\geqq 1$

$x^2-3x-6\leqq 0$

（$x^2-3x-6=0$ の解 $x=\dfrac{3\pm\sqrt{33}}{2}$）

$\dfrac{3-\sqrt{33}}{2}\leqq x\leqq\dfrac{3+\sqrt{33}}{2}$　（$\sqrt{33}$ ≒ 5.7）

$\therefore\ 1\leqq x<2$

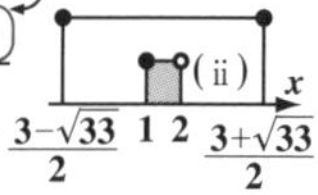

( iii ) $2\leqq x$ のとき,

$-x^2+3x+7\geqq 2x-3$

$x^2-x-10\leqq 0$

（$x^2-x-10=0$ の解 $x=\dfrac{1\pm\sqrt{41}}{2}$）

$\dfrac{1-\sqrt{41}}{2}\leqq x\leqq\dfrac{1+\sqrt{41}}{2}$　（$\sqrt{41}$ ≒ 6.4）

$\therefore\ 2\leqq x\leqq\dfrac{1+\sqrt{41}}{2}$

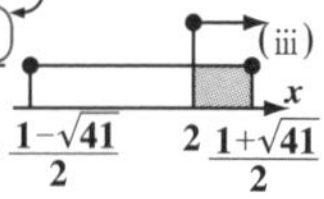

以上 ( i )( ii )( iii ) を合わせたものが求める解より,

$\dfrac{5-\sqrt{41}}{2}\leqq x\leqq\dfrac{1+\sqrt{41}}{2}$

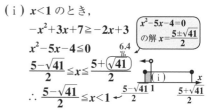

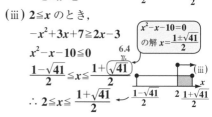

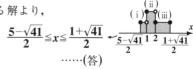

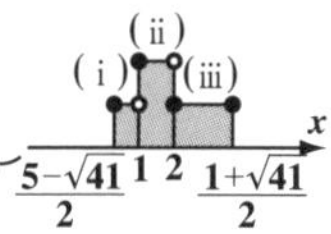

……(答)

| 実力アップ問題 45 | 難易度 ★★ | CHECK 1 | CHECK 2 | CHECK 3 |
|---|---|---|---|---|

次の問いに答えよ。

**(1)** すべての実数 $x$ に対して，不等式 $ax^2+(a-1)x+a-1>0$ ……① $(a \neq 0)$ が成り立つような定数 $a$ の値の範囲を求めよ。

**(2)** $x$ に関する 2 次方程式 $x^2-2kx+k+6=0$ ……② と $x^2+(k+2)x+\frac{1}{2}k^2+k-1=0$ ……③ が，各々相異なる実数解をもつとき，定数 $k$ のとり得る値の範囲を求めよ。 (明治大)

**ヒント！** (1)(2) 共に，2 次方程式の判別式の問題である。判別式は，2 次方程式・不等式を解く上で役に立つので，使い方を覚えよう。

**基本事項**

2 次方程式：$ax^2+bx+c=0$ $(a \neq 0)$ の判別式 $D=b^2-4ac$

(i) $D>0$ のとき，相異なる 2 実数解をもつ。

(ii) $D=0$ のとき，重解をもつ。

(iii) $D<0$ のとき，実数解をもたない。

**(1)** ①の不等式の左辺を $f(x)$ とおくと，すべての実数 $x$ に関して，$y=f(x)$ が正となるための条件は，方程式 $f(x)=0$ の判別式を $D$ とすれば，右図より，

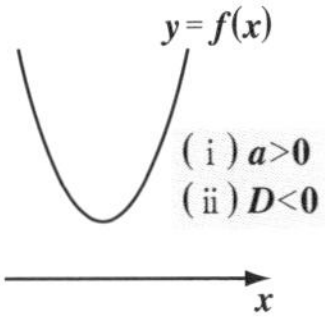


(i) $a>0$ ←下に凸の放物線

かつ

(ii) 判別式 $D<0$ ←$x$ 軸の上側にある(実数解をもたない)

である。

(ii) より，

$D=\boxed{(a-1)^2-4a(a-1)<0}$

$-3a^2+2a+1<0$

$3a^2-2a-1>0$

3 ╲╱ 1
1 ╱╲ −1

$(3a+1)(a-1)>0$

$\therefore\ a<-\frac{1}{3},\quad 1<a$

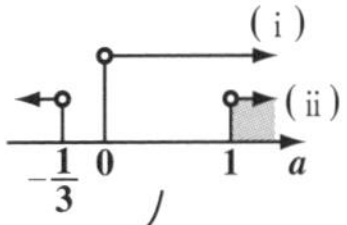


以上 (i)(ii) より求める $a$ の値の範囲は，$1<a$ …………(答)

**(2)** (i) ②が異なる 2 実数解をもつとき，②の判別式を $D_1$ とおくと，

$\frac{D_1}{4}=\boxed{(-k)^2-(k+6)>0}$ ← $b=2b'$ のとき $\frac{D}{4}=b'^2-ac$

$k^2-k-6>0,\quad (k-3)(k+2)>0$

$\therefore\ k<-2$ または $3<k$

(ii) ③が異なる 2 実数解をもつとき，③の判別式を $D_2$ とおくと，

$D_2=\boxed{(k+2)^2-4\cdot\left(\frac{1}{2}k^2+k-1\right)>0}$

$-k^2+8>0,\quad k^2-8<0$

$(k+2\sqrt{2})(k-2\sqrt{2})<0$

$\therefore\ -2\sqrt{2}<k<2\sqrt{2}$ （$\sqrt{2} \fallingdotseq 1.4$）

以上 (i)(ii) を共にみたす $k$ の値の範囲が，求める範囲である。

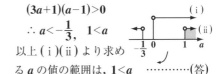

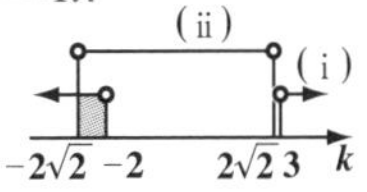


$\therefore\ -2\sqrt{2}<k<-2$ ……………………(答)

## 実力アップ問題 46　難易度 ★★★　CHECK 1　CHECK 2　CHECK 3

次の問いに答えよ。

**(1)** 2次方程式 $x^2-x+2=0$ の解を $\alpha$, $\beta$ とするとき, $\alpha^3$ と $\beta^3$ を解にもつ $x$ の2次方程式で, $x^2$ の係数が1であるものを求めよ。

**(2)** $x$ の2次方程式 $x^2-2px+p^2-2p-1=0$ （$p$ は実数）の2つの解を $\alpha$, $\beta$ とする。$\dfrac{(\alpha-\beta)^2-2}{2\{(\alpha+\beta)^2+2\}}$ が自然数となるとき, その値を求めよ。（北海道大＊）

**ヒント！** (1)(2) 共に, 解と係数の関係の問題である。これは, 数学Ⅱの範囲に入るが, これにより解ける問題の範囲が広がるので, 練習しておくといい。

**基本事項**

解と係数の関係

2次方程式：$ax^2+bx+c=0$ $(a \neq 0)$ の解を $\alpha, \beta$ とおくと,

$$\begin{cases} (\text{i})\ \alpha+\beta=-\dfrac{b}{a} \\ (\text{ii})\ \alpha\cdot\beta=\dfrac{c}{a} \end{cases}$$ が成り立つ。

(1) $\underset{a}{\boxed{1}}x^2\underset{b}{\boxed{-1}}x+\underset{c}{\boxed{2}}=0$ の解を $\alpha, \beta$ とおくと, 解と係数の関係より,

$$\begin{cases} \alpha+\beta=1 & \cdots\cdots① \\ \alpha\cdot\beta=2 & \cdots\cdots② \end{cases}$$

基本対称式

$\alpha^3$ と $\beta^3$ を解にもつ $x$ の2次方程式で, $x^2$ の係数が1であるものは,

$x^2-(\alpha^3+\beta^3)x+\alpha^3\beta^3=0$ ……③

ここで, 対称式を基本対称式で表す！

$\alpha^3+\beta^3=(\alpha+\beta)^3-3\alpha\beta(\alpha+\beta)$

$=1^3-3\cdot2\cdot1=-5$ ……④

$\alpha^3\beta^3=(\alpha\beta)^3=2^3=8$ ………⑤

（∵①, ②）

④, ⑤を③に代入して, 求める方程式は,

$x^2-(-5)x+8=0$

$\therefore\ x^2+5x+8=0$ ………………(答)

(2) $\underset{a}{\boxed{1}}x^2\underset{b}{\boxed{-2p}}x+\underset{c}{\boxed{p^2-2p-1}}=0$

の2つの解を $\alpha, \beta$ とおくと, 解と係数の関係より,

$$\begin{cases} \alpha+\beta=2p & \cdots\cdots⑥ \\ \alpha\cdot\beta=p^2-2p-1 & \cdots\cdots⑦ \end{cases}$$

$(\alpha-\beta)^2=(\alpha+\beta)^2-4\alpha\beta$

$=(2p)^2-4(p^2-2p-1)$ （∵⑥, ⑦）

$=8p+4$ ……⑧

⑥, ⑧を与式に代入して, これを自然数 $n$ とおくと,

$\dfrac{(\alpha-\beta)^2-2}{2\{(\alpha+\beta)^2+2\}}=\boxed{\dfrac{8p+4-2}{2\{(2p)^2+2\}}=n}$

$8p+2=n(8p^2+4)$ 　両辺を2で割って

$\underset{a}{\boxed{4n}}p^2\underset{2b'}{\boxed{-4}}p+\underset{c}{\boxed{2n-1}}=0$ ……⑨

⑨を $p$ の2次方程式とみると, $p$ は実数より, ⑨は実数解をもつ。この判別式を $D$ とおくと,

$\dfrac{D}{4}=\boxed{4-4n(2n-1)\geqq0}$ ← 両辺を $-4$ で割る。

$-1+n(2n-1)\leqq0$, $2n^2-n-1\leqq0$

$(2n+1)(n-1)\leqq0$ 　$\therefore\ -\dfrac{1}{2}\leqq n\leqq1$

これをみたす自然数 $n$ は, $n=1$ …(答)

## 実力アップ問題 47　難易度 ★★★　CHECK 1　CHECK 2　CHECK 3

$y$ 軸と平行な軸をもつ $1$ つの放物線があり，直線 $l$：$y=kx+k^2+1$ は $k$ がどんな値でもこの放物線に接している。

**(1)** この放物線の方程式を求めよ。

**(2)** この放物線と直線 $l$ との接点の $x$ 座標を $k$ で表せ。　(甲南大＊)

**ヒント！** 放物線と直線が接するとき，放物線と直線の $2$ 式から $y$ を消去してできる $2$ 次方程式は重解をもつ。ここでポイントとなるのは，$k$ がどんな値をとっても，判別式 $D=0$ が成り立つということ。つまり，恒等式の問題になる。

**(1)** 求める放物線を

$y=ax^2+bx+c$　……①　$(a\neq0)$

とおく。

直線 $l$：$y=kx+k^2+1$ ……②

**注意！**

①，②より $y$ を消去して，$x$ の $2$ 次方程式を作ると，①と②は接するので，この $2$ 次方程式は重解をもつ。

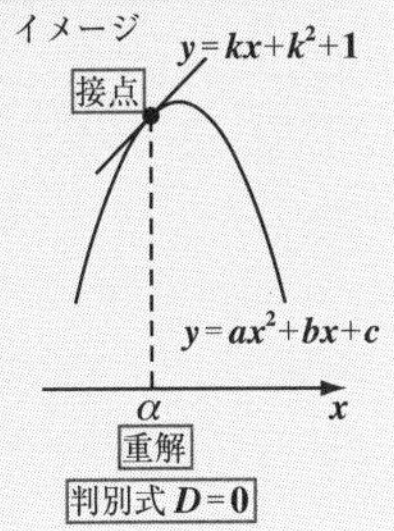


①，②より $y$ を消去して，

$ax^2+bx+c=kx+k^2+1$

$ax^2+(b-k)x+c-k^2-1=0$

①と②は接するので，この判別式を $D$ とおくと，

$D=\boxed{(b-k)^2-4a(c-k^2-1)=0}$

任意の $k$ に対して，この等式は成り立つので，$p\underline{\underline{k^2}}+q\underline{k}+r=0$ の形に変形すると，$p=0$ かつ $q=0$ かつ $r=0$ が言える。

$b^2-2b\underline{k}+\underline{\underline{k}}^2-4ac+4a\underline{\underline{k}}^2+4a=0$

$(\underset{\overset{\shortparallel}{0}}{\underline{4a+1}})\underline{\underline{k}}^2-\underset{\overset{\shortparallel}{0}}{\underline{2b}}\cdot\underline{k}+(\underset{\overset{\shortparallel}{0}}{\underline{b^2+4a-4ac}})=0$

これは任意の $k$ に対して成り立つので，

$$\begin{cases} 4a+1=0 \text{ かつ} & \left[\therefore a=-\dfrac{1}{4}\right] \\ 2b=0 \quad \text{かつ} & [\therefore b=\ 0\ ] \\ \overset{0}{\boxed{b^2}}+\overset{-1}{\boxed{4a}}-\overset{-1}{\boxed{4a}}c=0 & [\therefore c=\ 1\ ] \end{cases}$$

$\therefore a=-\dfrac{1}{4},\quad b=0,\quad c=1$

したがって，求める放物線の方程式は，

$y=-\dfrac{1}{4}x^2+1$　……③　…………(答)

**(2)** ②，③から $y$ を消去して，

$-\dfrac{1}{4}x^2+\cancel{1}=kx+k^2+\cancel{1}$

$\dfrac{1}{4}x^2+kx+k^2=0$

$x^2+4kx+4k^2=0$

$(x+2k)^2=0$

$\therefore x=-2k$　(重解)

よって，放物線と直線 $l$ の接点の $x$ 座標は，$-2k$ である。　………………(答)

## 実力アップ問題 48　難易度 ★★★　CHECK 1　CHECK 2　CHECK 3

2 次方程式 $x^2+x+a=0$, $x^2-x+2a=0$ は合わせて 4 つの実数解をもち，これらはすべて異なる。このとき，いずれの方程式も，解の 1 つが他の方程式の解の間にある条件を求めよ。　(岡山理科大)

**ヒント！** 2 つの 2 次方程式が，それぞれ相異なる 2 実数解をもつので，2 つの方程式の判別式は共に正となる。次に，いずれの方程式も，解の 1 つが他の方程式の解の間にある条件は，グラフを使って考え，解と係数の関係も利用して求めればいい。

$$\begin{cases} x^2+x+a=0 & \cdots\cdots① \\ x^2-x+2a=0 & \cdots\cdots② \end{cases}$$

①は，相異なる 2 実数解をもつので，その判別式を $D_1$ とおくと，

$D_1=\boxed{1-4a>0}$　$\therefore\ a<\dfrac{1}{4}$ ……③

①の相異なる 2 実数解を $\alpha,\beta$ とおくと，解と係数の関係より，

$$\begin{cases} \alpha+\beta=-1 \\ \alpha\beta=a \end{cases} \cdots\cdots④$$

基本対称式

②も，相異なる 2 実数解をもつので，その判別式を $D_2$ とおくと，

$D_2=\boxed{(-1)^2-8a>0}$　$\therefore\ a<\dfrac{1}{8}$ ……⑤

また，②の相異なる 2 実数解を $\gamma,\delta$ とおく。

③，⑤より，

$a<\dfrac{1}{8}$ ……⑥

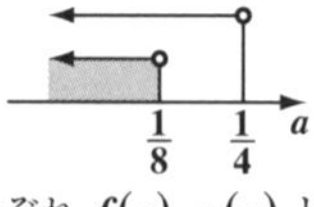


ここで，①，②の左辺をそれぞれ $f(x)$, $g(x)$ とおくと，

$$\begin{cases} f(x)=x^2+x+a \\ g(x)=x^2-x+2a \end{cases}$$

いずれも，下に凸の放物線

**注意！**

$\alpha<\beta,\gamma<\delta$ とおくと，

①，②のいずれの方程式も，解の 1 つが他の方程式の解の間にある条件は，次の 2 通りが考えられる。

(ⅰ) $\alpha<\gamma<\beta<\delta$

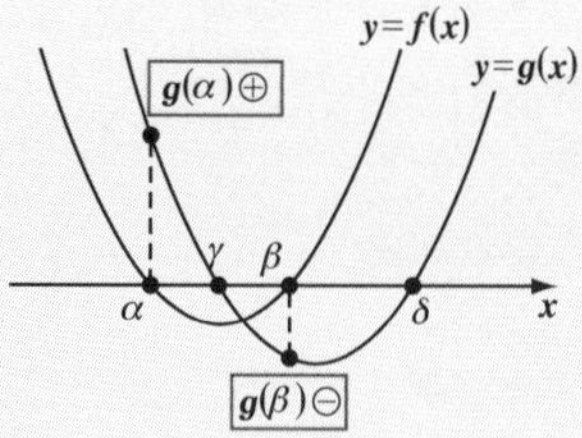


(ⅱ) $\gamma<\alpha<\delta<\beta$

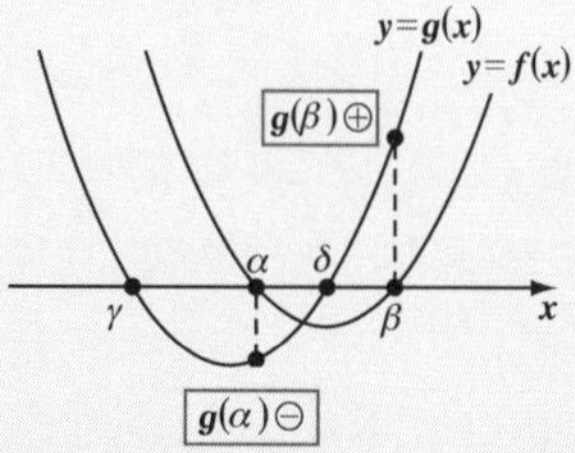


$$\begin{cases} (\text{i})\text{ の場合，}g(\alpha)>0\text{ かつ }g(\beta)<0 \\ (\text{ii})\text{ の場合，}g(\alpha)<0\text{ かつ }g(\beta)>0 \end{cases}$$

以上より，求める条件は，

$g(\alpha)\times g(\beta)<0$ となる。

(この代わりに $f(\gamma)\times f(\delta)<0$ でもいい。後で別解で示す。
実は，$\alpha+\beta=-1,\gamma+\delta=1$ より今回，(ⅱ)の場合はあり得ない。)

①, ②のいずれの方程式も，解の 1 つが他の方程式の解の間にある条件は，

$g(\alpha)\cdot g(\beta)<0$ である。すなわち，

$(\boxed{\alpha^2-\alpha}+2a)\cdot(\boxed{\beta^2-\beta}+2a)<0$ ……⑦

ここで，$\alpha, \beta$ は $f(x)=0$ の解より，

$$\begin{cases} f(\alpha)=\alpha^2+\alpha+a=0 \\ f(\beta)=\beta^2+\beta+a=0 \end{cases}$$

よって，$\begin{cases} \alpha^2-\alpha=\boxed{-2\alpha-a} \\ \beta^2-\beta=\boxed{-2\beta-a} \end{cases}$ ……⑧

⑧を⑦に代入して，

$(\boxed{-2\alpha-a}+2a)\cdot(\boxed{-2\beta-a}+2a)<0$

$(a-2\alpha)\cdot(a-2\beta)<0$ ← 計算が楽になった。

$a^2-2(\alpha+\beta)a+4\alpha\beta<0$

（$\alpha+\beta=-1$，$\alpha\beta=a$ ←（④より））

これに④を代入して，

$a^2+2a+4a<0$

$a^2+6a<0$

$a(a+6)<0$

$\therefore -6<a<0$

これは，$a<\dfrac{1}{8}$ ……⑥

をみたす。

以上より，求める

$a$ の条件は，

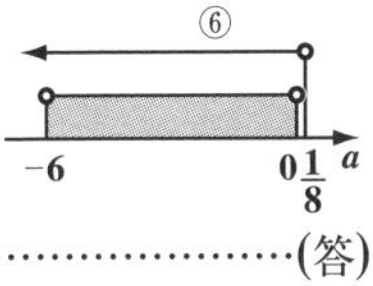

$-6<a<0$ ……………………………(答)

**別解**

$f(\gamma)\cdot f(\delta)<0$ としても，同じ結果になる。

$(\boxed{\gamma^2+\gamma}+a)\cdot(\boxed{\delta^2+\delta}+a)<0$ ……㋐

ここで，$\gamma, \delta$ は $g(x)=0$ の解より，

$$\begin{cases} g(\gamma)=\gamma^2-\gamma+2a=0 \\ g(\delta)=\delta^2-\delta+2a=0 \end{cases}$$

よって $\begin{cases} \gamma^2+\gamma=\boxed{2\gamma-2a} \\ \delta^2+\delta=\boxed{2\delta-2a} \end{cases}$ …………㋑

㋑を㋐に代入して，

$(2\gamma-2a+a)\cdot(2\delta-2a+a)<0$

$(2\gamma-a)\cdot(2\delta-a)<0$

$4(\gamma\delta)-2a(\gamma+\delta)+a^2<0$ ………㋒

（$\gamma\delta=2a$，$\gamma+\delta=1$）

解と係数の関係より，

$$\begin{cases} \gamma+\delta=1 \\ \gamma\delta=2a \end{cases}$$ …………㋓

㋓を㋒に代入して，

$8a-2a+a^2<0$

$a^2+6a<0$

$a(a+6)<0$

$\therefore -6<a<0$ ← 同じ結果 ………………(答)

(これは，⑥をみたす。)

## 実力アップ問題 49　難易度 ★★　CHECK 1　CHECK 2　CHECK 3

$x$ の 2 次方程式

$$x^2-2(3m-1)x+9m^2-8=0$$

が次の条件をみたすような実数 $m$ の値の範囲を，それぞれ求めよ。

(1) 相異なる 2 つの実数解をもつ。

(2) 相異なる実数解をもち，2 つの解がともに正である。

(3) 相異なる実数解をもち，一方の解は正，他方の解が負である。(岐阜女子大)

**ヒント！** 2 次方程式が異なる 2 実数解をもち，それらが (Ⅰ) 共に正，(Ⅱ) 共に負，(Ⅲ) 異符号　となる条件は，パターンとして覚えておくとよい。

**基本事項**

2 次方程式の解の符号

2 次方程式：$ax^2+bx+c=0\ (a\neq0)$ が相異なる 2 実数解 $\alpha,\beta$ をもつとき，

(Ⅰ) $\alpha,\beta$ が共に正：
　(i) $D>0$　(ii) $\alpha+\beta>0$　(iii) $\alpha\beta>0$

(Ⅱ) $\alpha,\beta$ が共に負：
　(i) $D>0$　(ii) $\alpha+\beta<0$　(iii) $\alpha\beta>0$

(Ⅲ) $\alpha,\beta$ が異符号：
　(i) $\alpha\beta<0$

$$\underset{a}{\boxed{1}}x^2\underset{2b'}{\boxed{-2(3m-1)}}x+\underset{c}{\boxed{9m^2-8}}=0 \quad \cdots\cdots\cdots ①$$

(1) ①が相異なる 2 実数解をもつとき，この判別式を $D$ とおくと，　$\left(\frac{D}{4}=b'^2-ac\right)$

$$\frac{D}{4}=\boxed{(3m-1)^2-1\cdot(9m^2-8)>0}$$

$$\cancel{9m^2}-6m+1-\cancel{9m^2}+8>0$$

$$6m-9<0$$

$$\therefore\ m<\frac{3}{2} \quad \cdots\cdots\cdots\cdots\cdots\cdots\cdots\cdots\cdots\cdots(答)$$

(2) ①が相異なる 2 実数解 $\alpha,\beta$ をもち，これらが共に正のとき，

(i) 判別式 $D>0$ より，(1) から，

$$m<\frac{3}{2}$$

(ii) $\alpha+\beta=\boxed{2(3m-1)>0}$　$\left(\alpha+\beta=-\frac{b}{a}\right)$

$$m>\frac{1}{3}$$

(iii) $\alpha\cdot\beta=\boxed{9m^2-8>0}$　$\left(\alpha\cdot\beta=\frac{c}{a}\right)$

$$(3m+2\sqrt{2})(3m-2\sqrt{2})>0$$

$$\therefore\ m<-\frac{2\sqrt{2}}{3},\quad \frac{2\sqrt{2}}{3}<m$$

以上 (i)(ii)(iii) より，

$$\frac{2\sqrt{2}}{3}<m<\frac{3}{2} \quad \cdots\cdots(答)$$

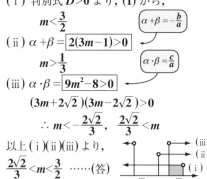

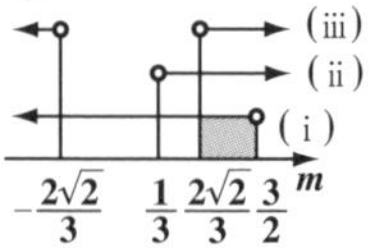


(3) ①が相異なる 2 実数解 $\alpha,\beta$ をもち，それらが異符号であるとき，

(i) $\alpha\cdot\beta=\boxed{9m^2-8<0}$

$$(3m+2\sqrt{2})(3m-2\sqrt{2})<0$$

$$\therefore\ -\frac{2\sqrt{2}}{3}<m<\frac{2\sqrt{2}}{3} \quad \cdots\cdots\cdots(答)$$

## 実力アップ問題 50　難易度 ★★　CHECK 1　CHECK 2　CHECK 3

$x$ についての不等式 $3x^2+2x-1>0$, $x^2-(a+1)x+a<0$ を同時に満たす整数 $x$ がちょうど 3 つ存在するような定数 $a$ の値の範囲を求めよ。　(摂南大＊)

**ヒント！** (i) $1<a$, (ii) $a<1$ の 2 通りの場合分けが必要になる。$a$ の範囲を求める際に，等号をつけるか否かがポイントになる。

• $3x^2+2x-1>0$ ……①

3 ╳ −1
1 ╳ 1

$(3x-1)(x+1)>0$

$\therefore x<-1,\ \frac{1}{3}<x$

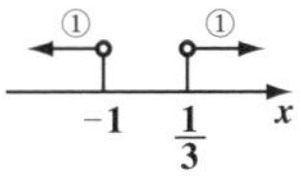


• $x^2-(a+1)x+a<0$ ……②

1 ╳ −a
1 ╳ −1

$(x-a)(x-1)<0$

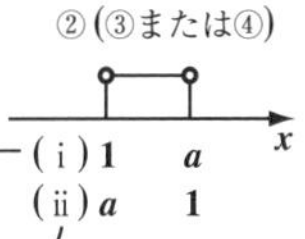


(i) $1<a$ のとき,

$1<x<a$ ……③

(ii) $a<1$ のとき,

$a<x<1$ ……④

①,②の 2 つの不等式を同時にみたす整数 $x$ が，ちょうど 3 つ存在するような整数 $a$ の範囲を求める。

(i) $1<a$ のとき,

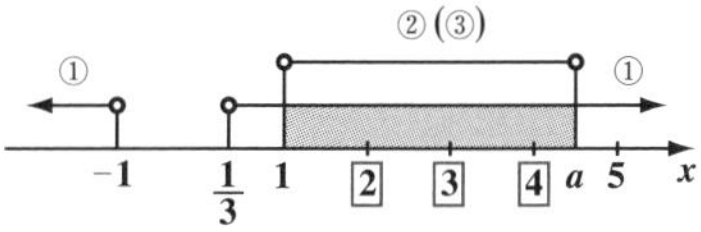


**注意！**

このとき上図より，①,②をみたす整数 $x$ が，2, 3, 4 となればよい。そうなるための $a$ が，4 と 5 の間にあることは，すぐにわかるが，等号をどうするかがポイントになる。

・$a=4$ のとき，③は，$1<x<4$ となって 4 を含まなくなるので，不適。

・$a=5$ のとき，③は，$1<x<5$ となって 5 を含まないので，条件をみたす。

以上より，$4<a\leqq5$ となる。

③より，①,②をみたす整数が 2, 3, 4 のちょうど 3 つとなるための $a$ の値の範囲は,

$4<a\leqq5$

(ii) $a<1$ のとき,

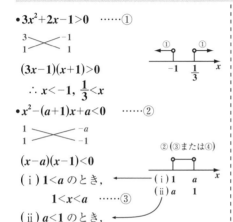

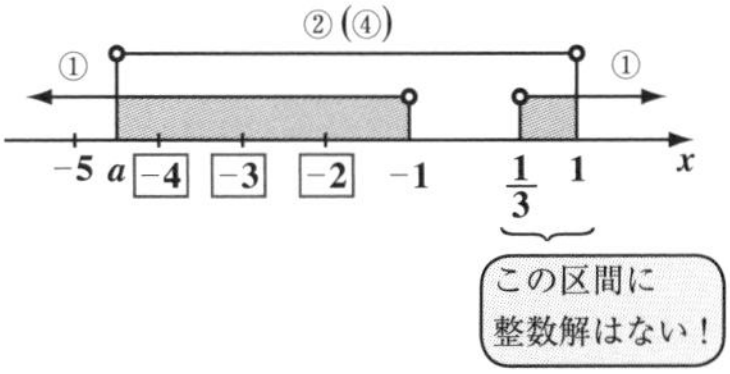


**注意！**

・$a=-5$ のとき，④は，$-5<x<1$ となって $-5$ を含まないので，条件をみたす。

・$a=-4$ のとき，④は，$-4<x<1$ となって $-4$ を含まなくなるので，不適。

④より，①,②をみたす整数が $-4,-3,-2$ のちょうど 3 つとなるための $a$ の値の範囲は,

$-5\leqq a<-4$

以上 (i)(ii) より，求める $a$ の値の範囲は

$-5\leqq a<-4$ または $4<a\leqq5$ …………(答)

## 実力アップ問題 51　難易度 ★★★　CHECK 1　CHECK 2　CHECK 3

$x$ についての 2 次方程式 $x^2 - 2a|x| + 9 = 0$ が，$-5$ と $5$ の間に相異なる 4 つの実数解をもつための $a$ の値の範囲を求めよ。（阪南大）

**ヒント！** この方程式の左辺を $f(x)$ とおくと，$y = f(x)$ は偶関数なので，方程式 $f(x) = 0$ が，$0 < x < 5$ の範囲に異なる 2 実数解をもつ条件を調べればいい。

**基本事項**

解の範囲の問題

2 次方程式 $ax^2 + bx + c = 0 \quad (a > 0)$ が異なる 2 実数解 $\alpha, \beta$ をもち，$p < \alpha < \beta < q$ となるための条件は $y = f(x) = ax^2 + bx + c$ とおくと，

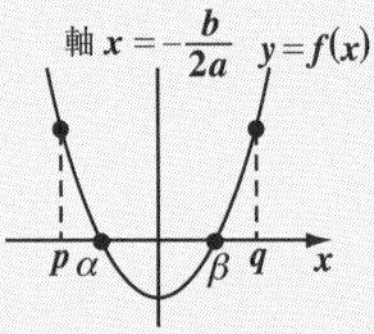


(i) $D > 0$
(ii) $p < -\frac{b}{2a} < q$
(iii) $f(p) > 0$
(iv) $f(q) > 0$

$f(x) = x^2 - 2a|x| + 9$ とおくと，

$f(-x) = \boxed{(-x)^2} - 2a\boxed{|-x|} + 9 = f(x)$ より，（$(-x)^2 = x^2$，$|-x| = |x|$）

$y = f(x)$ は偶関数（$y$ 軸に関して対称なグラフ）である。

よって，方程式 $f(x) = 0$ が $-5 < x < 5$ の範囲に，相異なる 4 実数解をもつときのグラフの様子を右に示す。

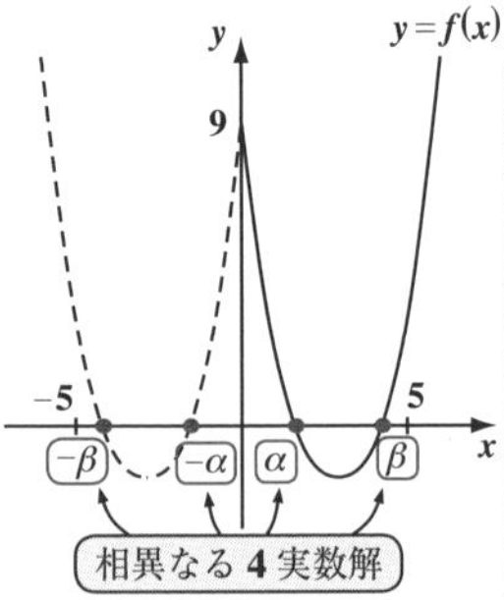


これより，方程式 $f(x) = 0$ が，$0 < x < 5$ の範囲に相異なる 2 実数解 $\alpha, \beta$ をもつ条件を調べればよい。

$x > 0$ のとき $|x| = x$ なので，

$y = f(x) = \boxed{1} \cdot x^2 \boxed{-2a} x + \boxed{9}$（$a$，$2b'$，$c$）

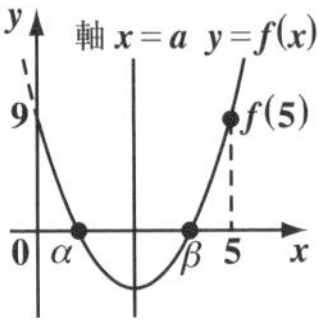


右図より，異なる 2 実数解 $\alpha, \beta$ が $0 < \alpha < \beta < 5$ となるための条件は，

(i) 判別式を $D$ とおくと，

$$\frac{D}{4} = \boxed{a^2 - 9 > 0}$$

$(a+3)(a-3) > 0 \quad \therefore a < -3,\ 3 < a$

(ii) 軸 $x = a$ より，

$0 < a < 5$

(iii) $f(0) = 9 > 0$ ← $a$ の条件とは無関係

(iv) $f(5) = \boxed{25 - 10a + 9 > 0}$

$$\therefore a < \frac{17}{5}$$

以上 (i)(ii)(iv) より，求める $a$ の値の範囲は，$3 < a < \frac{17}{5}$ ………………(答)

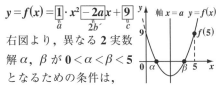

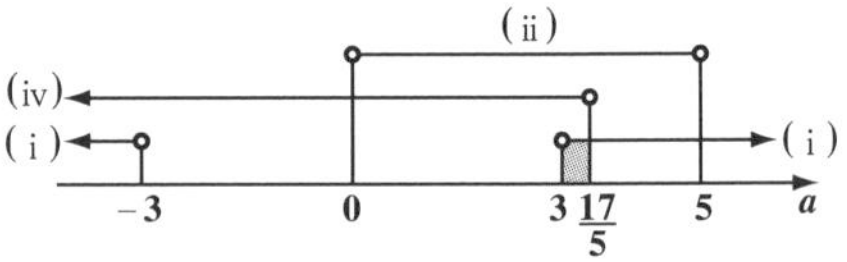

| 実力アップ問題 52 | 難易度 ★★★ | CHECK 1 | CHECK 2 | CHECK 3 |
|---|---|---|---|---|

$m$, $n$ を正の整数とする。$x$ についての 2 次方程式

$2x^2-2(m-1)x+n-2=0$ が $0<x<2$ の範囲で異なる 2 つの解をもつとき

(1) $m$, $n$ の値を求めよ。

(2) 2 つの解を求めよ。 (昭和薬大)

ヒント！ 2 次方程式が $p<x<q$ ($p$, $q$：定数) の範囲に異なる 2 実数解をもつための 4 条件は頻出だから，すぐ使えるようにしておこう。

$\underset{a}{2}x^2\underset{2b'}{-2(m-1)}x+\underset{c}{n-2}=0$ ……①

($m$, $n$：正の整数)

(1) $f(x)=2x^2-2(m-1)x+n-2$ とおく。

①の 2 次方程式が相異なる 2 実数解 $\alpha$, $\beta$ をもち，$0<\alpha<\beta<2$ となるための条件は，この判別式を $D$ とおくと，

(i) $\dfrac{D}{4}=\underset{b'^2-ac}{(m-1)^2-2(n-2)>0}$

$\therefore\ n<\dfrac{(m-1)^2+4}{2}$ ………②

(ii) 軸 $x=\dfrac{m-1}{2}$ より，

$0<\dfrac{m-1}{2}<2$, $0<m-1<4$

$\therefore\ 1<\underset{2,\,3,\,4}{m}<5$ …………………③

(iii) $f(0)=n-2>0$

$\therefore\ 2<n$ ………………………④

(iv) $f(2)=8-4(m-1)+n-2>0$

$\therefore\ 4m-10<n$ ……………⑤

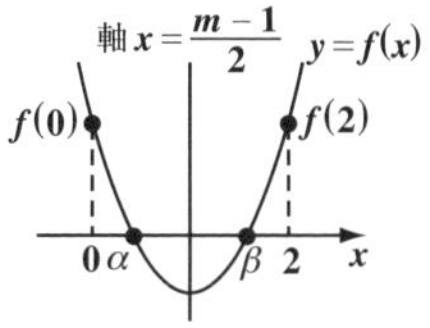


(i) $D>0$
(ii) $0<\dfrac{m-1}{2}<2$
(iii) $f(0)>0$
(iv) $f(2)>0$

③より，$m=2$, 3, 4 ← 3 通りを調べる

(Ⅰ) $m=2$ のとき，

②，④より，

$2<n<\dfrac{(2-1)^2+4}{2}=\dfrac{5}{2}$

これをみたす自然数 $n$ は存在しない。 ∴不適

(Ⅱ) $m=3$ のとき，

②，④より，

$2<n<\dfrac{(3-1)^2+4}{2}=4$

$\therefore\ n=3$ (これは⑤をみたす)

(Ⅲ) $m=4$ のとき，

②，⑤より，

$4\times4-10<n<\dfrac{(4-1)^2+4}{2}$

$6<n<\dfrac{13}{2}$

これをみたす自然数 $n$ は存在しない。 ∴不適

以上(Ⅰ)(Ⅱ)(Ⅲ)より，

$m=3$, $n=3$ ……………………(答)

(2) $m=3$, $n=3$ より，①は，

$2x^2-4x+1=0$

よって，求める 2 つの実数解は，

$x=\dfrac{2\pm\sqrt{4-2}}{2}=\dfrac{2\pm\sqrt{2}}{2}$ ……(答)

実力アップ問題 53　難易度 ★★★　CHECK 1　CHECK 2　CHECK 3

**2** 次方程式 $mx^2 - x - 2 = 0$ の **2** つの実数解が，それぞれ以下のようになるための $m$ の条件を求めよ。

**(1)** **2** つの解がともに $-1$ より大きい。

**(2)** **1** つの解は **1** より大きく，他の解は **1** より小さい。　（岐阜大＊）

**ヒント！** $m \neq 0$ より，方程式の両辺を $m$ で割って考えるといい。解の範囲を考える際に，複数の分数方程式を解くことになる。別解として，グラフィカルに解く方法も示すので参考にしてくれ。

**基本事項**

分数不等式の解法

(1) $\frac{B}{A} > 0 \iff AB > 0$

(2) $\frac{B}{A} < 0 \iff AB < 0$

(3) $\frac{B}{A} \geqq 0 \iff AB \geqq 0$ かつ $A \neq 0$

(4) $\frac{B}{A} \leqq 0 \iff AB \leqq 0$ かつ $A \neq 0$

$mx^2 - x - 2 = 0$ ……① $(m \neq 0)$ について，

**注意！**
ここで，$f(x) = mx^2 - x - 2$ とおくと，$m$ の正負により，放物線 $y = f(x)$ の形状が変化するので，計算がメンドウになる。よって，$m \neq 0$ より，①の両辺を $m$ で割って，$x^2$ の係数を **1** にする。

①の両辺を $m$ で割って，

$$\underset{a}{\boxed{1}} \cdot x^2 \underset{b}{\boxed{-\frac{1}{m}}} x \underset{c}{\boxed{-\frac{2}{m}}} = 0 \quad \cdots\cdots ②$$

ここで，

$$f(x) = x^2 - \frac{1}{m}x - \frac{2}{m},$$

（下に凸の放物線）

②の **2** 解を $\alpha, \beta\ (\alpha \leqq \beta)$ とおく。

（"相異なる" の言葉がなく，ただ "**2** 解" と言う場合，"重解 $(\alpha = \beta)$" も含む！）

**(1)** $-1 < \alpha \leqq \beta$ となるとき，

(i) 判別式を $D$ とおくと，

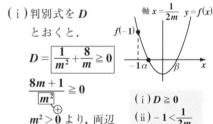

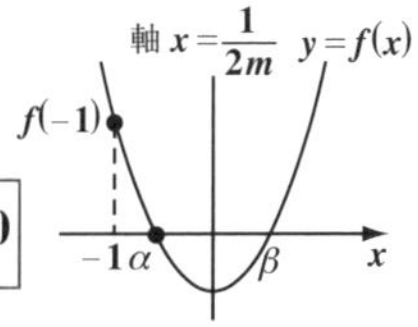


$$D = \boxed{\frac{1}{m^2} + \frac{8}{m} \geqq 0}$$

$$\frac{8m+1}{\boxed{m^2}} \geqq 0$$

（⊕）

$m^2 > 0$ より，両辺に $m^2$ をかけて，

$$8m + 1 \geqq 0$$

$$\therefore m \geqq -\frac{1}{8}$$

(i) $D \geqq 0$
(ii) $-1 < \frac{1}{2m}$
(iii) $f(-1) > 0$

(ii) 軸 $x = \frac{1}{2m}$ より，

$$\frac{1}{2m} > -1, \quad \frac{1}{2m} + 1 > 0$$

$$\frac{2m+1}{2m} > 0 \qquad \left[\frac{B}{A} > 0\right]$$

$$2m(2m+1) > 0 \quad [AB > 0]$$

（$A^2$ を両辺にかけた）

$$\therefore m < -\frac{1}{2},\ 0 < m$$

(iii) $f(-1)=\boxed{1+\dfrac{1}{m}-\dfrac{2}{m}>0}$

$\dfrac{m-1}{m}>0 \quad \left[\dfrac{B}{A}>0\right]$

$m(m-1)>0 \quad [AB>0]$

$\therefore m<0,\ 1<m$

以上(i)(ii)(iii)より，

$1<m$ ……(答)

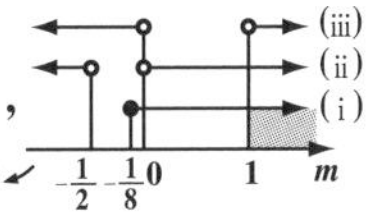


(2) $\alpha<1<\beta$ となるとき，

(i) $f(1)=\boxed{1-\dfrac{1}{m}-\dfrac{2}{m}<0}$

$\dfrac{m-3}{m}<0 \quad \left[\dfrac{B}{A}<0\right]$

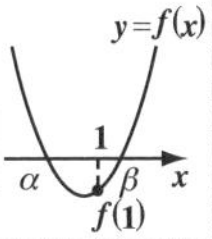


$m(m-3)<0 \quad [AB<0]$ (i) $f(1)<0$

$\therefore 0<m<3$ ……………………(答)

**別解**

①を変形して，

$mx^2=x+2$

$x^2=\dfrac{1}{m}(x+2) \quad (\because m\neq 0)$

この方程式を分解して，

$\begin{cases} y=x^2 & \cdots\cdots ㋐ \\ y=\dfrac{1}{m}(x+2) & \cdots\cdots ㋑ \end{cases}$ とおく。

点$(-2,\ 0)$を通る傾き$\dfrac{1}{m}$の直線

この放物線㋐と直線㋑の交点の $x$ 座標が，①の実数解 $\alpha,\ \beta$ である。

(1) $-1<\alpha\leqq\beta$ となるとき，

右図より，
明らかに
㋑の傾き
$\dfrac{1}{m}$ は，

$0<\dfrac{1}{m}<1$

となる。

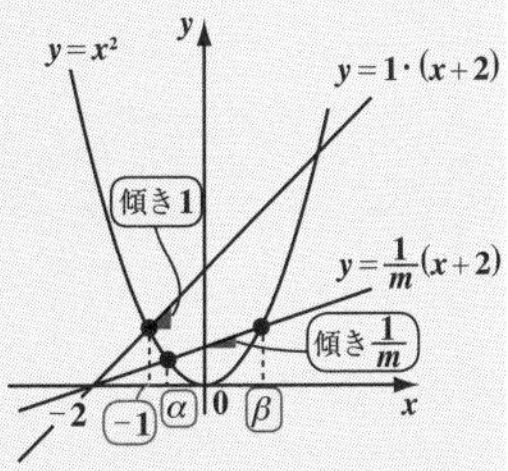


$0<\dfrac{1}{m}<1$ の各辺に $m^2(>0)$ をかけて

$\underset{(ア)}{0<m}<m^2$ (イ)

分数不等式を解くコツは，分母の2乗をかけることだ！

(ア) $m>0$

(イ) $m^2-m>0,\quad m(m-1)>0$

$\therefore m<0,\ 1<m$

以上(ア)(イ)より

$1<m$ ……(答)

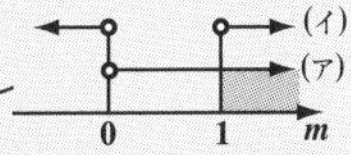


(2) $\alpha<1<\beta$ となるとき，

右図より
明らかに，

$\dfrac{1}{3}<\dfrac{1}{m}$

$\dfrac{1}{3}-\dfrac{1}{m}<0$

$\dfrac{m-3}{3m}<0 \quad \left[\dfrac{B}{A}<0\right]$

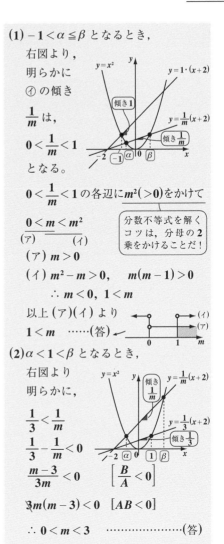

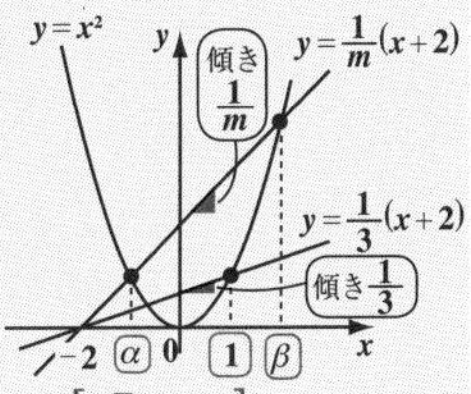


$\cancel{3}m(m-3)<0 \quad [AB<0]$

$\therefore 0<m<3$ ……………………(答)

| 実力アップ問題 54 | 難易度 ★★★ | CHECK 1 | CHECK 2 | CHECK 3 |
|---|---|---|---|---|

実数 $m$ を定数とする。$x$ と $y$ の次の連立 1 次方程式：

$$\begin{cases} 2x+y=2 & \cdots\cdots\cdots\cdots① \\ mx-y=3m-1 & \cdots\cdots② \end{cases}$$

が，$x>0$，$y>0$ である解をもつための $m$ の条件を求めよ。（慶応大＊）

**ヒント！** ①，②を解いて，$x$ と $y$ の解が共に正の条件から $m$ の範囲を求めればいいんだね。また，これはグラフを使っても解ける。これは別解で示そう。

この連立方程式を解くと，

①＋②より，$(m+2)x=3m+1$ ……③

ここで，$m+2=0$ とすると，$m=-2$ より

$0\cdot x=-5$ となって，不適。

よって，$m+2\neq 0$ より，③の両辺を $m+2$ で割って，

$$x=\frac{3m+1}{m+2} \cdots\cdots④$$

④を①に代入して，

$$y=-2\cdot\frac{3m+1}{m+2}+2=\frac{-6m-2+2m+4}{m+2}$$

$$\therefore y=\frac{-4m+2}{m+2} \cdots\cdots⑤$$

ここで，$x>0$，$y>0$ より，

（ⅰ）④は，$\dfrac{3m+1}{m+2}>0$

$(m+2)(3m+1)>0$

［$\dfrac{B}{A}>0$ ならば $AB>0$］

$\therefore m<-2$ または $-\dfrac{1}{3}<m$

（ⅱ）⑤は，$\dfrac{-4m+2}{m+2}>0$

［両辺を $-2$ で割って］

$\dfrac{2m-1}{m+2}<0$

$(2m-1)(m+2)<0$

［$\dfrac{B}{A}<0$ ならば $AB<0$］

$\therefore -2<m<\dfrac{1}{2}$

以上（ⅰ）（ⅱ）より，求める $m$ の条件は，

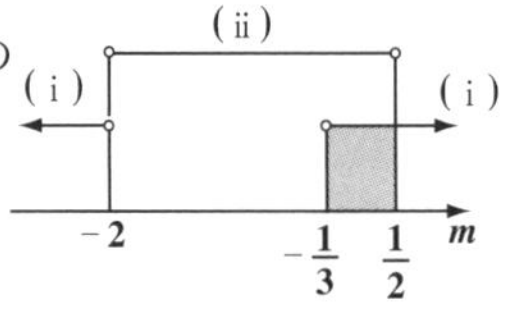

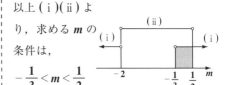

$-\dfrac{1}{3}<m<\dfrac{1}{2}$

である。……………………………………（答）

**別解**

・①は，$y=-2x+2$ より，傾き $-2$，$y$ 切片 $2$ の直線。

・②は，$y=m(x-3)+1$ より，点 $(3,\ 1)$ を通り，傾き $m$ の直線。

そして，この 2 直線の交点の座標が，①と②の連立方程式の解である。

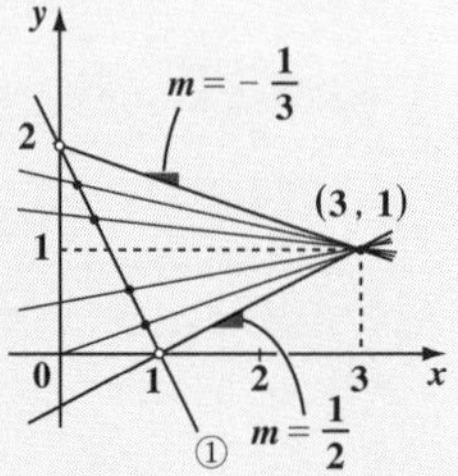


よって，この交点が第 1 象限に存在する，すなわち $x>0$ かつ $y>0$ となるための傾き $m$ の取り得る値の範囲は，上のグラフより明らかに，

$-\dfrac{1}{3}<m<\dfrac{1}{2}$ となる。……………（答）

演習 exercise 4

# 図形と計量（三角比）

## テーマ

- 三角比の定義と基本公式
  （ $\cos(\theta + 90°) = -\sin\theta$ など）
- 三角方程式・三角不等式
- 正弦定理・余弦定理
  （ $a^2 = b^2 + c^2 - 2bc\cos A$ など）
- 空間図形の計量

# 演習4 図形と計量（三角比）●公式&解法パターン

**1. 三角比の基本公式　$(0^\circ \leqq \theta \leqq 180^\circ)$**

(1) $\cos^2\theta + \sin^2\theta = 1$　　(2) $\tan\theta = \dfrac{\sin\theta}{\cos\theta}$　　(3) $1 + \tan^2\theta = \dfrac{1}{\cos^2\theta}$

右図に示すように，$\cos\theta$ と $\sin\theta$ はそれぞれ半径 1 の上半円周上の点 $P(x, y)$ の $x$ 座標と $y$ 座標を表す。この知識も問題を解く上でのポイントとなる。

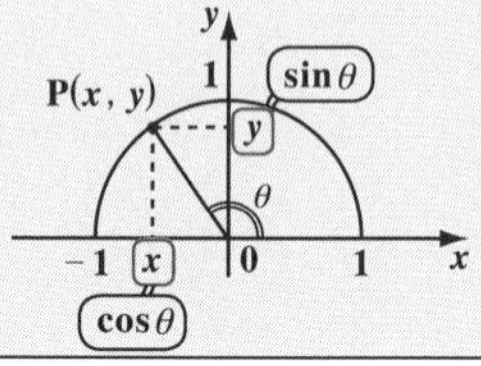


**2. $\cos(180^\circ - \theta)$ や $\sin(\theta + 90^\circ)$ などの変形**

(Ⅰ) 180° の関係したもの

(ⅰ) 記号の決定

・sin ⟶ sin

・cos ⟶ cos

・tan ⟶ tan

(ⅱ) 符号の決定

(Ⅱ) 90° の関係したもの

(ⅰ) 記号の決定

・sin ⟶ cos

・cos ⟶ sin

・tan ⟶ $\dfrac{1}{\tan\theta}$

(ⅱ) 符号の決定

$(ex)$ (1) $\cos(180^\circ - \theta) = -\cos\theta$

(ⅰ) 180° が関係しているので，
cos ⟶ cos
(ⅱ) $\theta = 30^\circ$ とみると，
$\cos 150^\circ < 0$ より，右辺に
⊖がつく。

(2) $\sin(\theta + 90^\circ) = \cos\theta$

(ⅰ) 90° が関係しているので，
sin ⟶ cos
(ⅱ) $\theta = 30^\circ$ とみると，
$\sin 120^\circ > 0$ より，右辺の符号はそのまま。

**3. 正弦定理**

$$\frac{a}{\sin A} = \frac{b}{\sin B} = \frac{c}{\sin C} = 2R$$

($R$：外接円の半径)

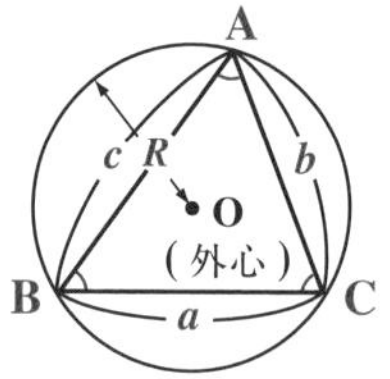

**4. 余弦定理**

**(1)** $a^2 = b^2 + c^2 - 2bc\cos A$

$\left(\cos A = \dfrac{b^2 + c^2 - a^2}{2bc}\right)$

**(2)** $b^2 = c^2 + a^2 - 2ca\cos B$

$\left(\cos B = \dfrac{c^2 + a^2 - b^2}{2ca}\right)$

**(3)** $c^2 = a^2 + b^2 - 2ab\cos C$

$\left(\cos C = \dfrac{a^2 + b^2 - c^2}{2ab}\right)$

**(1)** についての覚え方

(ⅰ) メリー・ゴーラウンド

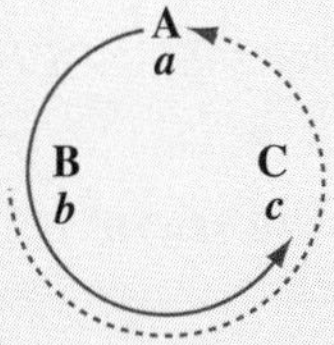


(ⅱ) ピンセットでつまむ要領

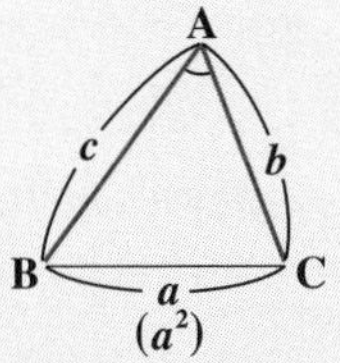


**(2)**, **(3)** についても，(ⅰ) メリー・ゴーラウンドや(ⅱ) ピンセットでつまむ要領で公式を覚えておくと忘れない。

**5. 三角形 ABC の面積 $S$**

$$S = \frac{1}{2}bc\sin A = \frac{1}{2}ca\sin B = \frac{1}{2}ab\sin C$$

これらの公式も，メリー・ゴーラウンドやピンセットでつまむ要領で覚えておくと忘れない。

**6. 内接円の半径 $r$**

$$S = \frac{1}{2}(a + b + c)r$$

($S$：△ABC の面積，$r$：内接円の半径)

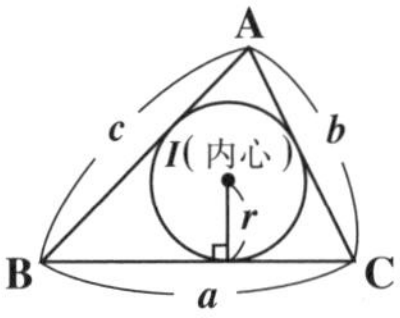


**7. 図形への応用**

**(1)** 相似図形

相似比が $a : b$ の 2 つの相似な図形について，

(ⅰ) その面積比は $a^2 : b^2$ になる。

(ⅱ) その体積比は $a^3 : b^3$ になる。

**(2)** 円すいや多角すいの体積 $V$

$$V = \frac{1}{3}\cdot S\cdot h$$

($V$：円すいや多角すいの体積
$S$：底面積，$h$：高さ)

・円すい

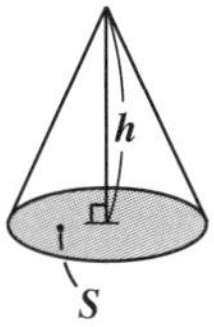


・多角すい

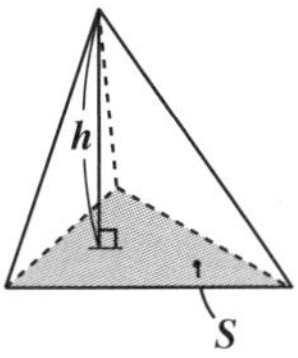


**(3)** 球の体積と表面積

半径 $r$ の球の (ⅰ) 体積 $V = \dfrac{4}{3}\pi r^3$　　(ⅱ) 表面積 $S = 4\pi r^2$

## 実力アップ問題 55　難易度 ★　CHECK 1　CHECK 2　CHECK 3

次の問いに答えよ。

(1) $90° \leqq \theta \leqq 180°$ とする。$\sin\theta = \dfrac{2}{3}$ のとき，$\cos\theta$ と $\tan\theta$ の値を求めよ。

（日本歯科大）

(2) $\sin 160° \cos 70° + \cos 20° \sin 70°$ の値を求めよ。

**ヒント！** (1) 三角比の値を求める基本問題だ。公式と半円のいずれでも求まる。(2) $\sin(180°-\theta)$ や $\cos(90°-\theta)$ などの問題だ。記号と符号を決定して求める。

**基本事項**

三角比の基本公式

(1) $\cos^2\theta + \sin^2\theta = 1$　(2) $\tan\theta = \dfrac{\sin\theta}{\cos\theta}$

(3) $1 + \tan^2\theta = \dfrac{1}{\cos^2\theta}$

(1) $90° \leqq \theta \leqq 180°$ より，$\cos\theta \leqq 0$，$\tan\theta < 0$

$\sin\theta = \dfrac{2}{3}$ より，公式を用いて，

(ⅰ) $\cos\theta = -\sqrt{1-\sin^2\theta}$ ←（公式 ・$\cos^2\theta+\sin^2\theta=1$ ・$\cos\theta \leqq 0$）

$= -\sqrt{1-\left(\dfrac{2}{3}\right)^2} = -\sqrt{\dfrac{5}{9}} = -\dfrac{\sqrt{5}}{3}$ ………(答)

(ⅱ) $\tan\theta = \dfrac{\sin\theta}{\cos\theta} = \dfrac{\frac{2}{3}}{-\frac{\sqrt{5}}{3}}$ ←（公式 $\tan\theta = \dfrac{\sin\theta}{\cos\theta}$）

$= -\dfrac{2}{\sqrt{5}} = -\dfrac{2\sqrt{5}}{5}$ …………(答)

**別解**

右図のように，半径 3 の上半円から明らかに，

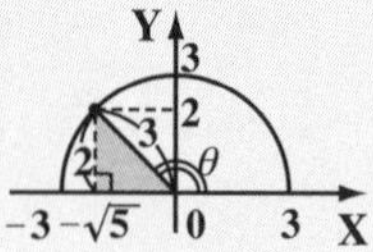


$\cos\theta = -\dfrac{\sqrt{5}}{3}$

$\tan\theta = -\dfrac{2}{\sqrt{5}}$

**基本事項**

$\sin(180°-\theta)$ 等の変形

(Ⅰ) $180°$ の関係したもの

(i) 記号の決定
- $\sin \to \sin$
- $\cos \to \cos$
- $\tan \to \tan$

(ii) 符号の決定

(Ⅱ) $90°$ の関係したもの

(i) 記号の決定
- $\sin \to \cos$
- $\cos \to \sin$
- $\tan \to \dfrac{1}{\tan}$

(ii) 符号の決定

(2) $\theta = 20°$ とおくと，

(ⅰ) $\sin 160° = \sin(180°-\theta) = \sin\theta$

(ⅱ) $\cos 70° = \cos(90°-\theta) = \sin\theta$

(ⅲ) $\cos 20° = \cos\theta$

(ⅳ) $\sin 70° = \sin(90°-\theta) = \cos\theta$

以上より，

与式 $= \sin\theta \cdot \sin\theta + \cos\theta \cdot \cos\theta$
（(ⅰ) $\sin 160°$，(ⅱ) $\cos 70°$，(ⅲ) $\cos 20°$，(ⅳ) $\sin 70°$）

$= \sin^2\theta + \cos^2\theta = 1$ ………(答)

**実力アップ問題 56** 難易度 ★★ CHECK 1 CHECK 2 CHECK 3

次の問いに答えよ。

**(1)** $2(\sin^6\theta+\cos^6\theta)-3(\sin^4\theta+\cos^4\theta)$ の値を求めよ。

**(2)** $\tan\theta=\dfrac{4}{5}$ のとき，$\dfrac{1-2\cos^2\theta}{1+2\sin\theta\cdot\cos\theta}$ の値を求めよ。 (中京大)

**ヒント！** (1) 公式 $\sin^2\theta+\cos^2\theta=1$ の両辺を2乗して，$\sin^4\theta+\cos^4\theta$ を変形する。(2) 公式 $1+\tan^2\theta=\dfrac{1}{\cos^2\theta}$ を使えば，与式は $\tan\theta$ の式で表せる。

**(1)** 公式より，

$\sin^2\theta+\cos^2\theta=1$ ……①

(i) ①の両辺を2乗して，

$(\sin^2\theta+\cos^2\theta)^2=1$

$\sin^4\theta+\cos^4\theta+2\sin^2\theta\cdot\cos^2\theta=1$

$\therefore\ \sin^4\theta+\cos^4\theta=1-2\sin^2\theta\cdot\cos^2\theta$ …②

(ii) $\sin^6\theta+\cos^6\theta=(\sin^2\theta)^3+(\cos^2\theta)^3$

$=(\sin^2\theta+\cos^2\theta)(\sin^4\theta-\sin^2\theta\cdot\cos^2\theta+\cos^4\theta)$

（$\sin^2\theta+\cos^2\theta=1$）

公式 $\alpha^3+\beta^3=(\alpha+\beta)(\alpha^2-\alpha\beta+\beta^2)$ を使った！

$=\sin^4\theta+\cos^4\theta-\sin^2\theta\cdot\cos^2\theta$

（$\sin^4\theta+\cos^4\theta=1-2\sin^2\theta\cdot\cos^2\theta$ (②より)）

$=1-3\sin^2\theta\cdot\cos^2\theta$ ……③

以上②，③を与式に代入すると，

与式

$=2(\sin^6\theta+\cos^6\theta)-3(\sin^4\theta+\cos^4\theta)$

$=2(1-3\sin^2\theta\cdot\cos^2\theta)-3(1-2\sin^2\theta\cdot\cos^2\theta)$

（(ii)）　（(i)）

$=2-3=-1$ ……………………(答)

**(2)** $\tan\theta=\dfrac{\sin\theta}{\cos\theta}=\dfrac{4}{5}$ より，$\cos\theta\neq0$

よって，与式$=\dfrac{1-2\cos^2\theta}{1+2\sin\theta\cos\theta}$

の分子・分母を $\cos^2\theta$ で割ると，

$$与式=\frac{\dfrac{1}{\cos^2\theta}-2}{\dfrac{1}{\cos^2\theta}+2\dfrac{\sin\theta\cdot\cos\theta}{\cos^2\theta}}$$

（$\dfrac{1}{\cos^2\theta}=1+\tan^2\theta$，$\dfrac{\sin\theta\cdot\cos\theta}{\cos^2\theta}=\tan\theta$）

公式 $\tan\theta=\dfrac{\sin\theta}{\cos\theta}$，$1+\tan^2\theta=\dfrac{1}{\cos^2\theta}$ を使う！

$$=\frac{1+\tan^2\theta-2}{1+\tan^2\theta+2\tan\theta}$$

（$\tan^2\theta-1=(\tan\theta+1)(\tan\theta-1)$）

（$\tan^2\theta+2\tan\theta+1=(\tan\theta+1)^2$）

$$=\frac{(\tan\theta+1)(\tan\theta-1)}{(\tan\theta+1)^2}$$

$$=\frac{\tan\theta-1}{\tan\theta+1}$$

$$=\frac{\dfrac{4}{5}-1}{\dfrac{4}{5}+1}$$

$$=\frac{4-5}{4+5}$$

$=-\dfrac{1}{9}$ ……………………………(答)

## 実力アップ問題 57　難易度 ★★　CHECK 1　CHECK 2　CHECK 3

角 $\theta$ が，$\sin\theta + \cos\theta = \sqrt{\frac{3}{2}}$ を満たすとき，次の式の値を求めよ。

**(1)** $\sin\theta\cos\theta$　　**(2)** $\sin^4\theta + \cos^4\theta$　　**(3)** $\tan\theta$

（青山学院大）

**ヒント！** (1)(2) $\sin\theta + \cos\theta$ の値が与えられていれば，両辺を 2 乗して，$\sin\theta\cos\theta$ の値が求まる。(3) $\tan\theta$ の計算では，まず $\sin\theta$ と $\cos\theta$ の値を求める。

$\sin\theta + \cos\theta = \sqrt{\frac{3}{2}}$ ……………①

(1) ①の両辺を 2 乗して，

$$(\sin\theta + \cos\theta)^2 = \frac{3}{2}$$

$$\underbrace{\sin^2\theta + \cos^2\theta}_{1} + 2\sin\theta\cdot\cos\theta = \frac{3}{2}$$

$$1 + 2\sin\theta\cdot\cos\theta = \frac{3}{2}$$

$$\therefore \sin\theta\cdot\cos\theta = \frac{1}{2}\left(\frac{3}{2} - 1\right) = \frac{1}{4} \cdots ② \text{（答）}$$

(2) 公式 $\sin^2\theta + \cos^2\theta = 1$ の両辺を 2 乗して，

$$(\sin^2\theta + \cos^2\theta)^2 = 1$$

$$\sin^4\theta + \cos^4\theta + 2\underbrace{\sin^2\theta\cdot\cos^2\theta}_{(\sin\theta\cdot\cos\theta)^2 = \left(\frac{1}{4}\right)^2 \text{（②より）}} = 1$$

$$\sin^4\theta + \cos^4\theta = 1 - 2\left(\frac{1}{4}\right)^2 = \frac{7}{8} \cdots\cdots \text{（答）}$$

（②より）

(3) 以上より，$\sin\theta = \alpha$，$\cos\theta = \beta$ と考える！

$$\begin{cases} \sin\theta + \cos\theta = \sqrt{\frac{3}{2}} & \cdots\cdots ③ \\ \sin\theta\cdot\cos\theta = \frac{1}{4} & \cdots\cdots\cdots\cdots ④ \end{cases}$$

**基本事項**

$\begin{cases} \alpha+\beta = p \\ \alpha\cdot\beta = q \end{cases}$ のとき，

$\alpha$ と $\beta$ を解にもつ $x$ の 2 次方程式は

$x^2 - px + q = 0$

$\left(\begin{array}{l} (\because)\ x^2 - (\alpha+\beta)x + \alpha\beta = 0 \text{ より} \\ (x-\alpha)(x-\beta) = 0 \quad \therefore x = \alpha, \beta \end{array}\right)$

③，④より，$\sin\theta$ と $\cos\theta$ を解にもつ $x$ の 2 次方程式は，

$$x^2 - \sqrt{\frac{3}{2}}x + \frac{1}{4} = 0$$　両辺に 4 をかけて

$$\overset{a}{4}x^2 \overset{2b'}{-2\sqrt{6}}x + \overset{c}{1} = 0$$

$$\therefore x = \frac{\sqrt{6} \pm \sqrt{2}}{4}$$

$(\sin\theta, \cos\theta) = \left(\frac{\sqrt{6}+\sqrt{2}}{4}, \frac{\sqrt{6}-\sqrt{2}}{4}\right)$ また $\left(\frac{\sqrt{6}-\sqrt{2}}{4}, \frac{\sqrt{6}+\sqrt{2}}{4}\right)$ のこ

よって，$(\sin\theta, \cos\theta) = \left(\frac{\sqrt{6}\pm\sqrt{2}}{4}, \frac{\sqrt{6}\mp\sqrt{2}}{4}\right)$

（複号同順）

$$\therefore \tan\theta = \frac{\sin\theta}{\cos\theta} = \frac{\frac{\sqrt{6}\pm\sqrt{2}}{4}}{\frac{\sqrt{6}\mp\sqrt{2}}{4}}$$

$$= \frac{(\sqrt{6}\pm\sqrt{2})^2}{\underbrace{(\sqrt{6}\mp\sqrt{2})(\sqrt{6}\pm\sqrt{2})}_{(\sqrt{6})^2 - (\sqrt{2})^2 = 6 - 2 = 4}}$$　← 分子・分母に $\sqrt{6}\pm\sqrt{2}$ をかけた！

$$= \frac{6 \pm 4\sqrt{3} + 2}{4} = 2 \pm \sqrt{3} \cdots \text{（答）}$$

実力アップ問題 58　難易度 ★★　CHECK 1　CHECK 2　CHECK 3

右図のように，三角形 ABC は∠B＝∠C＝72°である二等辺三角形とする。∠B の二等分線と辺 AC との交点を D とし，DC＝1 とする。このとき，AD の長さと sin18° の値を求めよ。

（上智大＊）

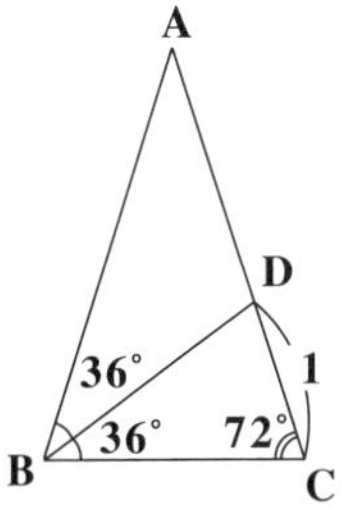


ヒント！ AD＝BD＝BC＝$x$ とおいて，2 つの二等辺三角形の相似比から，$x$ の値を求める。$x$ の値がわかれば，図より，sin18° は $\frac{1}{2x}$ で計算できる。

36° を・で表すと右図のようになる。

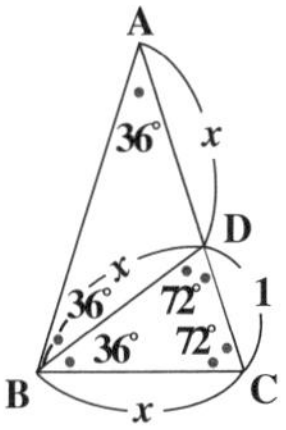


△ABD は AD＝BD の二等辺三角形で，△BCD も，BD＝BC の二等辺三角形より，

AD＝BD＝BC＝$x$ とおく。

ここで，△ABC ∽ △BCD より，
（“△ABC と△BCD は相似”）

$(x+1):x=x:1$

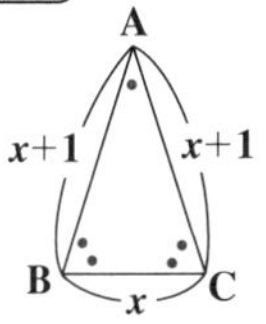


$x^2=x+1$

$x^2-x-1=0$

これを解いて，

$$x=\frac{1\pm\sqrt{5}}{2}$$

（$\sqrt{5}$ ≒ 2.2）

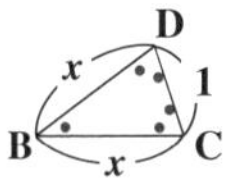


よって，$x$＝AD＞0 より，

$$\text{AD}=x=\frac{1+\sqrt{5}}{2}\ \cdots\cdots①\ \cdots\cdots\cdots\cdots(答)$$

次に，右図のように二等辺三角形 BCD の∠CBD の 2 等分線と辺 CD の交点を E とおくと，△BDE は直角三角形となる。

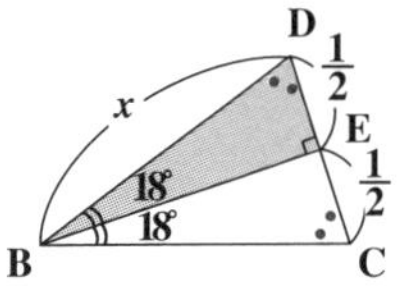


よって，∠DBE＝18° $\left(=\frac{1}{2}\cdot\angle\text{CBD}\right)$ だから，求める sin18° は，

$$\sin 18^\circ=\frac{\frac{1}{2}}{x}=\frac{1}{2x}\ \cdots\cdots②$$

②に①を代入して，

$$\sin 18^\circ=\frac{1}{2\times\frac{1+\sqrt{5}}{2}}$$

$$=\frac{\sqrt{5}-1}{(\sqrt{5}+1)(\sqrt{5}-1)}$$

（分子・分母に $\sqrt{5}-1$ をかけた！）

（$(\sqrt{5})^2-1^2=5-1=4$）

$$=\frac{\sqrt{5}-1}{4}\ \cdots\cdots\cdots\cdots\cdots\cdots\cdots\cdots(答)$$

## 実力アップ問題 59　難易度 ★★　CHECK 1　CHECK 2　CHECK 3

次の三角方程式・不等式を解け。

(1) $2\cos^2\theta + 3\sin\theta - 3 = 0$　$(0° \leqq \theta \leqq 180°)$　(滋賀大)

(2) $\tan\theta - 2\sin\theta > 0$　$(0° < \theta < 180°)$

**ヒント！** (1) $\cos^2\theta = 1 - \sin^2\theta$ とおいて，$\sin\theta$ の 2 次方程式にもち込む。(2) 分数不等式の形になる。$0° < \theta < 180°$ より常に $\sin\theta > 0$ となる。

(1) $2\cos^2\theta + 3\sin\theta - 3 = 0$　$(0° \leqq \theta \leqq 180°)$

$\cos^2\theta = (1 - \sin^2\theta)$

これを変形して，

$2(1 - \sin^2\theta) + 3\sin\theta - 3 = 0$

$2\sin^2\theta - 3\sin\theta + 1 = 0$ ← $\sin\theta$ の 2 次方程式！

2　　−1
1　　−1
(たすきがけ)

$(2\sin\theta - 1)(\sin\theta - 1) = 0$

$\therefore \sin\theta = \dfrac{1}{2}, 1$ ← $\sin\theta$ は，半径 1 の上半円上の点の $Y$ 座標

$\left[ Y = \dfrac{1}{2}, 1 \right]$

$0° \leqq \theta \leqq 180°$ の範囲でこれをみたす $\theta$ の値は，

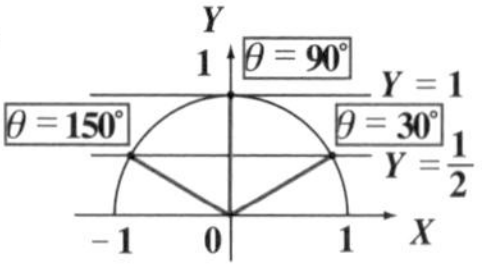


$\theta = 30°, 90°, 150°$ ……………(答)

(2) $\tan\theta - 2\sin\theta > 0$　$(0° < \theta < 180°)$

$\tan\theta = \left(\dfrac{\sin\theta}{\cos\theta}\right)$

これを変形して

$\dfrac{\sin\theta}{\cos\theta} - 2\sin\theta > 0$

$\dfrac{\sin\theta - 2\sin\theta\cos\theta}{\cos\theta} > 0$

$\dfrac{\sin\theta(1 - 2\cos\theta)}{\cos\theta} > 0$ → 分数不等式の解法　$\dfrac{B}{A} > 0$ のとき　$AB > 0$

$\sin\theta\cos\theta(1 - 2\cos\theta) > 0$　（$\sin\theta$：⊕）

ここで，$0° < \theta < 180°$ より，$\sin\theta > 0$

よって，両辺を $\sin\theta$ で割って，

$\cos\theta(1 - 2\cos\theta) > 0$ ← 両辺に −1 をかけた！

$\cos\theta(2\cos\theta - 1) < 0$ ← $\cos\theta$ の 2 次不等式

$0 < \cos\theta < \dfrac{1}{2}$ ← $\cos\theta$ は，半径 1 の上半円上の点の $X$ 座標

$\left[ 0 < X < \dfrac{1}{2} \right]$

$0° < \theta < 180°$ の範囲でこれをみたす $\theta$ の値の範囲は，

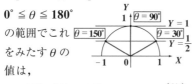

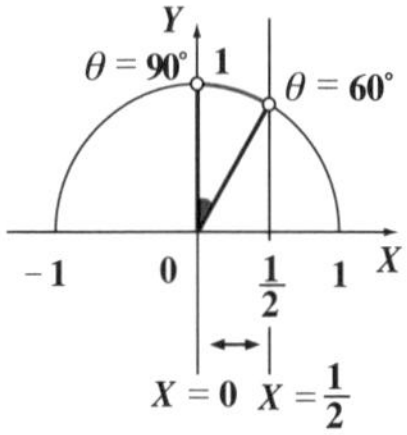


$60° < \theta < 90°$ ……………(答)

## 実力アップ問題 60　難易度 ★★　CHECK 1　CHECK 2　CHECK 3

$xy$ 平面上の放物線 $y = x^2 - 2(1 + \cos\theta)x + 4\sin^4\theta - \sin^2\theta + 2$ について，

**(1)** この放物線の頂点 **P** の座標を $\theta$ を用いて表せ。

**(2)** (1) の頂点 **P** が直線 $y = (1 - \cos\theta)x - 2\cos\theta$ 上にあるとき，$\theta$ の値および頂点 **P** の座標を求めよ。ただし，$0° < \theta < 90°$ とする。　（成城大）

**ヒント！** (1) 2 次関数の係数に三角比が入っているので，頂点 P の座標も三角比で表される。(2) 式変形をうまく行って三角方程式を解く。

**(1)** 与えられた放物線の式を変形して，

$y = x^2 - 2(1+\cos\theta)x + 4\sin^4\theta - \sin^2\theta + 2$

$= \{x^2 - 2(1+\cos\theta)x + (1+\cos\theta)^2\}$　（2 で割って 2 乗）

$\quad + 4\sin^4\theta - \sin^2\theta + 2 - (1+\cos\theta)^2$

$= \{x - (1+\cos\theta)\}^2$

$\quad + 4\sin^4\theta - (\sin^2\theta + \cos^2\theta) + 2 - 1 - 2\cos\theta$　（$\sin^2\theta + \cos^2\theta = 1$）

$= (x - 1 - \cos\theta)^2 + 4\sin^4\theta - 2\cos\theta$

∴この放物線の頂点 **P** の座標は，

$P(1 + \cos\theta,\ 4\sin^4\theta - 2\cos\theta)$ …………（答）

**(2)** 頂点 **P** は，直線

$y = (1 - \cos\theta)x - 2\cos\theta$　上の点より，

これに頂点 **P** の座標を代入して，

$4\sin^4\theta - 2\cos\theta$

$= (1 - \cos\theta)\cdot(1 + \cos\theta) - 2\cos\theta$

$4\sin^4\theta = 1 - \cos^2\theta$　（$\sin^2\theta$）

ここで，$1 - \cos^2\theta = \sin^2\theta$　より，

$4\sin^4\theta - \sin^2\theta = 0$　← $\sin\theta$ の式にまとめた！

$\sin^2\theta\,(4\sin^2\theta - 1) = 0$　（$4\sin^2\theta - 1 = (2\sin\theta)^2 - 1^2$）

$\sin^2\theta\,(2\sin\theta + 1)\cdot(2\sin\theta - 1) = 0$ …①　（$\sin^2\theta$：⊕，$2\sin\theta + 1$：⊕）

ここで，$0° < \theta < 90°$ より，$\sin\theta > 0$

よって，$\sin^2\theta > 0$，$2\sin\theta + 1 > 0$ から

①の両辺を $\sin^2\theta(2\sin\theta + 1)$ で割って，

$2\sin\theta - 1 = 0$

$\sin\theta = \dfrac{1}{2}$

$\left[\ Y = \dfrac{1}{2}\ \right]$

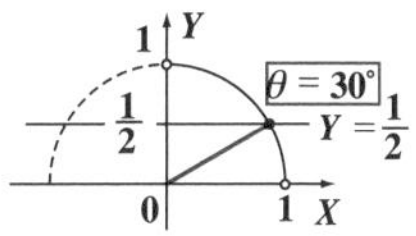


∴ $0° < \theta < 90°$ より，

$\theta = 30°$ ………………………………（答）

このとき頂点 **P** の

$$\begin{cases} \cdot\ x\text{座標} = 1 + \cos 30° = 1 + \dfrac{\sqrt{3}}{2} = \dfrac{2+\sqrt{3}}{2} \\ \cdot\ y\text{座標} = 4\sin^4 30° - 2\cos 30° \end{cases}$$

$= 4\left(\dfrac{1}{2}\right)^4 - 2\cdot\dfrac{\sqrt{3}}{2}$

$= \dfrac{1}{4} - \sqrt{3} = \dfrac{1 - 4\sqrt{3}}{4}$

よって，求める頂点 **P** の座標は，

$P\left(\dfrac{2+\sqrt{3}}{2},\ \dfrac{1-4\sqrt{3}}{4}\right)$ ………（答）

| 実力アップ問題 61 | 難易度 ★★★ | CHECK 1 | CHECK 2 | CHECK 3 |
|---|---|---|---|---|

次の問いに答えよ。

(1) $\sin\theta+\cos\theta=1$ (ただし，$0°\leqq\theta\leqq180°$) をみたす $\theta$ の値を求めよ。

(名古屋学院大)

(2) $0°\leqq\theta\leqq90°$ のとき，$P=\dfrac{\sin\theta+1}{\cos\theta+1}$ の取り得る値の範囲を求めよ。

**ヒント！** $\cos\theta$ と $\sin\theta$ は，それぞれ半径 1 の円周上の点の $x$ 座標，$y$ 座標を表すので，$\cos\theta=x$，$\sin\theta=y$ とおくと，(1) では $y=-x+1$，(2) では $y=P(x+1)-1$ の見かけ上の直線の式が得られる。

(1) $\sin\theta+\cos\theta=1$ ………①

$(0°\leqq\theta\leqq180°)$

ここで，$\cos\theta=x$, $\sin\theta=y$ とおくと，

①は，$y+x=1$　$\therefore y=-x+1$

**注意！**

$y=-x+1$ は，傾き $-1$，$y$ 切片が 1 の直線であるが，あくまでも，この場合の $x$, $y$ は $x=\cos\theta$，$y=\sin\theta$ $(0°\leqq\theta\leqq180°)$ なので，点 $(x, y)$ は，半径 1 の上半円上に存在する点である。よって，この上半円と，見かけ上の直線 $y=-x+1$ との交点に対応する $\theta$ が，①の方程式の解になる。

よって右図に示すように，直線 $y=-x+1$ と，原点を中心とする半径 1 の上半円との交点に対応する $\theta$ の値が，①の解となる。

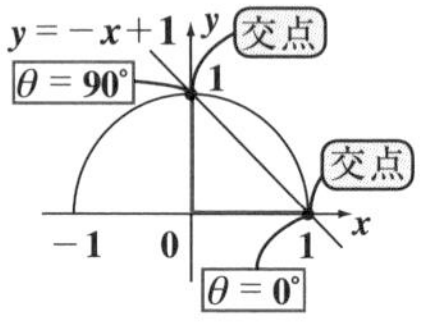


$\therefore \theta=0°$ または $90°$ ……………(答)

(2) $P=\dfrac{\sin\theta+1}{\cos\theta+1}$ ……② $(0°\leqq\theta\leqq90°)$

ここで $\cos\theta=x$，$\sin\theta=y$ とおくと，

②は，

$P=\dfrac{y+1}{x+1}$

$\therefore y=P(x+1)-1$

これは，点 $(-1, -1)$ を通る傾き $P$ の見かけ上の直線。なぜ，"見かけ上" かというと，点 $(x, y)$ は半径 1 の 4 分の 1 円の周上の点だからだ。

よって，右図に示すように，直線 $y=P(x+1)-1$ と，原点を中心とする半径 1 の 4 分の 1 円とが共有点をもつような傾き $P$ の範囲が，求める $P$ の取り得る値の範囲になる。

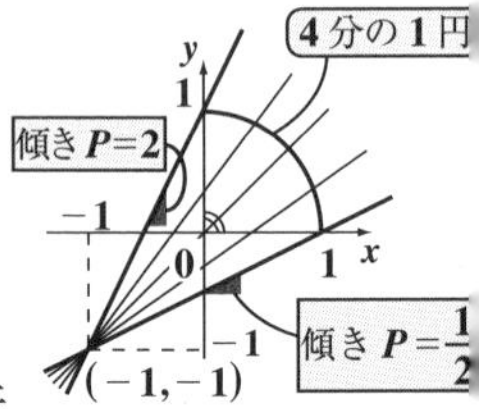


$\therefore \dfrac{1}{2}\leqq P\leqq 2$ ……………………(答)

## 実力アップ問題 62　難易度 ★★★　CHECK 1　CHECK 2　CHECK 3

$\theta$ の方程式 $\cos^2\theta+\sin\theta+a+1=0$ が, $0°\leqq\theta\leqq180°$ の範囲に異なる **3** 実数解をもつような実数 $a$ の値を求めよ。

**ヒント！** $\cos^2\theta=1-\sin^2\theta$ とおき， $\sin^2\theta-\sin\theta-2=a$ と変形する。$a$ の値によって $\theta$ の方程式の実数解の個数が変化することに注意する。

$\cos^2\theta+\sin\theta+a+1=0$ …① $(0°\leqq\theta\leqq180°)$
（$\cos^2\theta$ → $1-\sin^2\theta$，$a$ → 文字定数 → 分離）

①を変形して,

$1-\sin^2\theta+\sin\theta+a+1=0$

$\sin^2\theta-\sin\theta-2=a$…②

$\sin\theta=t$ とおくと,

$0\leqq t\leqq1$

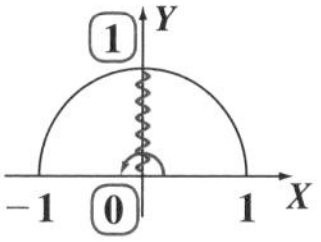


よって②は,

$t^2-t-2=a$…………③

③を分解して,

$\begin{cases} y=f(t)=t^2-t-2 & (0\leqq t\leqq1) \\ y=a \end{cases}$ とおく。

$y=f(t)$ $(0\leqq t\leqq1)$ と $y=a$ の交点の $t$ 座標が, $t$ の 2 次方程式③の実数解になる。

$y=f(t)=\left(t^2-1\cdot t+\frac{1}{4}\right)-2-\frac{1}{4}$
（2 で割って 2 乗）

$=\left(t-\frac{1}{2}\right)^2-\frac{9}{4}$　$(0\leqq t\leqq1)$

頂点 $\left(\frac{1}{2},-\frac{9}{4}\right)$ の下に凸の放物線

図 1

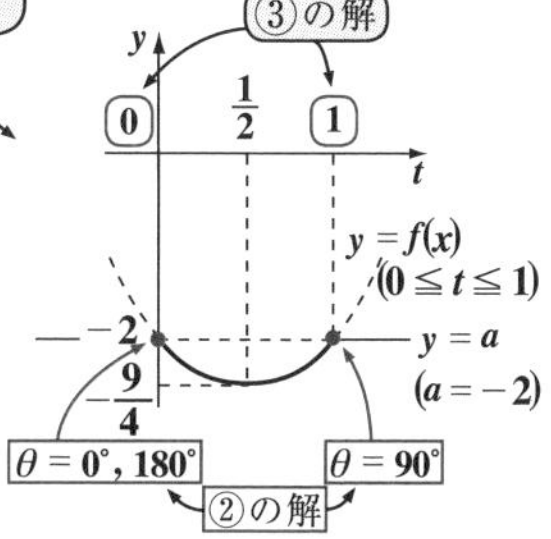


よって, $a=-2$ のとき, 図 **1** より, ③は $t=0, 1$ の解をもつ。このとき,

図 2

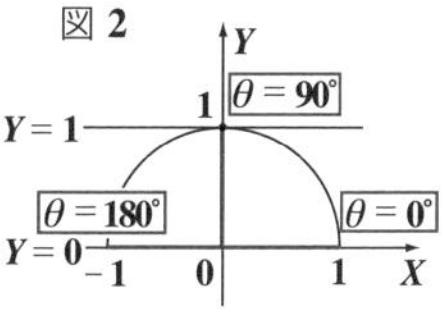


図 **2** より, $\theta$ の方程式②は,

$\begin{cases} t=0 \text{ のとき, } \theta=0°, 180° \\ t=1 \text{ のとき, } \theta=90° \end{cases}$

の計 **3** つの異なる実数解をもつ。

以上より, 求める $a$ の値は, $a=-2$ …(答)

### 参考

図アのように, $y=f(t)$ と $y=a$ が異なる **2** 点で交わるとき③は異なる **2** 実数解 $t_1, t_2$ をもつ。すると,

図ア

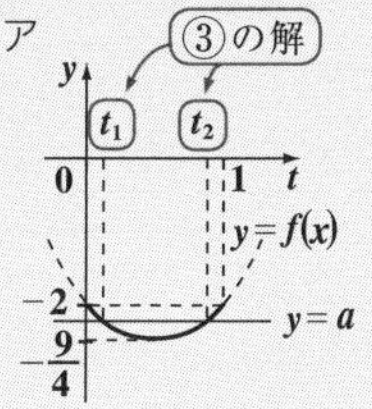


図イのように $t_1$, $t_2$ に対応する $\theta$ がそれぞれ **2** つずつ存在するので, ②は合計 **4** つの異なる実数解をもつことになる。

図イ

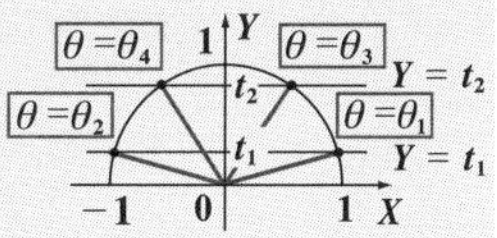


すなわち, $-\frac{9}{4}<a<-2$ のとき, ②は異なる **4** 実数解をもつ。

$a=-\frac{9}{4}$ のとき, ③の実数解は $t=\frac{1}{2}$ より, $\theta=30°, 150°$ の異なる **2** 実数解をもつ。

## 実力アップ問題 63　　難易度 ★★　　CHECK 1　CHECK 2　CHECK 3

次の問いに答えよ。

**(1)** △ **ABC** において，$\angle B = 30°$, $AB = \sqrt{3}$, $AC = \sqrt{13}$ のとき，辺 **BC** の長さを求めよ。

**(2)** 半径 **3** の円周上に，異なる **3** 点 **A, B, C** をとり，$AB = 5$, $AC = 2$ とする。このとき線分 **BC** の長さを求めよ。　　(北里大)

**ヒント！** **(1)** $BC = x$ とおいて，余弦定理から，$x$ の **2** 次方程式を導く。
**(2)** $BC = x$ とおいて，正弦定理，余弦定理を利用して解く。

**基本事項**

(Ⅰ) 正弦定理

$$\frac{a}{\sin A} = \frac{b}{\sin B} = \frac{c}{\sin C} = 2R$$

($R$: △ ABC の外接円の半径)

(Ⅱ) 余弦定理

$$a^2 = b^2 + c^2 - 2bc\cos A$$
$$b^2 = c^2 + a^2 - 2ca\cos B$$
$$c^2 = a^2 + b^2 - 2ab\cos C$$

**(1)** △ABC において，

$AB = \sqrt{3}\ (= c)$

$AC = \sqrt{13}\ (= b)$

$\angle B = 30°$

ここで，$BC = x$

とおくと，余弦定理を用いて，

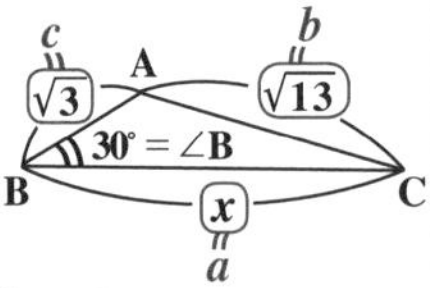


$$(\sqrt{13})^2 = (\sqrt{3})^2 + x^2 - 2\sqrt{3}\,x \boxed{\cos 30°} \quad \left(\cos 30° = \frac{\sqrt{3}}{2}\right)$$

$[\ b^2 = c^2 + a^2 - 2ca\cos B\ ]$

$13 = 3 + x^2 - 3x$

$x^2 - 3x - 10 = 0$

$(x+2)(x-5) = 0$

ここで，$x = BC > 0$ より，

$\therefore BC = x = 5$ ……………………(答)

**(2)** △ ABC の外接円の半径 $R = 3$ で

$AB = 5, AC = 2$

ここで $BC = x$

とおく。

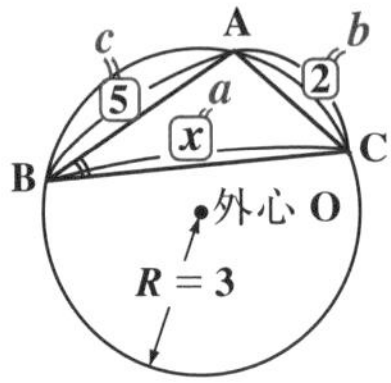


正弦定理より，

$$\frac{2}{\sin B} = 2 \cdot 3$$ ← 公式 $\frac{b}{\sin B} = 2R$

$\therefore \sin B = \frac{1}{3}$

ここで $\angle B < 90°$ より，

背理法：$\angle B \geqq 90°$ と仮定すると，$b$ より大きい $c = 5$ の対角 $\angle C$ も $90°$ より大きくなって，**3** つの内角の和が $180°$ を超えて矛盾する。

$$\cos B = \sqrt{1 - \sin^2 B} = \sqrt{1 - \left(\frac{1}{3}\right)^2} = \frac{2\sqrt{2}}{3}$$

△ABC に余弦定理を用いて，

$$2^2 = 5^2 + x^2 - 2 \cdot 5 \cdot x \boxed{\cos B} \quad \left(\cos B = \frac{2\sqrt{2}}{3}\right)$$ ← 公式 $b^2 = c^2 + a^2 - 2ca\cos B$

$x^2 - \frac{20\sqrt{2}}{3}x + 21 = 0$

$3x^2 - 20\sqrt{2}x + 63 = 0$

$$\therefore x = \frac{10\sqrt{2} \pm \sqrt{200 - 189}}{3} = \frac{10\sqrt{2} \pm \sqrt{11}}{3}$$ …………(答)

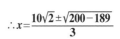

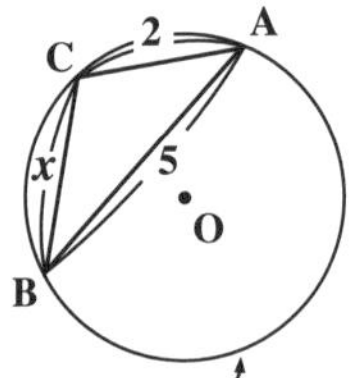


$x = \frac{10\sqrt{2} - \sqrt{11}}{3}$ のときのイメージ

## 実力アップ問題 64

難易度 ★★★ CHECK 1 CHECK 2 CHECK 3

△**ABC** は，$\tan A=\dfrac{4}{3}$，$BC=6$ をみたすものとする。

(1) $\sin A$，$\cos A$，および △**ABC** の外接円の半径を求めよ。

(2) △**ABC** の面積の最大値を求めよ。（琉球大＊）

**ヒント！** (1) $\tan A$ の値から，$\cos A$ と $\sin A$ はすぐに求まる。外接円の半径は正弦定理から求めればいい。(2) の △**ABC** の面積の最大値については図を描くことが鍵だ。

(1) $\tan A=\dfrac{4}{3}>0$ より，$0^\circ<\angle A<90^\circ$

よって，$1+\tan^2A=\dfrac{1}{\cos^2A}$ より，

$$\cos^2A=\frac{1}{1+\tan^2A}=\frac{1}{1+\frac{16}{9}}=\frac{9}{25}$$

ここで，$\cos A>0$ より，

$$\cos A=\sqrt{\frac{9}{25}}=\frac{3}{5}\ \cdots\cdots\cdots\cdots(\text{答})$$

また，

$$\sin A=\sqrt{1-\cos^2A}$$

$$=\sqrt{1-\frac{9}{25}}=\frac{4}{5}\ \cdots\cdots\cdots\cdots(\text{答})$$

$\tan A=\dfrac{4}{3}$ より，右図から，$\sin A$，$\cos A$ の値は図形的にはすぐにわかる。

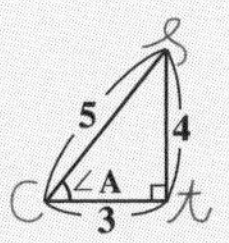


△**ABC** の外接円の半径を $R$ とおくと，正弦定理より，

$$R=\frac{a}{2\sin A}=\frac{6}{2\cdot\frac{4}{5}}=\frac{15}{4}\ \cdots\cdots\cdots\cdots(\text{答})$$

（$a$ = BC = 6）

(2) 右上図に示すように，△**ABC** の外接円の中心を **O** とし，また，頂点 **A** から直線 **BC** に下した垂線の足を **H** とおく。ここで，

∠**A** は鋭角より，△**ABC** が最大となるのは，辺 $BC=6$ は固定されているので，高さ **AH** が最大となるときである。すなわち垂線 **AH** が中心 **O** を通るときである。

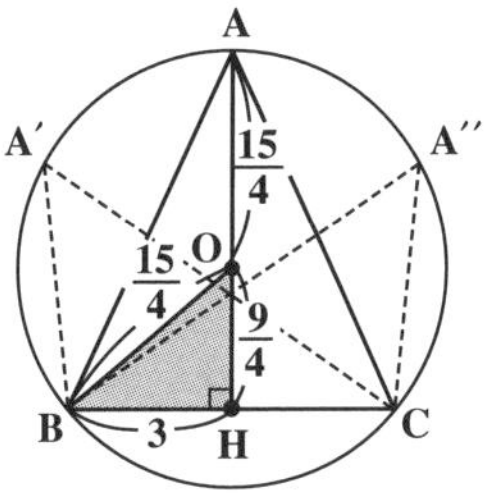


このとき，$BH=\dfrac{1}{2}BC=3$ ← △**ABC** は $AB=AC$ の二等辺三角形

$OB=\dfrac{15}{4}$ より，△**OBH** に三平方の定理を用いて，

$$OH=\sqrt{OB^2-BH^2}=\sqrt{\left(\frac{15}{4}\right)^2-3^2}$$

$$=\sqrt{\frac{15^2-12^2}{16}}=\frac{\sqrt{27\times3}}{4}=\frac{9}{4}$$

（$15^2-12^2=(15+12)(15-12)$）

よって，$AH=AO+OH=\dfrac{15}{4}+\dfrac{9}{4}=6$

より，求める △**ABC** の面積の最大値を $S$ とおくと，

$$S=\frac{1}{2}\times6\times6=18\ \cdots\cdots\cdots\cdots(\text{答})$$

## 実力アップ問題 65　難易度 ★★　CHECK 1　CHECK 2　CHECK 3

△ABC が次の条件をみたすとき，△ABC はどのような三角形になるか。

(1) $\sin A = 2\cos B \cdot \sin C$

(2) $\sin C(\cos A + \cos B) = \sin A + \sin B$　（東京理科大＊）

**ヒント！** (1)(2) 共に正弦定理と余弦定理より，三角比を消去して，辺 $a, b, c$ のみの式に書き換えると，△ABC の形状がわかる。

**基本事項**

余弦定理

$$\cos A = \frac{b^2+c^2-a^2}{2bc}, \quad \cos B = \frac{c^2+a^2-b^2}{2ca}$$

$$\cos C = \frac{a^2+b^2-c^2}{2ab}$$

(1) $\sin A = 2\cos B \cdot \sin C$ ……①

正弦定理より，

$$\frac{a}{\sin A} = \frac{c}{\sin C} = 2R \quad (R:\text{外接円の半径})$$

$$\therefore \sin A = \frac{a}{2R}, \quad \sin C = \frac{c}{2R}$$

余弦定理より，

$$\cos B = \frac{c^2+a^2-b^2}{2ca}$$

以上を①に代入して，

$$\frac{a}{2R} = 2 \cdot \frac{c^2+a^2-b^2}{2ca} \cdot \frac{c}{2R}$$

$$a = \frac{c^2+a^2-b^2}{a}$$　（$a, b, c$ のみの式！）

$$a^2 = c^2 + a^2 - b^2, \quad b^2 = c^2$$

$$\therefore b = c \quad (\because b > 0,\ c > 0)$$

ゆえに，△ABC は AB = AC の二等辺三角形である。

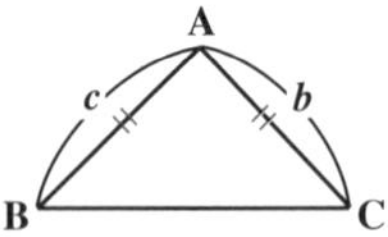


………(答)

(2) $\sin C(\cos A + \cos B) = \sin A + \sin B$ …②

$$\sin C = \frac{c}{2R},\ \cos A = \frac{b^2+c^2-a^2}{2bc},\ \cos B = \frac{c^2+a^2-b^2}{2ca},\ \sin A = \frac{a}{2R},\ \sin B = \frac{b}{2R}$$

②を変形して，

$$\frac{c}{2R}\left(\frac{b^2+c^2-a^2}{2bc} + \frac{c^2+a^2-b^2}{2ca}\right) = \frac{a}{2R} + \frac{b}{2R}$$

$$\frac{a(b^2+c^2-a^2) + b(c^2+a^2-b^2)}{2ab} = a + b$$

$$ab^2 + c^2a - a^3 + bc^2 + a^2b - b^3 = 2ab(a+b)$$

$$ab^2 + c^2a - a^3 + bc^2 + a^2b - b^3 = 2a^2b + 2ab^2$$

$$-ab^2 + c^2a - a^3 + bc^2 - a^2b - b^3 = 0$$

（$a, b$ の3次式，$c$ の2次式　∴ $c$ でまとめる！）

$$(a+b)c^2 - (a^2b + ab^2) - (a^3 + b^3) = 0$$

$$(a+b)c^2 - ab(a+b) - (a+b)(a^2 - ab + b^2) = 0$$

ここで $a + b > 0$ より，両辺を $a + b$ で割って，

$$c^2 - ab - a^2 + ab - b^2 = 0$$

$$\therefore a^2 + b^2 = c^2$$

ゆえに，△ABC は ∠C = 90° の直角三角形である。

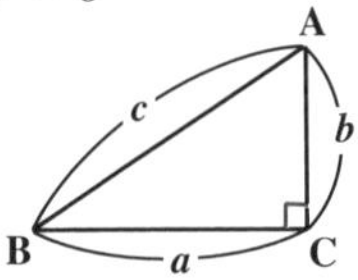


………(答)

| 実力アップ問題 66 | 難易度 ★★★ | CHECK 1 | CHECK 2 | CHECK 3 |
|---|---|---|---|---|

三角形 ABC において $(CA+AB):(BC+CA):(AB+BC)=5:6:7$ である。

(1) $\sin A$ を求めよ。

(2) 三角形 ABC の内接円と外接円の半径の比を求めよ。

ヒント！ $BC=a,\ CA=b,\ AB=c$ とおいて $a,\ b,\ c$ の比を求めると，余弦定理から $\cos A$ が求まる。これを基に，(1)(2) の計算を行えばよい。

**基本事項**

(Ⅰ) △ABC の面積 $S$

$$S=\frac{1}{2}bc\sin A=\frac{1}{2}ca\sin B=\frac{1}{2}ab\sin C$$

(Ⅱ) △ABC の内接円の半径 $r$

$$S=\frac{1}{2}(a+b+c)r$$

(1) $BC=a,\ CA=b,\ AB=c$ とおくと，与えられた条件式より，

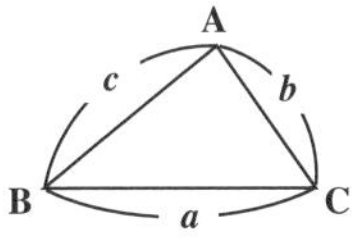


$$(b+c):(a+b):(c+a)=5:6:7$$

よって，

$$\begin{cases} b+c=5k & \cdots\cdots① \\ a+b=6k & \cdots\cdots② \\ c+a=7k & \cdots\cdots③ \quad (k:\text{正の定数}) \end{cases}$$

①＋②＋③より，

$$2(a+b+c)=18k$$

$$\therefore\ a+b+c=9k \quad \cdots\cdots④$$

④－①より，　$a=4k$

④－③より，　$b=2k$

④－②より，　$c=3k$

余弦定理より，

$$\cos A=\frac{b^2+c^2-a^2}{2bc}=\frac{(2k)^2+(3k)^2-(4k)^2}{2\cdot 2k\cdot 3k}$$

$$=\frac{-3k^2}{12k^2}=-\frac{1}{4}$$

（$0°<\angle A<180°$ より $\sin A>0$）

$$\therefore\ \sin A=\sqrt{1-\cos^2 A}=\sqrt{1-\left(-\frac{1}{4}\right)^2}$$

$$=\sqrt{\frac{15}{16}}=\frac{\sqrt{15}}{4} \quad \cdots\cdots\cdots\cdots(\text{答})$$

(2) (ⅰ) △ABC に正弦定理を用いると，外接円の半径 $R$ は，$\dfrac{a}{\sin A}=2R$ より，

$$R=\frac{4k}{2\cdot\frac{\sqrt{15}}{4}}=\frac{8k}{\sqrt{15}}=\frac{8\sqrt{15}}{15}k$$

(ⅱ) △ABC の面積 $S$ は，

$$S=\frac{1}{2}bc\sin A=\frac{1}{2}\cdot 2k\cdot 3k\cdot\frac{\sqrt{15}}{4}$$

$$=\frac{3\sqrt{15}\,k^2}{4}$$

よって内接円の半径 $r$ は，

$$\frac{1}{2}(\underbrace{a+b+c}_{9k})r=\underbrace{S}_{\frac{3\sqrt{15}\,k^2}{4}}$$

$$r=\frac{2S}{9k}=\frac{2}{9k}\cdot\frac{3\sqrt{15}\,k^2}{4}=\frac{\sqrt{15}}{6}k$$

以上(ⅰ)(ⅱ)より，求める半径の比は，

$$r:R=\frac{\sqrt{15}}{6}k:\frac{8\sqrt{15}}{15}k$$

$$=\frac{1}{6}:\frac{8}{15}$$

$$=5:16 \quad \cdots\cdots\cdots\cdots\cdots\cdots\cdots(\text{答})$$

## 実力アップ問題 67

難易度 ★★★　CHECK 1　CHECK 2　CHECK 3

**AB** を直径とする円周上に図のように点 **C**, **D** があり **AD** = **2**, **BC** = **CD** = **1** であるとする。直径 **AB** を求めよ。　(学習院大)

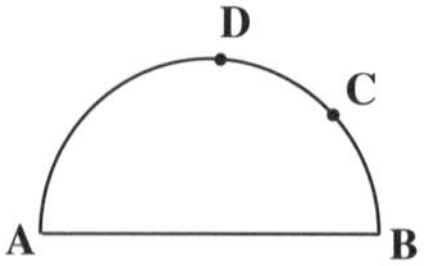


ヒント！ **AB** の中点 ( 半円の中心 ) を **O** とおき, ∠**BOC** = ∠**COD** = $\theta$ とおくと, ∠**ODA** = $\theta$ となる。後は, △ **OCD** と △ **OAD** にそれぞれ余弦定理を用いて半円の半径を求める。

半円の直径 **AB** の中点を **O** とおき, この半円の半径を $r$ とおくと,

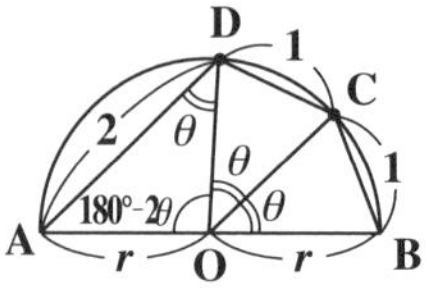


$r = OA = OB$
$= OC = OD$

また, 条件より, **AD** = **2**, **BC** = **CD** = **1**

**参考**

このような図形問題では, 何を未知数とおくかがポイントになる。
今回は, 半径 $r$ と, ∠**COD** = ∠**BOC** = $\theta$ を未知数におくと, ∠**ODA** = ∠**OAD** = $\theta$ となるので, 方程式が立てやすくなる。

ここで, ∠**BOC** = ∠**COD** = $\theta$ とおくと,
∠**AOD** = $180° - 2\theta$
ここで, △ **OAD** は, **OA** = **OD** = $r$ の二等辺三角形より,

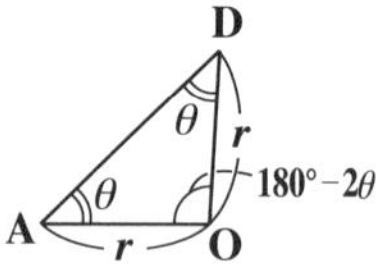


∠**ODA** = ∠**OAD** = $\theta$　となる。

( i ) △ **OCD** に, 余弦定理を用いて,

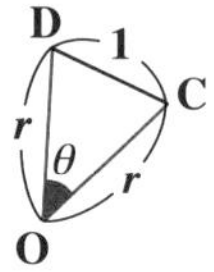


$$\cos\theta = \frac{r^2 + r^2 - 1^2}{2 \cdot r \cdot r}$$

$$\therefore \cos\theta = \frac{2r^2 - 1}{2r^2} \quad \cdots\cdots ①$$

( ii ) △ **OAD** に対しても余弦定理を用いると,

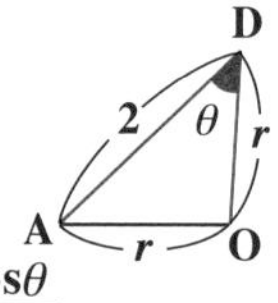


$$r^2 = 2^2 + r^2 - 2 \cdot 2 \cdot r\cos\theta$$

$$AO^2 = AD^2 + OD^2 - 2AD \cdot OD \cdot \cos\theta$$

$$4 - 4r\cos\theta = 0$$

$$1 - r\cos\theta = 0 \quad \cdots\cdots ②$$

①を②に代入して,

$$1 - r \cdot \frac{2r^2 - 1}{2r^2} = 0, \quad 2r - 2r^2 + 1 = 0$$

$$2r^2 - 2r - 1 = 0, \quad r = \frac{1 \pm \sqrt{3}}{2}$$

$$r = OA > 0 \text{ より}, \quad r = \frac{1 + \sqrt{3}}{2}$$

以上より, 求める直径 **AB** の長さは,

$$AB = 2r = 1 + \sqrt{3} \quad \cdots\cdots\cdots\cdots\cdots\cdots (答)$$

## 実力アップ問題 68　難易度 ★★★　CHECK 1　CHECK 2　CHECK 3

辺の長さがそれぞれ $AB=10,\ BC=6,\ AC=8$ の△ABC がある。辺 AB 上に点 P，辺 AC 上に点 Q を，△APQ の面積が△ABC の面積の $\frac{1}{2}$ になるようにとる。

(1) 2 辺の長さの和 AP＋AQ を $u$ とおく。△APQ の周の長さ $l$ を $u$ を用いて表せ。

(2) $l$ が最小となるときの AP, AQ, $l$ の値を求めよ。　（名古屋大）

**ヒント！** $AP=x,\ AQ=y$ とおくと，与えられた条件から，$xy=40$ が導ける。後は，$\cos A$ の値を求めると，$l$ は $u\ (=x+y)$ のみの式で表せる。

(1) $AP=x,\ AQ=y$ とおく。

$\begin{pmatrix} 0\leqq x\leqq 10 \\ 0\leqq y\leqq 8 \end{pmatrix}$

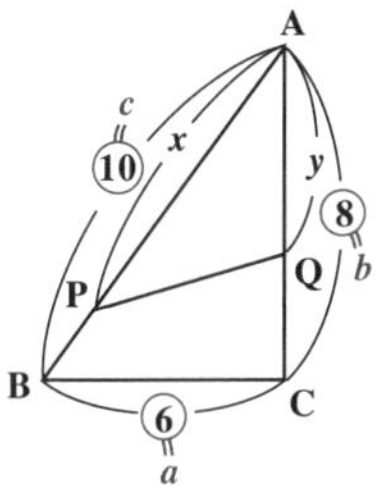


三角形 ABC の面積を△ABC などと表すことにすると，条件より，

$\triangle APQ=\frac{1}{2}\cdot\triangle ABC$

$\frac{1}{2}\cdot x\cdot y\cdot\sin A=\frac{1}{2}\cdot\frac{1}{2}\cdot 10\cdot 8\cdot\sin A$

$\therefore\ xy=40$ ……①

ここで，△ABC に余弦定理を用いて，

$\cos A=\frac{b^2+c^2-a^2}{2bc}=\frac{8^2+10^2-6^2}{2\cdot 8\cdot 10}$

$=\frac{128}{160}=\frac{4}{5}$ ……②

また，$x+y=u$ ……③ とおくと，

△APQ の周長 $l$ は，

$l=x+y+PQ=u+PQ$ ……④

ここで，△APQ に余弦定理を用いて，

$PQ^2=\underbrace{x^2+y^2}_{(x+y)^2-2xy}-2xy\underbrace{\cos A}_{\frac{4}{5}}$

よって，①, ②, ③より，

$PQ=\sqrt{(\underbrace{x+y}_{u})^2-2\underbrace{xy}_{40}-2\underbrace{xy}_{40}\cdot\frac{4}{5}}$

$=\sqrt{u^2-80-64}=\sqrt{u^2-144}$ ……⑤

⑤を④に代入して，

$l=u+\sqrt{u^2-144}$ ……⑥………(答)

(2) ⑥より，$l$ は $u$ の単調増加関数である。よって，$u$ が最小のとき $l$ も最小になる。

ここで，$x\geqq 0,\ y\geqq 0$ より，③に相加・相乗平均の不等式を用いて，

$u=x+y\geqq 2\sqrt{\underbrace{xy}_{40}}=2\sqrt{40}=4\sqrt{10}$

等号成立条件：$x=y=\sqrt{40}=2\underbrace{\sqrt{10}}_{3.2}$

（これは，$0\leqq x\leqq 10,\ 0\leqq y\leqq 8$ をみたす。）

以上より，$\underbrace{AP}_{x}=\underbrace{AQ}_{y}=2\sqrt{10}$ のとき，

最小値 $l=\underbrace{4\sqrt{10}}_{u}+\sqrt{\underbrace{160}_{u^2}-144}$

$=4\sqrt{10}+4$ ……………(答)

| 実力アップ問題 69 | 難易度 ★★★ | CHECK 1 | CHECK 2 | CHECK 3 |
|---|---|---|---|---|

半径 $r$ の内接円をもち，面積 $S$ の△ **ABC** がある。半径 $d$ $(d<r)$ の円がその中心を△ **ABC** の **3** 辺 **AB**，**BC**，**CA** 上におきながら **1** 周するとき，円が通過してできる図形の面積 $T$ を，$S$，$r$，$d$ で表せ。

**ヒント！** まず，図を描いてみることだ。これから，求める図形の面積を **3** つの部分に分けて考えるといいことがわかるはずだ。

$BC=a$，$CA=b$，$AB=c$ とおくと，△ **ABC** の面積 $S$ は，

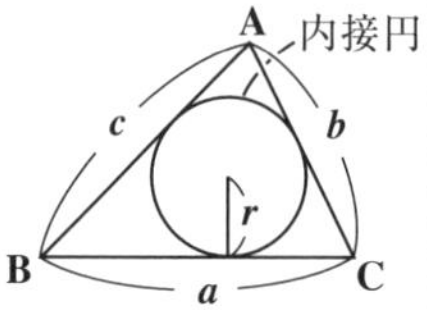


$$S=\frac{1}{2}(a+b+c)\cdot r$$

$$\therefore\ a+b+c=\frac{2S}{r}\ \cdots\cdots①$$

半径 $d$ $(<r)$ の円がその中心を辺 **AB**，**BC**，**CA** に沿うように移動したときの，円の通過した領域を右に網目部で示す。

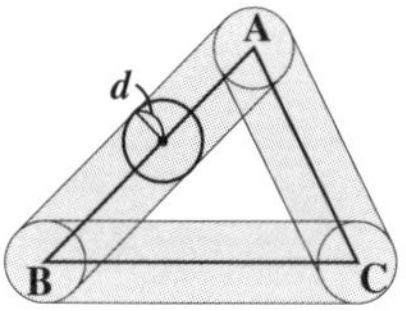


この面積 $T$ を右図のように，**3** つの部分に分解して計算する。

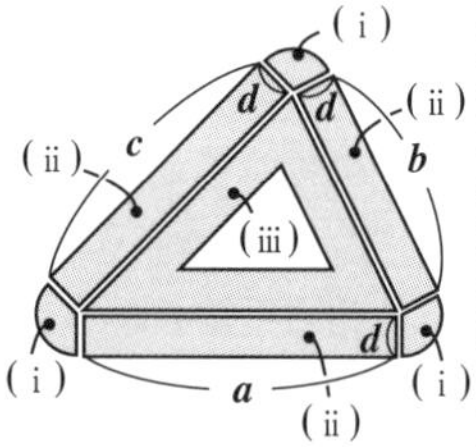


(ⅰ) 半径 $d$ の円の面積

$\pi d^2$ ……②

(ⅱ) **3** つの長方形の面積の和

$$a\cdot d+b\cdot d+c\cdot d$$

$$=d(a+b+c)\quad \left(a+b+c=\frac{2S}{r}\right)$$

$$=\frac{2dS}{r}\ \cdots③$$

(①より)

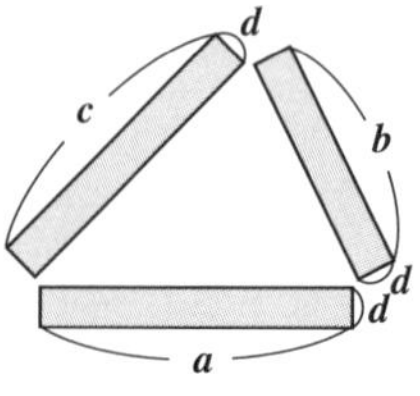


(ⅲ) △ **ABC** から，相似な内部の三角形の面積を差し引いた部分の面積

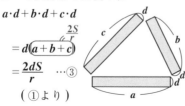

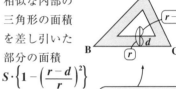

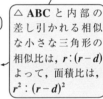

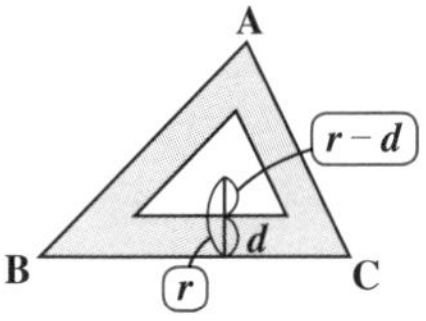


$$S\cdot\left\{1-\left(\frac{r-d}{r}\right)^2\right\}$$

割り算形式の面積比

全面積を **1** とおいたときの，引かれる部分の面積の割分のこと

△ **ABC** と内部の差し引かれる相似な小さな三角形の相似比は，$r:(r-d)$ よって，面積比は，$r^2:(r-d)^2$

$$=S\left\{1-\left(1-\frac{d}{r}\right)^2\right\}\quad \left(1-\frac{2d}{r}+\frac{d^2}{r^2}\right)$$

$$=S\left(\frac{2d}{r}-\frac{d^2}{r^2}\right)\ \cdots\cdots④$$

以上(ⅰ)(ⅱ)(ⅲ)より，②＋③＋④が，求める図形の面積 $T$ となる。

$$\therefore\ T=\underbrace{\pi d^2}_{(ⅰ)②}+\underbrace{\frac{2dS}{r}}_{(ⅱ)③}+\underbrace{S\left(\frac{2d}{r}-\frac{d^2}{r^2}\right)}_{(ⅲ)④}$$

$$=\pi d^2+\frac{4dS}{r}-\frac{d^2S}{r^2}\ \cdots\cdots\cdots\cdots\cdots(答)$$

**実力アップ問題 70**　難易度 ★★★　CHECK 1　CHECK 2　CHECK 3

次の問いに答えよ。

**(1)** 1 辺の長さが $a$ の正四面体 ABCD の体積を求めよ。（長岡技科大）

**(2)** 地点 A から真北の方向の地点 B に塔がたっている。A から塔の先端を見上げる仰角は $60°$ である。A から真東に 100 m 移動した地点 C から塔の先端を見上げる仰角は $30°$ である。このとき，AB 間の距離と，この塔の高さを求めよ。（日本大＊）

**ヒント！** (1) 正四面体の頂点から底面におろした垂線の足は，底面の正三角形の重心になる。(2) 図を描いて考えるのがコツ。

**(1)** 正四面体 ABCD の底面は，1 辺の長さ $a$ の正三角形より，その面積 $S$ は，

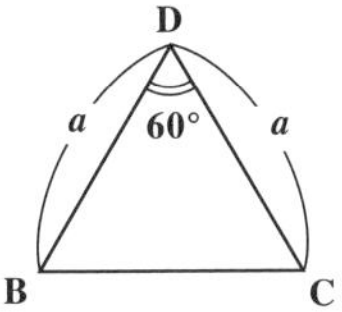


$$S=\frac{1}{2}\cdot a\cdot a\cdot \sin 60°=\frac{\sqrt{3}}{4}a^2$$

（$\sin 60° = \frac{\sqrt{3}}{2}$）

頂点 A から，底面の正三角形 BCD に下した垂線の足 G は，△BCD の重心となる。よって，BC の中点を M とおくと，△AMG は直角三角形となり，高さ AG $=h$ とおくと，三平方の定理より，

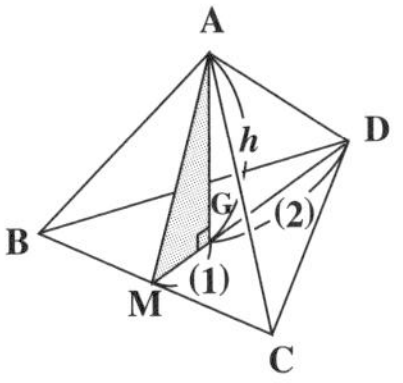


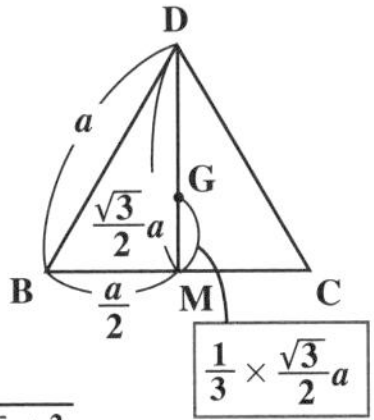


$$h=\sqrt{\left(\frac{\sqrt{3}}{2}a\right)^2-\left(\frac{\sqrt{3}}{6}a\right)^2}$$

$$=\sqrt{\frac{2}{3}}\,a$$

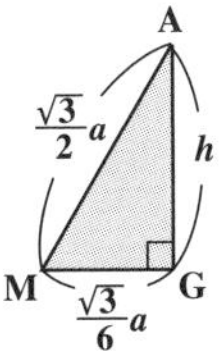


∴求める立体の体積 $V$ は，

$$V=\frac{1}{3}\cdot S\cdot h \quad \leftarrow \text{公式}$$

$$=\frac{1}{3}\cdot\frac{\sqrt{3}}{4}a^2\cdot\sqrt{\frac{2}{3}}a=\frac{\sqrt{2}}{12}a^3 \quad \cdots\text{(答)}$$

**(2)** 条件より，右図のような見取図が描ける。塔の先端を D，AB $=x$ とおくと，

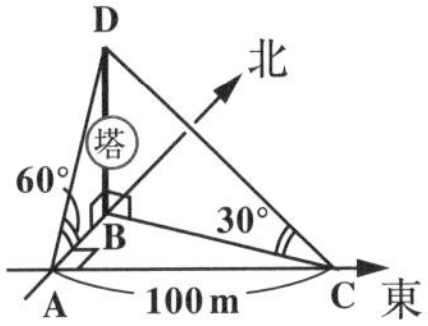


(i) $\frac{BD}{x}=\tan 60°=\sqrt{3}$

より，$BD=\sqrt{3}\,x$

(i)

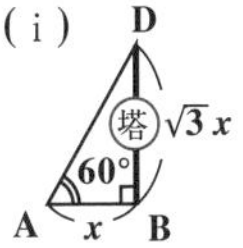


(ii) 次に

$$\frac{BD}{BC}=\tan 30°=\frac{1}{\sqrt{3}}$$

（BD $=\sqrt{3}\,x$）

より，$BC=3x$

(ii)

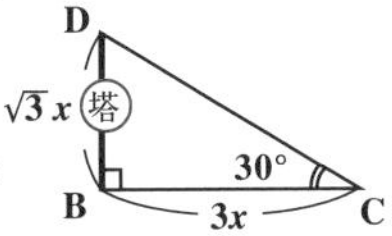


(iii) 直角三角形 ABC に三平方の定理を用いて，

$$(3x)^2=x^2+100^2$$

$$8x^2=10000$$

$$x^2=\frac{10000}{8}=1250$$

(iii)

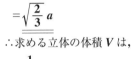

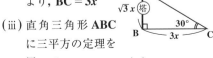

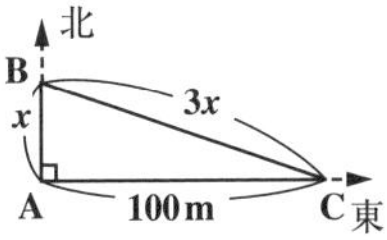


$$\therefore AB=x=\sqrt{1250}$$

$$=\sqrt{25^2\times 2}=25\sqrt{2}\ \text{m} \quad \cdots\cdots\cdots\text{(答)}$$

塔の高さ $BD=\sqrt{3}\,x=25\sqrt{6}$ m

………(答)

| 実力アップ問題 71 | 難易度 ★★★ | CHECK 1 | CHECK 2 | CHECK 3 |
|---|---|---|---|---|

**1** 辺の長さが **1** の正四面体 **OABC** がある。辺 **OB** の中点を **M** とし，点 **P** は辺 **OC** 上を動くものとする。線分 **OP** の長さを $t$ とする。

**(1)** $AP^2$，$PM^2$ を $t$ で表せ。

**(2)** $\angle PAM = \theta$ とするとき，$\cos\theta$ を $t$ で表せ。

**(3)** △**AMP** の面積を $t$ で表せ。

**(4)** △**AMP** の面積の最小値を求めよ。 (新潟大)

**ヒント！** まず，図を描いて作戦を立てることだ。**(1)**，**(2)** は余弦定理を用いればいいね。**(3)** は，三角形の面積公式 $S = \frac{1}{2}bc\sin A$ を利用する。そして，**(4)** は $t$ の **2** 次関数の最小値問題に帰着する。頑張ろう！

**(1)** **1** 辺の長さ **1** の正四面体 **OABC** と，**2** 点 **P**，**M** を右図に示す。

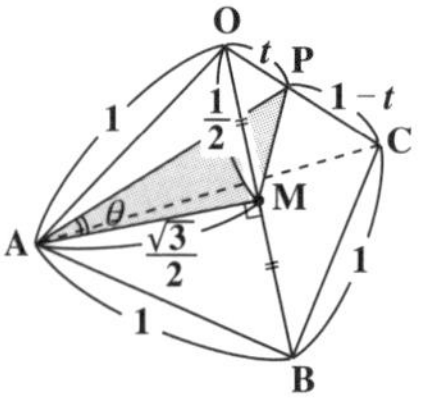


$OM = \frac{1}{2}$

$OP = t \quad (0 \leqq t \leqq 1)$

(ⅰ) △**OAP** に余弦定理を用いて，

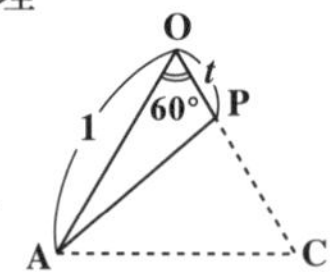


$$AP^2 = \underbrace{OA^2}_{1^2} + \underbrace{OP^2}_{t^2} - 2\cdot\underbrace{OA}_{1}\cdot\underbrace{OP}_{t}\cdot\underbrace{\cos 60^\circ}_{\frac{1}{2}}$$

$\therefore\ AP^2 = t^2 - t + 1$ ……① ……(答)

(ⅱ) △**OMP** に余弦定理を用いて，

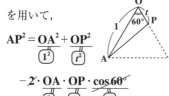

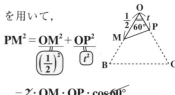

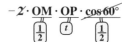

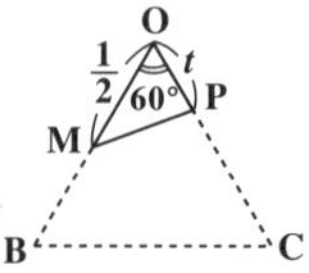


$$PM^2 = \underbrace{OM^2}_{\left(\frac{1}{2}\right)^2} + \underbrace{OP^2}_{t^2} - 2\cdot\underbrace{OM}_{\frac{1}{2}}\cdot\underbrace{OP}_{t}\cdot\underbrace{\cos 60^\circ}_{\frac{1}{2}}$$

$\therefore\ PM^2 = t^2 - \frac{1}{2}t + \frac{1}{4}$ ……② ……(答)

**(2)** ①，②より，

$$\begin{cases} AP = \sqrt{t^2 - t + 1} & \cdots\cdots\cdots ①' \\ PM = \sqrt{t^2 - \frac{1}{2}t + \frac{1}{4}} & \cdots\cdots ②' \\ AM = \frac{\sqrt{3}}{2} & \cdots\cdots\cdots\cdots\cdots\cdots ③ \end{cases}$$

ここで，$\angle \mathrm{PAM}=\theta$ とおき，$\triangle \mathrm{AMP}$ に余弦定理を用いると，

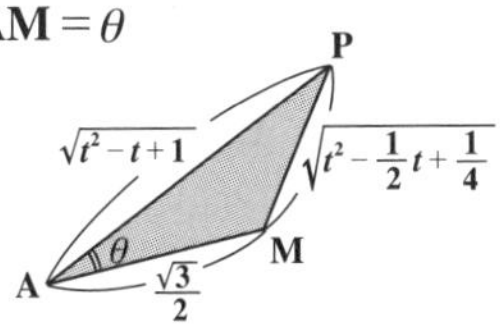


$$\cos\theta=\frac{\mathrm{AM}^2+\mathrm{AP}^2-\mathrm{PM}^2}{2\cdot\mathrm{AM}\cdot\mathrm{AP}}$$

$$=\frac{\left(\frac{\sqrt{3}}{2}\right)^2+t^2-t+1-\left(t^2-\frac{1}{2}t+\frac{1}{4}\right)}{2\cdot\frac{\sqrt{3}}{2}\cdot\sqrt{t^2-t+1}}$$

$$=\frac{-\frac{1}{2}t+\frac{3}{2}}{\sqrt{3}\sqrt{t^2-t+1}}\ (①',②',③より)$$

$$\therefore\ \cos\theta=\frac{3-t}{2\sqrt{3}\sqrt{t^2-t+1}}\ \cdots\cdots ④\ (答)$$

$$(0\leqq t\leqq 1)$$

**(3)** ④より，$\cos\theta>0$ だから，$0<\theta<90°$

よって $\sin\theta>0$ より，

$$\sin\theta=\sqrt{1-\cos^2\theta}$$

公式 $\cos^2\theta+\sin^2\theta=1$

$$=\sqrt{1-\frac{(3-t)^2}{12\cdot(t^2-t+1)}}$$

$$=\sqrt{\frac{12t^2-12t+12-(9-6t+t^2)}{12(t^2-t+1)}}$$

$$\therefore\ \sin\theta=\frac{\sqrt{11t^2-6t+3}}{2\sqrt{3}\sqrt{t^2-t+1}}\ \cdots\cdots ⑤$$

以上より，$\triangle\mathrm{AMP}$ の面積を $S$ とおくと，

①$'$，③，⑤より，

$$S=\frac{1}{2}\cdot\mathrm{AM}\cdot\mathrm{AP}\cdot\sin\theta$$

（$\mathrm{AM}=\frac{\sqrt{3}}{2}$，$\mathrm{AP}=\sqrt{t^2-t+1}$，$\sin\theta=\frac{\sqrt{11t^2-6t+3}}{2\sqrt{3}\sqrt{t^2-t+1}}$）

$$S=\frac{1}{2}\cdot\frac{\sqrt{3}}{2}\sqrt{t^2-t+1}\cdot\frac{\sqrt{11t^2-6t+3}}{2\sqrt{3}\sqrt{t^2-t+1}}$$

$$\therefore\ S=\frac{1}{8}\sqrt{11t^2-6t+3}\ \cdots\cdots ⑥\ \cdots\cdots(答)$$

$g(t)$ とおく　　$(0\leqq t\leqq 1)$

**(4)** (3) の結果より，⑥の $\sqrt{\ }$ 内の $t$ の 2 次式を $g(t)\ (0\leqq t\leqq 1)$ とおくと，この $g(t)$ が最小のとき，$\triangle\mathrm{AMP}$ の面積 $S$ も最小になる。

$$g(t)=11t^2-6t+3\quad(0\leqq t\leqq 1)$$

$$=11\left(t^2-\frac{6}{11}t+\frac{9}{121}\right)+3-\frac{9}{11}$$

2 で割って 2 乗

$$=11\left(t-\frac{3}{11}\right)^2+\frac{24}{11}$$

よって，$t=\frac{3}{11}$ のとき $g(t)$ は最小値 $\frac{24}{11}$ をとる。これを⑥に代入して，

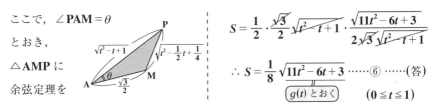

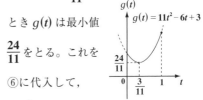

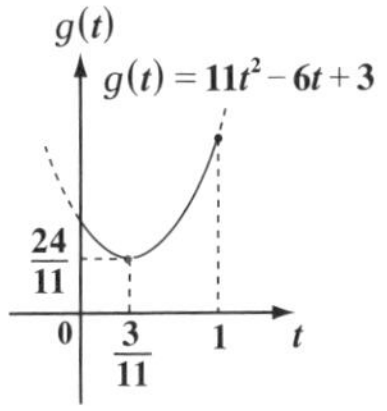


$t=\frac{3}{11}$ のとき $\triangle\mathrm{AMP}$ の面積 $S$ は，

$$最小値\ S=\frac{1}{8}\cdot\sqrt{\frac{24}{11}}=\frac{2\sqrt{6}}{8\sqrt{11}}$$

$$=\frac{\sqrt{66}}{44}\ をとる。\ \cdots\cdots\cdots(答)$$

## 実力アップ問題 72　難易度 ★★★　CHECK 1　CHECK 2　CHECK 3

$xy$ 座標平面上で，$y=x+\sqrt{2}$，$y=x-\sqrt{2}$，$y=2$，$y=-2$ で囲まれる図形を $y$ 軸のまわりに回転してできる回転体の体積 $V$ を求めよ。　(東工大＊)

**ヒント！** この回転体は，$y=0$ に関して上下対称な形をしているので，$y \geqq 0$ の部分の体積 $V'$ を求めて，これを 2 倍すれば，求める回転体の体積になる。

$y=x+\sqrt{2}$，$y=x-\sqrt{2}$，$y=2$，$y=-2$ で囲まれる図形を右に網目部で示す。これを $y$ 軸のまわりに回転してできる回転体は，$y=0$ に関して上下対称となる。

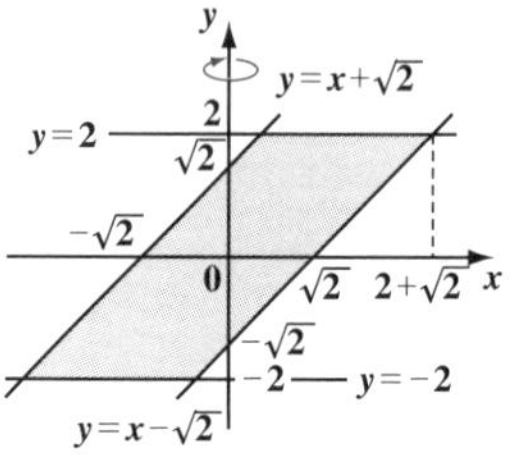


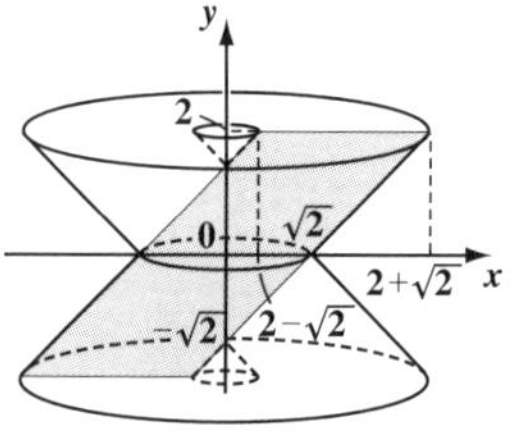


よって，この $y \geqq 0$ の部分の回転体の体積を $V'$ とおいて，まず，これを求める。

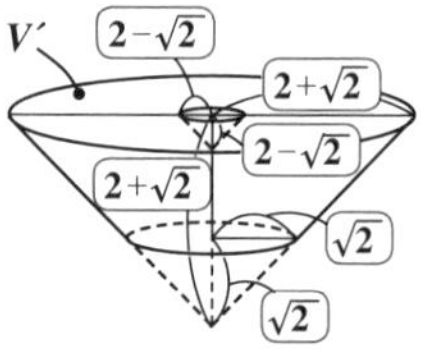


(i) 半径 $2+\sqrt{2}$ の円を底面にもつ，高さ $2+\sqrt{2}$ の円すいの体積を $V_1$ とおき，

(ii) 半径 $\sqrt{2}$ の円を底面にもつ，高さ $\sqrt{2}$ の円すいの体積を $V_2$ とおき，

(iii) 半径 $2-\sqrt{2}$ の円を底面にもつ，高さ $2-\sqrt{2}$ の円すいの体積を $V_3$ とおくと，

$$V' = V_1 - V_2 - V_3$$

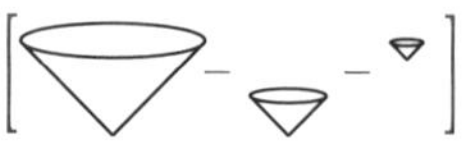

$$= \frac{1}{3}\cdot\pi(2+\sqrt{2})^2\cdot(2+\sqrt{2}) - \frac{1}{3}\cdot\pi(\sqrt{2})^2\cdot\sqrt{2}$$

$$- \frac{1}{3}\cdot\pi(2-\sqrt{2})^2\cdot(2-\sqrt{2})$$

$$= \frac{\pi}{3}\{(2+\sqrt{2})^3 - (2-\sqrt{2})^3 - 2\sqrt{2}\}$$

$(2+\sqrt{2})^3 = 8+12\sqrt{2}+12+2\sqrt{2}$，$(2-\sqrt{2})^3 = 8-12\sqrt{2}+12-2\sqrt{2}$

$$= \frac{\pi}{3}(14\sqrt{2}+14\sqrt{2}-2\sqrt{2})$$

$$= \frac{26\sqrt{2}}{3}\pi$$

以上より，求める回転体の体積 $V$ は，

$$V = 2 \times V'$$

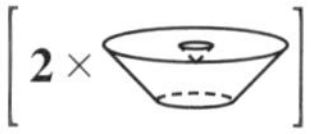


$$= 2 \times \frac{26\sqrt{2}}{3}\pi$$

$$= \frac{52\sqrt{2}}{3}\pi \quad \cdots\cdots(答)$$

演習
exercise

# 5 データの分析

## テーマ

### ▶ 1 変数データの分析

$$\left( \text{分散 } S^2 = \frac{1}{N}\{(x_1 - m)^2 + (x_2 - m)^2 + \cdots + (x_N - m)^2\} \right)$$

### ▶ 2 変数データの分析

$$\left( \text{相関係数 } r_{XY} = \frac{S_{XY}}{S_X S_Y} \right)$$

# 演習5 データの分析 ●公式&解法パターン

## 1. 度数分布とヒストグラム

$N$ 個の数値データが与えられたとき，これを小さい順に並べ変えて，変量 $X = x_1, x_2, \cdots, x_N$ とおき，これらを適当な階級に分類する。各階級の度数(データの個数) $f$ を調べて，これを表にしたものが，度数分布表であり，また，横軸に変量 $X$，縦軸に度数 $f$ をとって棒グラフにしたものがヒストグラムである。これが，データ分析の基本であり，これによりデータの分布の様子を視覚的にとらえることができる。

## 2. データ分布の3つの代表値

$N$ 個の数値データ $X = x_1, x_2, \cdots, x_N$ (小さい順に並べたもの)に対して，

(Ⅰ)平均値 $m = \overline{X} = \dfrac{1}{N}(x_1 + x_2 + \cdots + x_N)$

(Ⅱ)メジアン(中央値) $m_e$ は，$n$ を $1$ 以上の整数として，

$$\begin{cases} (\text{i})\ N = 2n+1\ (\text{奇数})\text{のとき，} m_e = x_{n+1} \quad \text{であり，} \\ (\text{ii})\ N = 2n\ (\text{偶数})\text{のとき，} m_e = \dfrac{x_n + x_{n+1}}{2} \quad \text{である。} \end{cases}$$

(Ⅲ)モード(最頻値) $m_o$ は，

最も度数 $f$ の大きい階級値のことである。

階級の下限値と上限値の相加平均のこと

## 3. 箱ひげ図

小さい順に並べた $N$ 個のデータ $X = x_1, x_2, \cdots, x_N$ について，最小値 $m(=x_1)$ から最大値 $M(=x_N)$ の範囲を，$4$ 分割してそれぞれにほぼ各 $25\%$ ずつのデータが入るように，第1四分位数 $q_1$，第2四分位数 $q_2(=m_e)$，第3四分位数 $q_3$

メジアンのこと

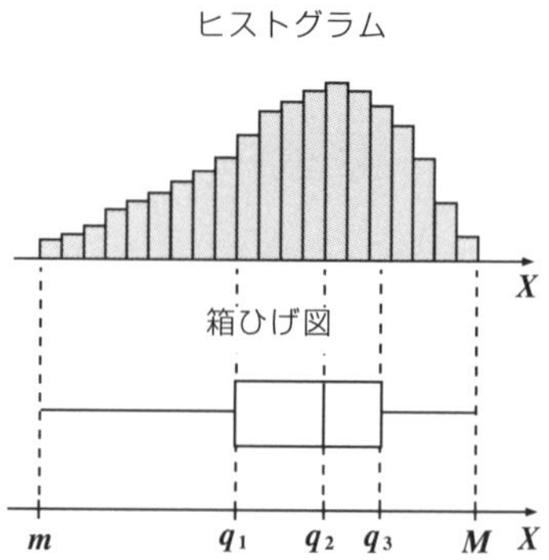


$(m < q_1 < q_2 < q_3 < M)$ をとり，図のように，箱ひげ図を描く。この箱ひげ図

の左のひげ，左の箱，右の箱，右のひげに，それぞれほぼ **25%** の個数のデータが入るため，ヒストグラムによる分布をより簡単な形で表せる。

## 4. 分散 $S^2$ と標準偏差 $S$

同じ平均値 $m$ をもつデータでも，その散らばり具合によって，分布の形状は大きく異なる。この散らばり具合の指標として，分散 $S^2$ と標準偏差 $S$ がある。

平均値が $m$ である $N$ 個のデータ $X = x_1, x_2, \cdots, x_N$ について，

（i）分散 $\displaystyle S^2 = \frac{1}{N}\{(x_1 - m)^2 + (x_2 - m)^2 + \cdots + (x_N - m)^2\}$

$\displaystyle \qquad\qquad = \frac{1}{N}(x_1{}^2 + x_2{}^2 + \cdots + x_N{}^2) - m^2$

（ii）標準偏差 $S = \sqrt{S^2}$

## 5. 2 変数データと散布図

**2** つの変量 $X = x_1, x_2, \cdots, x_N$ と $Y = y_1, y_2, \cdots, y_N$ による $N$ 組の **2** 変数データ $(x_1, y_1), (x_2, y_2), \cdots, (x_N, y_N)$ は右図に示すように，$XY$ 座標平面上の $N$ 個の点として表すことができる。この $N$ 個の点により表された図を散布図という。

散布図

右図のように，$X$ の増加に伴い $Y$ も増加する傾向があるとき，正の相関があるといい，逆の場合を，負の相関があるという。

これは，正の相関のイメージ

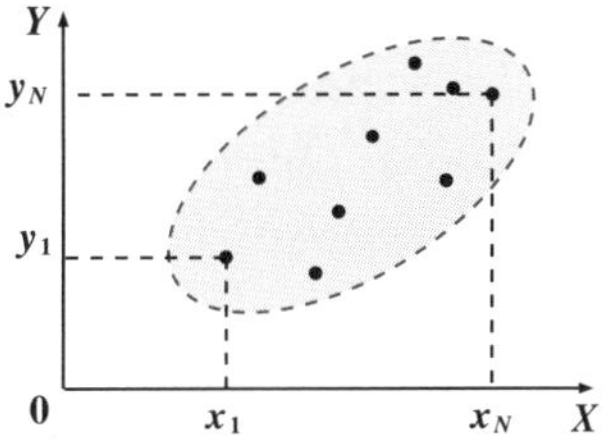

## 6. 共分散 $S_{XY}$ と相関係数 $r_{XY}$

$N$ 組の **2** 変数データ $(x_1, y_1), (x_2, y_2), \cdots, (x_N, y_N)$ の共分散 $S_{XY}$ と相関係数 $r_{XY}$ は，次のように求める。

（i）$\displaystyle S_{XY} = \frac{1}{N}\{(x_1 - m_X)(y_1 - m_Y) + (x_2 - m_X)(y_2 - m_Y) + \cdots + (x_N - m_X)(y_N - m_Y)\}$

（ii）$\displaystyle r_{XY} = \frac{S_{XY}}{S_X S_Y}$ 　$\left(\begin{array}{l}\text{ただし，} m_X : X \text{の平均値，} m_Y : Y \text{の平均値} \\ S_X : X \text{の標準偏差，} S_Y : Y \text{の標準偏差}\end{array}\right)$

## 実力アップ問題 73　難易度 ★★　CHECK 1　CHECK 2　CHECK 3

ある **20** 点満点のテストを受けた **10** 人の生徒の得点を小さい順に並べた得点データ $X = 1, 5, 6, 8, 8, 9, 10, 12, 14, 17$ について次の問いに答えよ。

**(1)** 得点データ $X$ を，$0 \leqq X < 4$，$4 \leqq X < 8$，$8 \leqq X < 12$，$12 \leqq X < 16$，$16 \leqq X \leqq 20$ の階級に分類して，度数分布表を作り，ヒストグラムを描け。

**(2)** 得点データ $X$ の平均値 $m$，メジアン $m_e$，モード $m_o$ を求めよ。(ただし，モード $m_o$ は，**(1)** で作った度数分布表を基に求めよ。)

**(3)** 得点データ $X$ の分散 $S^2$ と標準偏差 $S$ を求めよ。

**(4)** 得点データ $X$ の第 **1** 四分位数 $q_1$，第 **2** 四分位数 $q_2$，第 **3** 四分位数 $q_3$ を求めて，箱ひげ図を描け。

**(5)** **(1)** で求めた度数分布表を基に，平均値 $m'$ とメジアン $m_e'$，および分散 $S'^2$ を求めよ。

**ヒント！** 少し長い問題だけど，これで **1** 変数データ $X$ のデータ分析の基本をすべてマスターできるはずだ。気を付けてほしいのは **(5)** の各値は，度数分布表を基に計算するので，元データ $X$ によるものとは多少ズレが生じることなんだね。では，基本の手続きに従って，シッカリ答えを導いてくれ！

**(1)** **10** 個の得点データを，

$X = x_1, x_2, \cdots, x_N$ とおくと，

$x_1 = 1, x_2 = 5, x_3 = 6, x_4 = 8, x_5 = 8,$

$x_6 = 9, x_7 = 10, x_8 = 12, x_9 = 14, x_{10} = 17$

となる。よって，

・$0 \leqq X < 4$ に入るのは，$x_1$ のみ

・$4 \leqq X < 8$ に入るのは，$x_2$ と $x_3$

・$8 \leqq X < 12$ に入るのは，$x_4, x_5, x_6, x_7$

・$12 \leqq X < 16$ に入るのは，$x_8$ と $x_9$

・$16 \leqq X \leqq 20$ に入るのは，$x_{10}$ のみ

以上より，得点データの度数分布表と，ヒストグラムは次のようになる。

度数分布表

| $X$ の階級 | 階級値 | 度数 $f$ |
|---|---|---|
| $0 \leqq X < 4$ | 2 | 1 |
| $4 \leqq X < 8$ | 6 | 2 |
| $8 \leqq X < 12$ | 10 | 4 |
| $12 \leqq X < 16$ | 14 | 2 |
| $16 \leqq X \leqq 20$ | 18 | 1 |

……(答)

各階級の上限値と下限値の相加平均をとったものを階級値という。度数分布表にこれは書かなくてもいいと思う。

ヒストグラム

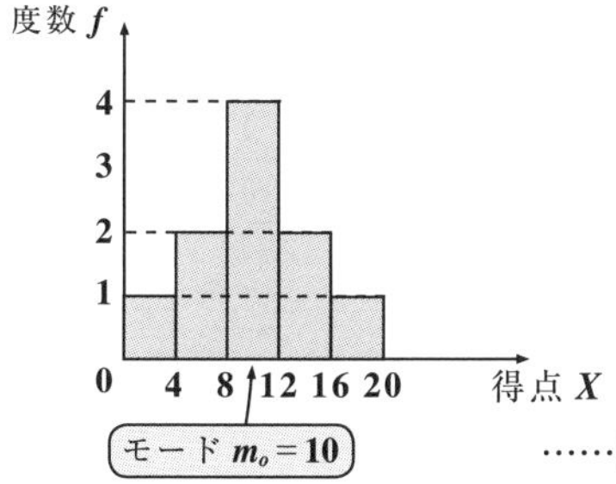


……(答)

**(2)** (ⅰ) 平均値 $m$ は，定義より，

$$m = \frac{1}{10}(x_1 + x_2 + \cdots + x_{10})$$
$$= \frac{1}{10}(1 + 5 + 6 + \cdots + 17)$$
$$= \frac{90}{10} = 9 \quad \text{……(答)}$$

(ⅱ) メジアン(中央値) $m_e$ は，データ数が10個より，

$$x_1,\ x_2,\ \cdots,\ \underbrace{x_5,\ x_6}_{m_e = \frac{x_5 + x_6}{2}},\ x_7,\ \cdots,\ x_{10}$$

$$m_e = \frac{x_5 + x_6}{2} = \frac{8 + 9}{2} = 8.5 \quad \text{…(答)}$$

である。

(ⅲ) モード(最頻値) $m_o$ は，(1)のヒストグラムより，最も度数が大きい階級の階級値になるので，

$$m_o = \frac{8 + 12}{2} = 10 \quad \text{…………(答)}$$

**(3)** $X$ の分散 $S^2$ と標準偏差 $S$ は，定義より，

$$S^2 = \frac{1}{N}\{(x_1 - m)^2 + (x_2 - m)^2 + \cdots + (x_N - m)^2\}$$
$$S = \sqrt{S^2}$$

次の表を用いて求めると，

$S^2$ と $S$ を求めるための表

| データ No | データ $X$ | 偏差 $x_i - m$ | 偏差平方 $(x_i - m)^2$ |
|---|---|---|---|
| 1 | 1 | −8 | 64 |
| 2 | 5 | −4 | 16 |
| 3 | 6 | −3 | 9 |
| 4 | 8 | −1 | 1 |
| 5 | 8 | −1 | 1 |
| 6 | 9 | 0 | 0 |
| 7 | 10 | 1 | 1 |
| 8 | 12 | 3 | 9 |
| 9 | 14 | 5 | 25 |
| 10 | 17 | 8 | 64 |
| 合計 | 90 | 0 | 190 |
| 平均 | 9 | | 19 |

平均値 $m$　　分散 $S^2 = 19$

$$\text{分散}S^2 = \frac{1}{10}\{(x_1 - m)^2 + (x_2 - m)^2 + \cdots + (x_{10} - m)^2\}$$
$$= \frac{1}{10}(64 + 16 + \cdots + 64)$$
$$= \frac{190}{10} = 19 \quad \text{……………(答)}$$

$$\text{標準偏差}S = \sqrt{S^2} = \sqrt{19} \quad \text{………(答)}$$

**(4)** 得点データ $X$ の最小値を $m$，最大値を $M$，また第1，第2，第3四分位数をそれぞれ $q_1, q_2, q_3$ とおくと，$X$ は，10個のデータより

最小値 $m = x_1 = 1$

第 1 四分位数 $q_1 = x_3 = 6$

第 2 四分位数 $q_2 = \dfrac{x_5 + x_6}{2}$

$= \dfrac{8+9}{2} = 8.5$

第 3 四分位数 $q_3 = x_8 = 12$

最大値 $M = x_{10} = 17$ となる。…(答)

以上より，求める箱ひげ図は，下図のようになる。

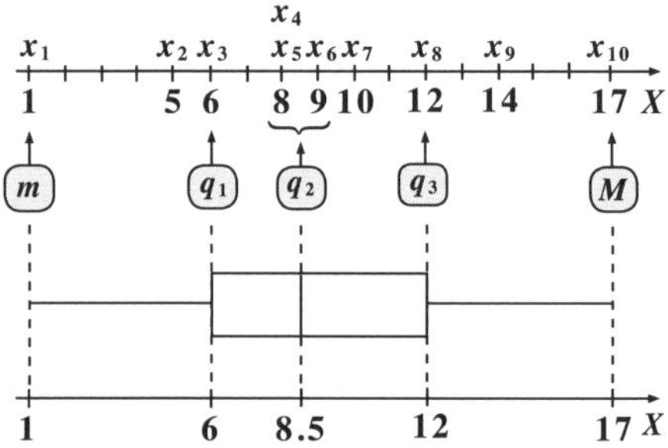


データ数 $N = 8, 9, 10, 11$ のときの $m$ と $q_1$，$q_2$，$q_3$ と $M$ の求め方のイメージを下に示す。

(i) $N = 8$ のとき

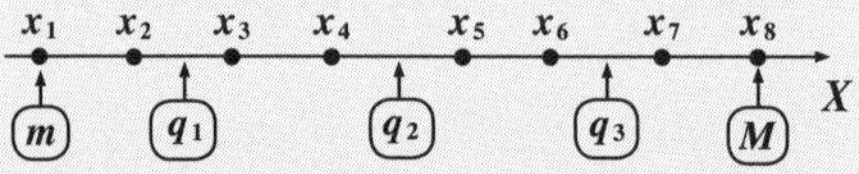


(ii) $N = 9$ のとき

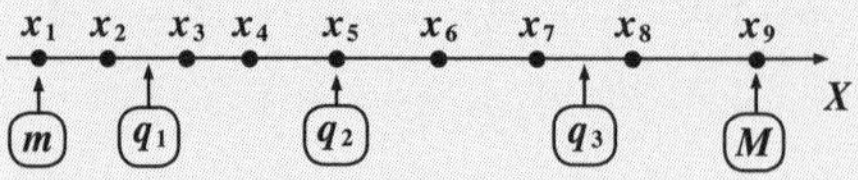


(iii) $N = 10$ のとき

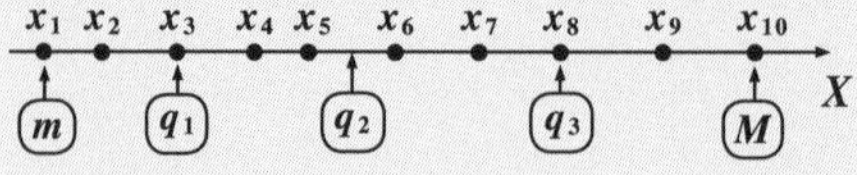


(iv) $N = 11$ のとき

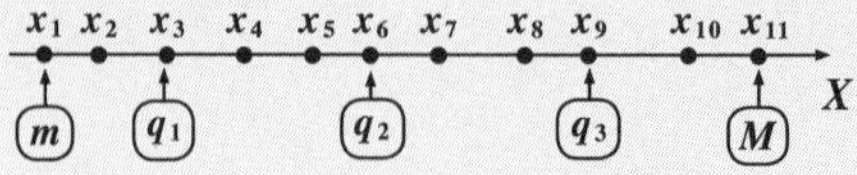


(5) (1) の度数分布表

| $X$ の階級 | 階級値 | 度数 $f$ |
|---|---|---|
| $0 \leqq X < 4$ | 2 | 1 |
| $4 \leqq X < 8$ | 6 | 2 |
| $8 \leqq X < 12$ | 10 | 4 |
| $12 \leqq X < 16$ | 14 | 2 |
| $16 \leqq X \leqq 20$ | 18 | 1 |

この表を基にすると，元の変数データの情報は失われて，各階級値がそれに代わって用いられるので，変数 $X'$ は，$x_1' = 2$, $x_2' = x_3' = 6$, $x_4' = x_5' = x_6' = x_7' = 10$, $x_8' = x_9' = 14$, $x_{10}' = 18$ として，計算する。

平均値 $m' = \dfrac{1}{10}(x_1' + x_2' + \cdots + x_{10}')$

$= \dfrac{1}{10}(2 + 6 + \cdots + 18)$

$= \dfrac{100}{10} = 10$ …………(答)

メジアン $m_e' = \dfrac{x_5' + x_6'}{2}$

$= \dfrac{10+10}{2}$

$= 10$ ………………(答)

分散 $S'^2 = \dfrac{1}{10}\{(x_1' - m')^2 + \cdots + (x_{10}' - m')^2\}$

$= \dfrac{1}{10}(64 + 16 + 16 + \cdots + 16 + 16 + 64)$

$= \dfrac{192}{10} = 19.2$ …………(答)

実力アップ問題 74　難易度 ★★★　CHECK 1　CHECK 2　CHECK 3

5 個の数値データ $X = 3, 4, 8, 10, x$ がある。このデータ $X$ の分散 $S^2$ は $S^2 = \frac{34}{5}$ である。このとき，$x$ の値を求めよ。

**ヒント！** 平均値 $m = 5 + \frac{x}{5}$ より，分散 $S^2 = \frac{1}{5}\{(x_1 - m)^2 + (x_2 - m)^2 + \cdots + (x_5 - m)^2\}$ の式に代入して，$x$ の 2 次方程式を導けばいいんだね。

変量 $X = 3, 4, 8, 10, x$ の平均値 $m$ を求めると，

$$m = \frac{1}{5}(3 + 4 + 8 + 10 + x) = 5 + \frac{x}{5} \quad \cdots①$$

よって，分散 $S^2$ を求める公式に①を代入して，

$$S^2 = \frac{1}{5}\{(3 - m)^2 + (4 - m)^2 + (8 - m)^2 + (10 - m)^2 + (x - m)^2\}$$

$$= \frac{1}{5}\left\{\left(-2 - \frac{x}{5}\right)^2 + \left(-1 - \frac{x}{5}\right)^2 + \left(3 - \frac{x}{5}\right)^2 + \left(5 - \frac{x}{5}\right)^2 + \left(\frac{4}{5}x - 5\right)^2\right\}$$

$$= \frac{1}{5}\left\{4 + \frac{4}{5}x + \frac{x^2}{25} + 1 + \frac{2}{5}x + \frac{x^2}{25} + 9 - \frac{6}{5}x + \frac{x^2}{25} + 25 - 2x + \frac{x^2}{25} + \frac{16}{25}x^2 - 8x + 25\right\}$$

$$= \frac{1}{5}\left(\frac{4}{5}x^2 - 10x + 64\right) \quad \cdots②となる。$$

ここで，$S^2 = \frac{34}{5}$ より，②は，

$$\frac{1}{\cancel{5}}\left(\frac{4}{5}x^2 - 10x + 64\right) = \frac{34}{\cancel{5}} \quad となる。$$

これをまとめて，

$$\frac{4}{5}x^2 - 10x + 64 = 34$$

$$\frac{4}{5}x^2 - 10x + 30 = 0$$

両辺に $\frac{5}{2}$ をかけて，

$$2x^2 - 25x + 75 = 0$$

```
1 ＼／ －5  → －10
2 ／＼ －15 → －15 (+
              －25
```

$$(x - 5)(2x - 15) = 0$$

∴求める $x$ の値は，

$x = 5$，または $\frac{15}{2}$ ……………………(答)

**別解**

分散 $S^2$ の計算式：

$$S^2 = \frac{1}{N}(x_1{}^2 + x_2{}^2 + \cdots + x_N{}^2) - m^2$$

を用いてもよい。

変量 $X = 3,\ 4,\ 8,\ 10,\ x$ の

平均値 $m$ は,

$$m = \frac{1}{5}(3+4+8+10+x)$$

$$= 5 + \frac{x}{5} \quad \cdots\cdots①$$

また,分散 $S^2$ の計算式に①を代入して,

$$S^2 = \frac{1}{5}(\underbrace{3^2+4^2+8^2+10^2}_{9+16+64+100=189}+x^2) - m^2$$

$$= \frac{1}{5}(189+x^2) - \left(5+\frac{x}{5}\right)^2$$

$$= \frac{189}{5} + \frac{1}{5}x^2 - \left(25+2x+\frac{1}{25}x^2\right)$$

$$= \frac{4}{25}x^2 - 2x + \frac{189-125}{5}$$

$$= \frac{4}{25}x^2 - 2x + \frac{64}{5} \quad \cdots② となる。$$

ここで,$S^2 = \frac{34}{5}$ より,②は,

$\frac{4}{25}x^2 - 2x + \frac{64}{5} = \frac{34}{5}$ となる。

$$\frac{4}{25}x^2 - 2x + \frac{30}{5} = 0$$

両辺に $\frac{25}{2}$ をかけて,

$$2x^2 - 25x + 75 = 0$$

$$(x-5)(2x-15) = 0$$

$\therefore x = 5$,または $\frac{15}{2}$ ……………(答)

## 参考

分散の公式を変形して,

$$S^2 = \frac{1}{N}\{\underbrace{(x_1-m)^2}_{x_1{}^2-2mx_1+m^2} + \underbrace{(x_2-m)^2}_{x_2{}^2-2mx_2+m^2} + \cdots + \underbrace{(x_N-m)^2}_{x_N{}^2-2mx_N+m^2}\}$$

$$= \frac{1}{N}(x_1{}^2+x_2{}^2+\cdots+x_N{}^2)$$

$$-\frac{2}{N}m(\underbrace{x_1+x_2+\cdots+x_N}_{Nm})$$

($Nm$ ← $m = \frac{1}{N}(x_1+x_2+\cdots+x_N)$)

$$+\frac{1}{N}(\underbrace{m^2+m^2+\cdots+m^2}_{Nm^2})$$

($Nm^2$ ← $N$ 個の $m^2$ の和)

$$= \frac{1}{N}(x_1{}^2+x_2{}^2+\cdots+x_N{}^2)$$

$$-\frac{2}{N}m\cdot Nm + \frac{1}{N}\cdot Nm^2$$

$$= \frac{1}{N}(x_1{}^2+x_2{}^2+\cdots+x_N{}^2) - 2m^2 + m^2$$

よって,分散 $S^2$ の計算式:

$$S^2 = \frac{1}{N}(x_1{}^2+x_2{}^2+\cdots+x_N{}^2) - m^2$$

が導けるんだね。

## 実力アップ問題 75　難易度 ★★★　CHECK 1　CHECK 2　CHECK 3

小さい順に並べた **8** 個の数値データ

$X = -3,\ -2,\ x,\ y,\ z,\ 3,\ w,\ 5$

の箱ひげ図を右に示す。

また，このデータ $X$ の分散 $S^2$ は $S^2 = \frac{15}{2}$ である。このとき，$x$，$y$，$z$，$w$ の値を求めよ。

データ $X$ の箱ひげ図

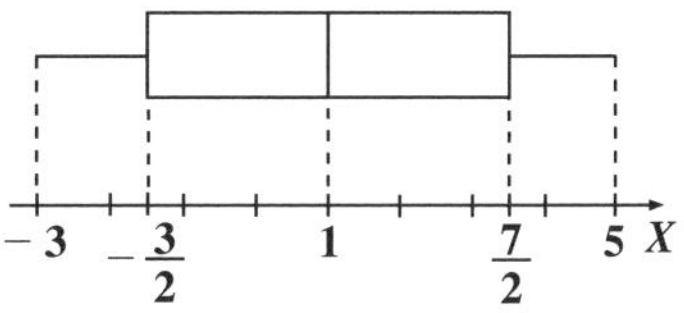


**ヒント！** 第1，第2，第3四分位数 $q_1, q_2, q_3$ は箱ひげ図から，$q_1 = -\frac{3}{2}$，$q_2 = 1$，$q_3 = \frac{7}{2}$ と読み取れるので，$x = -1$，$y + z = 2$，$w = 4$ が分かる。後は，分散 $S^2$ の計算式を利用して，$y$ と $z$ の値を決めればいいんだね。頑張ろう！

小さい順に並べた変量 $X$

$X = -3,\ -2,\ x,\ y,\ z,\ 3,\ w,\ 5$

の第 1，第 2，第 3 四分位数をそれぞれ $q_1$，$q_2$，$q_3$ とおくと，与えられた箱ひげ図より，

$$\begin{cases} q_1 = \dfrac{-2+x}{2} = -\dfrac{3}{2} \to \boxed{これから\ x = -1} \\ q_2 = \dfrac{y+z}{2} = 1 \longrightarrow \boxed{これから\ y + z = 2} \\ q_3 = \dfrac{3+w}{2} = \dfrac{7}{2} \longrightarrow \boxed{これから\ w = 4} \end{cases}$$

$N = 8$ 個のデータの $q_1$，$q_2$，$q_3$ のイメージ

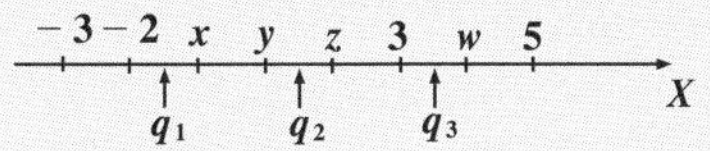


これから，

$$\begin{cases} x = -1 & \cdots\cdots ① \\ z = 2 - y & \cdots\cdots ② \\ w = 4 & \cdots\cdots ③ \end{cases}$$ が導ける。

よって，小さい順に並べたデータ $X$

$X = -3,\ -2,\ -1,\ y,\ 2-y,\ 3,\ 4,\ 5$

の平均値 $m$ を求めると，

$$m = \frac{1}{8}(-3-2-1+\cancel{y}+2-\cancel{y}+3+4+5)$$

$$= \frac{8}{8} = 1 \quad \cdots\cdots ④$$

また，データ $X$ の分散 $S^2$ を計算式で表して，これに④を代入すると，

$$S^2 = \frac{1}{8}\{(-3)^2+(-2)^2+(-1)^2+y^2+(2-y)^2+3^2+4^2+5^2\} - \underbrace{m^2}_{④より\ 1^2}$$

よって，

$$S^2 = \frac{1}{8}\{9 + 4 + 1 + y^2 + (2 - y)^2 + 9 + 16 + 25\} - 1$$

$$= \frac{1}{8}(14 + 2y^2 - 4y + 4 + 50) - 1$$

$$= \frac{1}{8}(2y^2 - 4y + 68) - 1$$

$$= \frac{1}{4}(y^2 - 2y + 34) - 1 \quad \cdots\cdots⑤$$

ここで，分散 $S^2$ は $\frac{15}{2}$ と与えられているので，⑤は，

$$\frac{1}{4}(y^2 - 2y + 34) - 1 = \frac{15}{2}$$

$$\frac{1}{4}(y^2 - 2y + 34) = \frac{17}{2}$$

両辺を 4 倍して，

$$y^2 - 2y + \cancel{34} = \cancel{34}$$

$$y^2 - 2y = 0$$

$$y(y - 2) = 0$$

$\therefore y = 0$，または 2

これを，$z = 2 - y$ に代入すると，

・$y = 0$ のとき，$z = 2$

・$y = 2$ のとき，$z = 0$

ここで，$y \leqq z$ より

$y = 0$，$z = 2$

これと，$x = -1$ ……①，$w = 4$ ……③

より，求める $x$，$y$，$z$，$w$ の値は，

$x = -1$，$y = 0$，$z = 2$，$w = 4$

である。 ……………………………………(答)

## 実力アップ問題 76　難易度 ★★★　CHECK 1　CHECK 2　CHECK 3

$M$ 個のデータからなる変量 $X$ の平均値は $m_X$，分散は $S_X{}^2$ であり，また，$N$ 個のデータからなる変量 $Y$ の平均値は $m_Y$，分散は $S_Y{}^2$ であるとする。ここで，$X$ と $Y$ のデータを併せた $M+N$ 個のデータからなる変量を $Z$ とおき，その平均値を $m_Z$，分散を $S_Z{}^2$ とおく。このとき，次の問いに答えよ。

**(1)** $m_Z$ と $S_Z{}^2$ が次式で表されることを示せ。

$$\begin{cases} (\text{i})\ m_Z = \dfrac{1}{M+N}(Mm_X + Nm_Y) & \cdots\cdots(*1) \\ (\text{ii})\ S_Z{}^2 = \dfrac{MS_X{}^2 + NS_Y{}^2}{M+N} + \dfrac{MN}{(M+N)^2}(m_X - m_Y)^2 & \cdots\cdots(*2) \end{cases}$$

**(2)** $20$ 個のデータからなる変量 $X$ の平均値 $m_X = 10$，分散 $S_X{}^2 = 10$，また，$10$ 個のデータからなる変量 $Y$ の平均値 $m_Y = 7$，分散 $S_Y{}^2 = 16$ とする。ここで，$X$ と $Y$ のデータを併せた $30$ 個のデータからなる変量 $Z$ の平均値 $m_Z$ と分散 $S_Z{}^2$ を求めよ。

**ヒント！** (1) $X = x_1, x_2, \cdots, x_M$, $Y = y_1, y_2, \cdots, y_N$ とおいて，それぞれの平均値 $m_X$, $m_Y$, 分散 $S_X{}^2$, $S_Y{}^2$ の公式を利用して $(*1)$ と $(*2)$ が成り立つことを示せばいい。(2) は，(1) の公式 $(*1)$, $(*2)$ に数値を代入すればいいだけだから問題ないはずだ。本番の試験では，たとえ，(1) の証明が出来なくても，あきらめずに (2) だけは答えておくようにすることが，得点力のコツになる！

(1) $X = x_1, x_2, \cdots, x_M$ とおくと，$X$ の

平均値 $m_X = \dfrac{1}{M}(x_1 + x_2 + \cdots + x_M)$

$\therefore x_1 + x_2 + \cdots + x_M = Mm_X$ ……①

分散 $S_X{}^2 = \dfrac{1}{M}(x_1{}^2 + x_2{}^2 + \cdots + x_M{}^2) - m_X{}^2$ …②

となる。また，

$Y = y_1, y_2, \cdots, y_N$ とおくと，$Y$ の

平均値 $m_Y = \dfrac{1}{N}(y_1 + y_2 + \cdots + y_N)$

$\therefore y_1 + y_2 + \cdots + y_N = Nm_Y$ ……③

分散 $S_Y{}^2 = \dfrac{1}{N}(y_1{}^2 + y_2{}^2 + \cdots + y_N{}^2) - m_Y{}^2$ …④

となる。

(i) ここで，$X$ と $Y$ を併せた変量

$Z = x_1, x_2, \cdots, x_M, y_1, y_2, \cdots, y_N$

の平均値 $m_Z$ は，

$$m_Z = \frac{1}{M+N}(\underbrace{x_1 + x_2 + \cdots + x_M}_{Mm_X(\text{①より})} + \underbrace{y_1 + y_2 + \cdots + y_N}_{Nm_Y(\text{③より})})$$

よって，①，③より，

$$m_Z = \frac{1}{M+N}(Mm_X + Nm_Y)$$
$$\cdots\cdots(*1)$$

となって，$(*1)$ が導ける。…(終)

(ii) 次に，$Z = x_1, \cdots, x_M, y_1, \cdots, y_N$ の分散 $S_Z{}^2$ は，計算公式より，

$$S_Z{}^2 = \frac{1}{M+N}(x_1{}^2 + x_2{}^2 + \cdots + x_M{}^2 + y_1{}^2 + y_2{}^2 + \cdots + y_N{}^2) - m_Z{}^2 \quad \cdots⑤$$

$m_Z = \dfrac{Mm_X + Nm_Y}{M+N}$ （$(*1)$ より）

となる。ここで，

$$\begin{cases} S_X{}^2 = \dfrac{1}{M}(x_1{}^2 + x_2{}^2 + \cdots + x_M{}^2) - m_X{}^2 & \cdots② \\ S_Y{}^2 = \dfrac{1}{N}(y_1{}^2 + y_2{}^2 + \cdots + y_N{}^2) - m_Y{}^2 & \cdots④ \end{cases}$$

より，

$$\begin{cases} x_1{}^2 + x_2{}^2 + \cdots + x_M{}^2 = M(S_X{}^2 + m_X{}^2) & \cdots②' \\ y_1{}^2 + y_2{}^2 + \cdots + y_N{}^2 = N(S_Y{}^2 + m_Y{}^2) & \cdots④' \end{cases}$$

となる。よって，⑤に②′と④′と$(*1)$ を代入してまとめると，

$$S_Z{}^2 = \frac{1}{M+N}\{M(S_X{}^2 + m_X{}^2) + N(S_Y{}^2 + m_Y{}^2)\} - \left(\frac{Mm_X + Nm_Y}{M+N}\right)^2$$
$$= \frac{MS_X{}^2 + NS_Y{}^2}{M+N} + \frac{Mm_X{}^2 + Nm_Y{}^2}{M+N} - \frac{M^2m_X{}^2 + 2MNm_Xm_Y + N^2m_Y{}^2}{(M+N)^2}$$

ここで，- - - の部分のみを計算すると，

$$\frac{Mm_X{}^2 + Nm_Y{}^2}{M+N} - \frac{M^2m_X{}^2 + 2MNm_Xm_Y + N^2m_Y{}^2}{(M+N)^2}$$
$$= \frac{(M+N)Mm_X{}^2 + (M+N)Nm_Y{}^2}{(M+N)^2} - \frac{M^2m_X{}^2 + 2MNm_Xm_Y + N^2m_Y{}^2}{(M+N)^2}$$
$$= \frac{M^2m_X{}^2 + MNm_X{}^2 + MNm_Y{}^2 + N^2m_Y{}^2}{(M+N)^2} - \frac{M^2m_X{}^2 + 2MNm_Xm_Y + N^2m_Y{}^2}{(M+N)^2}$$
$$= \frac{MN(m_X{}^2 - 2m_Xm_Y + m_Y{}^2)}{(M+N)^2}$$
$$= \frac{MN}{(M+N)^2}(m_X - m_Y)^2$$

よって，$Z$ の分散 $S_Z{}^2$ は，

$$S_Z{}^2 = \frac{MS_X{}^2 + NS_Y{}^2}{M+N} + \frac{MN}{(M+N)^2}(m_X - m_Y)^2$$
$$\cdots\cdots(*2)$$

となって，$(*2)$ も導けた。

……(終)

よって，もし $m_X = m_Y$ であるならば，$(*2)$ の第 2 項が消去されて，$(*1)$ と同様に，$S_Z{}^2 = \dfrac{MS_X{}^2 + NS_Y{}^2}{M+N}$ とスッキリした形で表すことができる。

(2) $M = 20$ 個のデータからなる変量 $X$ を
$X = x_1, x_2, \cdots, x_{20}$ とおくと，
$\begin{cases} \text{平均値} m_X = 10 \\ \text{分散} S_X{}^2 = 10 \end{cases}$ である。また，
$N = 10$ 個のデータからなる変量 $Y$ を
$Y = y_1, y_2, \cdots, y_{10}$ とおくと，
$\begin{cases} \text{平均値} m_Y = 7 \\ \text{分散} S_Y{}^2 = 16 \end{cases}$ である。
これら2つのデータを併せた $M + N = 30$ 個からなる変量 $Z$ の平均値 $m_Z$ と分散 $S_Z{}^2$ は，公式(＊1)，(＊2)を用いて，次のように求められる。

$$m_Z = \frac{Mm_X + Nm_Y}{M+N} = \frac{20 \times 10 + 10 \times 7}{20 + 10}$$
$$= \frac{270}{30} = 9 \quad \cdots\cdots\cdots\cdots\cdots\cdots\cdots\cdots(\text{答})$$
$$S_Z{}^2 = \frac{MS_X{}^2 + NS_Y{}^2}{M+N} + \frac{MN}{(M+N)^2}(m_X - m_Y)^2$$
$$= \frac{20 \times 10 + 10 \times 16}{20 + 10} + \frac{20 \times 10}{(20+10)^2}(10-7)^2$$
$$= \frac{360}{30} + \frac{200}{900} \times 9$$
$$= 12 + 2 = 14 \quad \cdots\cdots\cdots\cdots\cdots\cdots(\text{答})$$

実力アップ問題 77　難易度 ★★　CHECK 1　CHECK 2　CHECK 3

次の 10 組の 2 変数データがある。

$(x, 4)$, $(4, y)$, $(5, 10)$, $(11, 8)$, $(5, 6)$, $(9, 12)$, $(5, 9)$, $(10, 13)$, $(7, 10)$, $(12, 17)$

ここで，2 変量 $X$, $Y$ を

$$\begin{cases} X = x,\ 4,\ 5,\ 11,\ 5,\ 9,\ 5,\ 10,\ 7,\ 12 \\ Y = 4,\ y,\ 10,\ 8,\ 6,\ 12,\ 9,\ 13,\ 10,\ 17 \end{cases}$$ とおくと

$X$ の平均値 $m_X = 7$ であり，$Y$ の平均値 $m_Y = 10$ である。

(1) $x$ と $y$ の値を求めよ。

(2) この 2 変数データの散布図を描け。

(3) $X$ と $Y$ の相関係数 $r_{XY}$ を求めよ。

ヒント！ (1), (2) は問題ないはずだ。(3) も, $X$ と $Y$ の標準偏差 $S_X$ と $S_Y$ と, 共分散 $S_{XY}$ を求めて, 相関係数の公式 $r_{XY} = \dfrac{S_{XY}}{S_X S_Y}$ に代入すればいい。

(1) 変量 $X = x,\ 4,\ 5,\ 11,\ 5,\ 9,\ 5,\ 10,\ 7,\ 12$ の

平均値 $m_X = 7$ より，

$$m_X = \frac{1}{10}(x + 4 + 5 + \cdots + 12) = 7$$

よって，$x + 68 = 70$ より，

$x = 2$ ……………………………(答)

変量 $Y = 4,\ y,\ 10,\ 8,\ 6,\ 12,\ 9,\ 13,\ 10,\ 17$ の

平均値 $m_Y = 10$ より，

$$m_Y = \frac{1}{10}(4 + y + 10 + \cdots + 17) = 10$$

よって，$y + 89 = 100$ より，

$y = 11$ ……………………………(答)

(2) (1) より，10 組のデータ：$(2, 4)$, $(4, 11)$, $(5, 10)$, $(11, 8)$, $(5, 6)$, $(9, 12)$, $(5, 9)$, $(10, 13)$, $(7, 10)$, $(12, 17)$ の散布図は下のようになる。

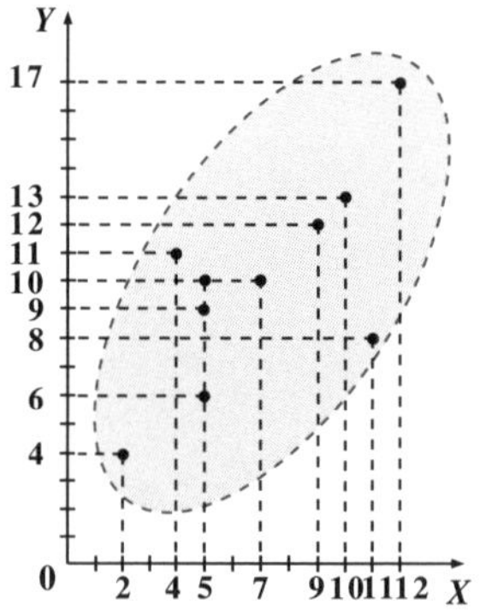


……(答)

この散布図から，正の相関があることが分かる。その指標として，これから相関係数 $r_{XY}$ を求めるんだね。

(3) 変量 $X$ と $Y$ の分散をそれぞれ $S_X{}^2$, $S_Y{}^2$, また標準偏差をそれぞれ $S_X$, $S_Y$ とおく。

$X$ と $Y$ の相関係数 $r_{XY}$ を求めるために，次の表を利用して，この $S_X$, $S_Y$ と共分散 $S_{XY}$ を求める。

表　$S_X{}^2$, $S_Y{}^2$ と $S_{XY}$ を求める表

| データ No | データ $X$ | 偏差 $x_i - m_X$ | 偏差平方 $(x_i - m_X)^2$ | データ $Y$ | 偏差 $y_i - m_Y$ | 偏差平方 $(y_i - m_Y)^2$ | 偏差の積 $(x_i - m_X)(y_i - m_Y)$ |
|---|---|---|---|---|---|---|---|
| 1 | 2 | −5 | 25 | 4 | −6 | 36 | 30 |
| 2 | 4 | −3 | 9 | 11 | 1 | 1 | −3 |
| 3 | 5 | −2 | 4 | 10 | 0 | 0 | 0 |
| 4 | 11 | 4 | 16 | 8 | −2 | 4 | −8 |
| 5 | 5 | −2 | 4 | 6 | −4 | 16 | 8 |
| 6 | 9 | 2 | 4 | 12 | 2 | 4 | 4 |
| 7 | 5 | −2 | 4 | 9 | −1 | 1 | 2 |
| 8 | 10 | 3 | 9 | 13 | 3 | 9 | 9 |
| 9 | 7 | 0 | 0 | 10 | 0 | 0 | 0 |
| 10 | 12 | 5 | 25 | 17 | 7 | 49 | 35 |
| 合計 | 70 | 0 | 100 | 100 | 0 | 120 | 77 |
| 平均 | 7 = $m_X$ | | 10 = $S_X{}^2$ | 10 = $m_Y$ | | 12 = $S_Y{}^2$ | 7.7 = $S_{XY}$ |

以上より，$S_X{}^2 = 10$, $S_Y{}^2 = 12$ であることが分かった。よって，

$S_X = \sqrt{10}$,

$S_Y = \sqrt{12} = 2\sqrt{3}$,

$S_{XY} = \frac{77}{10}$ より，求める $X$ と $Y$ の相関係数 $r_{XY}$ は，

$$r_{XY} = \frac{S_{XY}}{S_X S_Y} = \frac{\frac{77}{10}}{\sqrt{10} \cdot 2\sqrt{3}}$$

$$= \frac{77\sqrt{30}}{600}$$ である。 ……(答)

これは約 **0.7029** より，$X$ と $Y$ の間にはある程度の正の相関があることが分かった。

## 実力アップ問題 78　難易度 ★★　CHECK 1　CHECK 2　CHECK 3

$N$ 組の $2$ 変数データ $(x_1, y_1)$，$(x_2, y_2)$，…，$(x_N, y_N)$ について，

$$\begin{cases} 変量 X = x_1,\ x_2,\ \cdots,\ x_N \\ 変量 Y = y_1,\ y_2,\ \cdots,\ y_N \end{cases}$$ とおくとき，

$X$，$Y$ それぞれの平均値を $m_X$，$m_Y$ とおくと，共分散 $S_{XY}$ が，計算式

$$S_{XY} = \frac{1}{N}(x_1y_1 + x_2y_2 + \cdots + x_Ny_N) - m_Xm_Y \quad \cdots\cdots(*)$$

で表されることを示せ。

**ヒント！** 共分散の定義式：$S_{XY} = \frac{1}{N}\{(x_1 - m_X)(y_1 - m_Y) + (x_2 - m_X)(y_2 - m_Y) + \cdots + (x_N - m_X)(y_N - m_Y)\}$ を基に変形して，$(*)$ の計算式を導けばいいんだね。

変量 $X$ と $Y$ の平均値をそれぞれ $m_X$，$m_Y$ とおいているので，

$$\begin{cases} m_X = \frac{1}{N}(x_1 + x_2 + \cdots + x_N) & \cdots\cdots① \\ m_Y = \frac{1}{N}(y_1 + y_2 + \cdots + y_N) & \cdots\cdots② \end{cases}$$

となる。よって，①，②より，

$$\begin{cases} x_1 + x_2 + \cdots + x_N = N \cdot m_X & \cdots\cdots①' \\ y_1 + y_2 + \cdots + y_N = N \cdot m_Y & \cdots\cdots②' \end{cases}$$

となる。

ここで，$X$ と $Y$ の共分散 $S_{XY}$ の定義を基に変形すると，

$$S_{XY} = \frac{1}{N}\{(x_1 - m_X)(y_1 - m_Y) + (x_2 - m_X)(y_2 - m_Y) + \cdots + (x_N - m_X)(y_N - m_Y)\}$$

$$S_{XY} = \frac{1}{N}(x_1y_1 + x_2y_2 + \cdots + x_Ny_N) - \frac{1}{N}m_Y(\underbrace{x_1 + x_2 + \cdots + x_N}_{N\cdot m_X\ (①'より)}) - \frac{1}{N}m_X(\underbrace{y_1 + y_2 + \cdots + y_N}_{N\cdot m_Y\ (②'より)}) + \frac{1}{N}(\underbrace{m_Xm_Y + m_Xm_Y + \cdots + m_Xm_Y}_{N\cdot m_Xm_Y})$$

（$N$ 項の $m_Xm_Y$ の和）

$$= \frac{1}{N}(x_1y_1 + x_2y_2 + \cdots + x_Ny_N) - m_Xm_Y - m_Xm_Y + m_Xm_Y$$

$$S_{XY} = \frac{1}{N}(x_1y_1 + x_2y_2 + \cdots + x_Ny_N) - m_Xm_Y \quad \cdots\cdots(*)$$

が導ける。 ……………………………(終)

| 実力アップ問題 79 | 難易度 ★★★ | CHECK 1 | CHECK 2 | CHECK 3 |
|---|---|---|---|---|

4 組の 2 変数データ $(x, 3)$，$(3, 2)$，$(2, 5)$，$(1, 6)$ について，2 つの変量 $X$，$Y$ を $X = x, 3, 2, 1$，$Y = 3, 2, 5, 6$ とおく。この $X$ と $Y$ の相関係数 $r_{XY}$ が $r_{XY} = -\frac{2}{\sqrt{5}}$ であるとき，$x$ の値を求めよ。

ヒント！ $X$ と $Y$ の標準偏差 $S_X, S_Y$ と共分散 $S_{XY}$ を求め，相関係数の定義式 $r_{XY} = \frac{S_{XY}}{S_X S_Y}$ に代入すればいいんだね。頑張ろう。

$$\begin{cases} X = x,\ 3,\ 2,\ 1 \\ Y = 3,\ 2,\ 5,\ 6 \end{cases}$$ とおく。

2 つの変量 $X$ と $Y$ の平均値をそれぞれ $m_X, m_Y$，また分散を $S_X{}^2, S_Y{}^2$ とおくと，

・$m_X = \frac{1}{4}(x+3+2+1) = \frac{x+6}{4}$ …①

・$m_Y = \frac{1}{4}(3+2+5+6) = 4$ ………②

また，

・$S_X{}^2 = \frac{1}{4}(x^2+3^2+2^2+1^2) - m_X{}^2$

（$m_X{}^2 = \left(\frac{x+6}{4}\right)^2$（①より））

$= \frac{1}{4}(x^2+14) - \frac{1}{16}(x^2+12x+36)$

$= \frac{1}{16}(3x^2-12x+20)$ ………③

・$S_Y{}^2 = \frac{1}{4}(3^2+2^2+5^2+6^2) - m_Y{}^2$

（$m_Y{}^2 = 4^2$（②より））

$= \frac{74}{4} - 16 = \frac{5}{2}$ …………………④

変量 $X$ の分散 $S_X{}^2$ の計算式：
$S_X{}^2 = \frac{1}{N}(x_1{}^2 + x_2{}^2 + \cdots + x_N{}^2) - m_X{}^2$ を用いた。
（変量 $Y$ についても同様）

よって，$X$ と $Y$ の標準偏差 $S_X$ と $S_Y$ は，

・$S_X = \frac{1}{4}\sqrt{3x^2-12x+20}$ ………⑤

・$S_Y = \sqrt{\frac{5}{2}}$ ………………………………⑥

となる。

次に，$X$ と $Y$ の共分散 $S_{XY}$ は

$S_{XY} = \frac{1}{4}(x \cdot 3 + 3 \cdot 2 + 2 \cdot 5 + 1 \cdot 6) - m_X m_Y$

（①，②より → $m_X = \frac{x+6}{4}$，$m_Y = 4$）

$= \frac{3x+22}{4} - (x+6)$

$= \frac{-x-2}{4}$ ………………………⑦

> 共分散 $S_{XY}$ の計算式：
> $S_{XY} = \frac{1}{N}(x_1y_1 + x_2y_2 + \cdots + x_Ny_N) - m_Xm_Y$
> を用いた。

以上，

$$S_X = \frac{1}{4}\sqrt{3x^2 - 12x + 20} \quad \cdots\cdots ⑤$$

$$S_Y = \sqrt{\frac{5}{2}} \quad \cdots\cdots\cdots\cdots\cdots\cdots\cdots\cdots ⑥$$

$$S_{XY} = \frac{-x-2}{4} \quad \cdots\cdots\cdots\cdots\cdots\cdots\cdots ⑦$$

を，相関係数 $r_{XY}$ の定義式：

$r_{XY} = \frac{S_{XY}}{S_XS_Y}$ に代入すると，

$$r_{XY} = \frac{\frac{-x-2}{4}}{\sqrt{\frac{5}{2}} \cdot \frac{1}{4}\sqrt{3x^2 - 12x + 20}}$$

$$= -\frac{\sqrt{2}\cdot(x+2)}{\sqrt{5}\sqrt{3x^2 - 12x + 20}} \quad \cdots\cdots ⑧$$

となる。ここで，$r_{XY} = -\frac{2}{\sqrt{5}}$ と与えられているので，⑧より，次の方程式が導ける。

$$-\frac{\sqrt{2}\cdot(x+2)}{\sqrt{5}\sqrt{3x^2 - 12x + 20}} = -\frac{2}{\sqrt{5}}$$

これを変形して，

$$x + 2 = \sqrt{2}\cdot\sqrt{3x^2 - 12x + 20} \quad \cdots\cdots ⑨$$

(右辺 $> 0$ より，$x + 2 > 0$ $\therefore x > -2$)

この両辺を 2 乗して，

$$(x+2)^2 = 2(3x^2 - 12x + 20)$$

$$x^2 + 4x + 4 = 6x^2 - 24x + 40$$

$$5x^2 - 28x + 36 = 0$$

1 ╲╱ −2
5 ╱╲ −18

$$(x-2)(5x-18) = 0$$

$\therefore x = 2$，または $\frac{18}{5}$ ………………(答)

（$x = 2$，$\frac{18}{5}$ はいずれも，⑨に代入して成り立つ。よって，これらは共に⑨の解である。）

演習 exercise

# 6 場合の数と確率

テーマ

- 順列、同じものを含む順列、円順列
- 組合わせ、重複組合わせ
- 確率の加法定理，余事象の確率
  $(\mathbf{P}(A \cup B) = \mathbf{P}(A) + \mathbf{P}(B) - \mathbf{P}(A \cap B))$
- 独立試行の確率，反復試行の確率
  $(P_r = {}_n\mathrm{C}_r p^r q^{n-r} \quad (r = 0, 1, 2, \cdots, n))$
- 条件付き確率と確率の乗法定理
  $(\mathbf{P}(A \cap B) = \mathbf{P}(A) \cdot \mathbf{P}_A(B))$

# 演習6 場合の数と確率 ●公式＆解法パターン

**1. 樹形図と辞書式（場合の数の数え方）**

場合の数を直接数え上げる場合，樹形図や辞書式を使って体系的に数える。

$(ex)$ **80** 円切手，**50** 円切手，**10** 円切手を使って，**200** 円分にする方法は何通りあるか？

**80** 円，**50** 円，**10** 円の各切手をそれぞれ $x$ 枚，$y$ 枚，$z$ 枚とおくと，

| $x$ | $y$ | $z$ |
|---|---|---|
| 0 | 0 | 20 |
| | 1 | 15 |
| | 2 | 10 |
| | 3 | 5 |
| | 4 | 0 |
| 1 | 0 | 12 |
| | 1 | 7 |
| | 2 | 2 |
| 2 | 0 | 4 |

樹形図を利用した！

よって，全部で **9** 通り

**2. 和の法則，積の法則**

**2** つの事象 $A$, $B$ の起こる場合の数が，それぞれ $m$ 通り，$n$ 通りとする。

（ i ）和の法則

$A$ と $B$ が同時に起こらないとき，

$A$ または $B$ の起こる場合の数は，$m+n$ 通り

（ ii ）積の法則

$A$ かつ $B$ の起こる場合の数は，$m\times n$ 通り

"または" はたし算，"かつ" はかけ算と覚えよう。

**3. 順列**

**(1)** $n$ の階乗 $n!=n(n-1)\cdots\cdots3\cdot2\cdot1$

$n$ 個の異なるものを **1** 列に並べる並べ方の総数。

$0!=1!=1$，$2!=2$，$3!=6$，$4!=24$，$5!=120$ などは覚えよう！

**(2)** 順列の数 ${}_n\mathrm{P}_r=\dfrac{n!}{(n-r)!}$ ：$n$ 個の異なるものから重複を許さずに $r$ 個を選び出し，それを **1** 列に並べる並べ方の総数。

**(3)** 重複順列の数 $n^r$ ：$n$ 個の異なるものから重複を許して $r$ 個を選び出し，それを **1** 列に並べる並べ方の総数。

**(4)** 同じものを含む順列 $\dfrac{n!}{p!q!r!\cdots\cdots}$ ：$n$ 個のもののうち, $p$ 個, $q$ 個, $r$ 個, …… がそれぞれ同じものであるとき, この $n$ 個のものを 1 列に並べる並べ方の総数。

**(5)** 円順列の数 $(n-1)!$ ：$n$ 個の異なるものを円形に並べる並べ方の総数。

円順列は, $n$ 人が円形テーブルに座る場合の座り方の総数に対応する。この場合, 右図のように $n$ 人中特定の 1 人を固定して考えて, 残りの $n-1$ 人の並べ替えの総数として $(n-1)!$ が導かれるんだね。

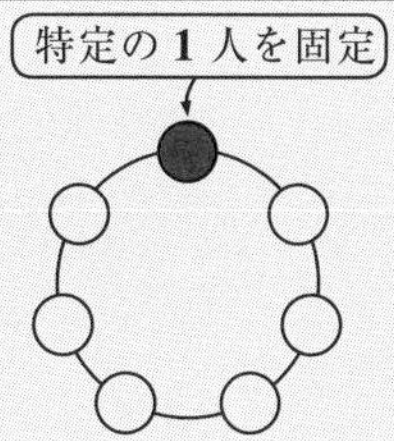


## 4. 組合せ

**(1)** 組合せの数 ${}_nC_r = \dfrac{n!}{r!(n-r)!}$ ：$n$ 個の異なるものの中から重複を許さずに $r$ 個を選び出す選び方の総数。

**(2)** 組合せの数 ${}_nC_r$ の基本公式

(i) ${}_nC_0 = {}_nC_n = 1$ (ex) ${}_5C_0 = {}_{10}C_{10} = 1$

(ii) ${}_nC_1 = n$ (ex) ${}_7C_1 = 7$

(iii) ${}_nC_r = {}_nC_{n-r}$ (ex) ${}_6C_4 = {}_6C_2$

**(3)** 組合せの数 ${}_nC_r$ の応用公式

(i) ${}_nC_r = {}_{n-1}C_{r-1} + {}_{n-1}C_r$

- ${}_{n-1}C_{r-1}$：特定の 1 人が $r$ 人の中に選ばれる場合の数
- ${}_{n-1}C_r$：特定の 1 人が $r$ 人の中に選ばれない場合の数

(ii) $r \cdot {}_nC_r = n \cdot {}_{n-1}C_{r-1}$

- $r \cdot {}_nC_r$：$n$ 人から $r$ 人の委員を選び, $r$ 人から 1 人の大統領を選ぶ場合の数
- $n \cdot {}_{n-1}C_{r-1}$：$n$ 人から 1 人の大統領を選び, 残りの $n-1$ 人から $r-1$ 人の委員を選ぶ場合の数

組合わせの数 ${}_nC_r$ は, 組み分け問題や最短経路の問題などで威力を発揮する。具体的な計算は, 実力アップ問題で練習しよう！

**(4)** 重複組合せの数 ${}_nH_r = {}_{n+r-1}C_r$ ：$n$ 個の異なるものの中から重複を許して, $r$ 個を選び出す選び方の総数。

重複組合わせ ${}_nH_r$ は, ○と｜(仕切り板)を使うと公式の意味がよくわかる。

(ex) ${}_3H_7 = {}_{3+7-1}C_7 = {}_9C_7 = {}_9C_2 = \dfrac{9!}{2!\cdot 7!} = \dfrac{9\cdot 8}{2\cdot 1} = 36$

## 5. 確率計算の基本

**(1)** すべての根元事象が同様に確からしいとき,

事象 $A$ の起こる確率 $P(A) = \dfrac{n(A)}{n(U)} = \dfrac{\text{事象 } A \text{ の場合の数}}{\text{全事象の場合の数}}$ $\left[ = \dfrac{\bigcirc}{\square} \right]$

**(2)** 確率の加法定理

（ⅰ）$A \cap B \neq \phi$ のとき, $P(A \cup B) = P(A) + P(B) - P(A \cap B)$

$$\left[ \bigcirc\!\!\bigcirc = \bigcirc + \bigcirc - \lozenge \right]$$

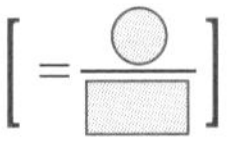

（ⅱ）$A \cap B = \phi$ のとき, $P(A \cup B) = P(A) + P(B)$

$$\left[ \bigcirc\ \bigcirc = \bigcirc + \bigcirc \right]$$

**(3)** 余事象の確率

$$P(\overline{A}) = 1 - P(A), \qquad P(A) = 1 - P(\overline{A})$$

$$\left[ \boxed{\bigcirc} = \square - \bigcirc \right] \qquad \left[ \bigcirc = \square - \boxed{\bigcirc} \right]$$

**(4)** ド・モルガンの法則と確率

（ⅰ）$P(\overline{A \cup B}) = P(\overline{A} \cap \overline{B})$ （ⅱ）$P(\overline{A \cap B}) = P(\overline{A} \cup \overline{B})$

以上の公式を使えば, 例えば次のような変形もできるんだね。

$P(\overline{A} \cap \overline{B}) = P(\overline{A \cup B}) = 1 - P(A \cup B) = 1 - \{P(A) + P(B) - P(A \cap B)\}$

ド・モルガン｜余事象の確率｜確率の加法定理

## 6. 独立な試行の確率

2 つの独立な試行 $T_1$, $T_2$ について, $T_1$ で事象 $A$ が起こり, かつ $T_2$ で事象 $B$ が起こる確率は, $P(A) \times P(B)$

一般に, 2 つの事象 $A$, $B$ について,

（ⅰ）$A$ または $B$ が起こる確率は, $P(A) + P(B)$

もちろん, これは $A \cap B = \phi$ の条件が付く。

（ⅱ）$A$ かつ $B$ が起こる確率は, $P(A) \times P(B)$
となると覚えておくといいんだね。

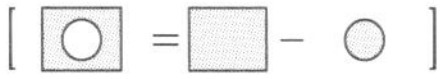

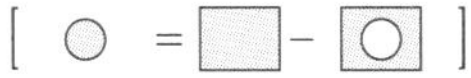

## 7. 反復試行の確率

ある試行を行って，事象 $A$ の起こる確率を $p$ とおき，事象 $A$ の起こらない確率を $q$ とおく。(すなわち，$P(A)=p$，$P(\overline{A})=q$，$p+q=1$)

このとき，この試行を $n$ 回行って，その内 $r$ 回だけ事象 $A$ の起こる確率を $P_r$ とおくと，

$P_r={}_n\mathrm{C}_r p^r q^{n-r}$ $(r=0,\ 1,\ 2,\ \cdots,\ n)$ となる。 ← 反復試行の確率

(ex) 1つのサイコロを5回投げて，そのうち2回だけ5以上の目の出る確率 $P_2$ を求めよう。

サイコロを1回投げて5以上の目の出る確率 $p$ は，$p=\dfrac{2}{6}=\dfrac{1}{3}$ (2: 5，6の目) より，そうでない確率 $q$ は，$q=1-p=\dfrac{2}{3}$ だね。よって，反復試行の確率より求める $P_2$ は，

$P_2={}_5\mathrm{C}_2\left(\dfrac{1}{3}\right)^2\cdot\left(\dfrac{2}{3}\right)^{5-2}={}_5\mathrm{C}_2\left(\dfrac{1}{3}\right)^2\left(\dfrac{2}{3}\right)^3$ となるんだね。

(ex) 5個のサイコロを同時に1回投げて，その内2つのサイコロだけが5以上の目となる確率も同様に，${}_5\mathrm{C}_2\left(\dfrac{1}{3}\right)^2\left(\dfrac{2}{3}\right)^3$ となることに気を付けよう！

## 8. 条件付き確率と確率の乗法公式

(1) 事象 $A$ が起こったという条件の下で，事象 $B$ の起こる条件付き確率は，

$$P_A(B)=\frac{P(A\cap B)}{P(A)}\quad\cdots①$$

同様に，次のような条件付き確率も定義できる。

$P_B(A)=\dfrac{P(A\cap B)}{P(B)}$

$P_{\overline{A}}(B)=\dfrac{P(\overline{A}\cap B)}{P(\overline{A})}$ など…

(2) 確率の乗法定理

$P(A\cap B)=P(A)\cdot P_A(B)$

同様に，次のような公式も成り立つ。

$P(A\cap B)=P(B)\cdot P_B(A)$

$P(\overline{A}\cap B)=P(\overline{A})\cdot P_{\overline{A}}(B)$ など…

(3) 事象の独立の定義

2つの事象 $A$，$B$ が独立であるための条件は，

$P(A\cap B)=P(A)\cdot P(B) \Leftrightarrow P_A(B)=P(B) \Leftrightarrow P_B(A)=P(A)$

## 実力アップ問題 80　難易度 ★★　CHECK 1　CHECK 2　CHECK 3

次の問いに答えよ。

**(1)** **540** の正の約数の個数を求めよ。ただし，**1** および **540** も，**540** の約数である。さらに，これら約数の総和を求めよ。　（久留米大＊）

**(2)** $2^m5^n$ ($m, n$ は整数) の形の整数で **100** 以下であるものは［ア］個あり，それらの総和は［イ］である。　（長岡技科大）

ヒント！ **(1)** $540=2^2\times3^3\times5$ と素因数分解すると，約数の個数が計算できる。その総和は等比数列の和の積の形になる。

### 参考

**18** の約数の個数について，

$18=2^{\boxed{1}}\times3^{\boxed{2}}$ より，（指数 1 → 0, 1，指数 2 → 0, 1, 2）

(i) **2** の指数は **0, 1** と **2** 通りに，

(ii) **3** の指数は **0, 1, 2** と **3** 通りに変化する。

∴約数の個数は $2\times3=6$ 個ある。

次に，これらの約数の総和は，

$2^0\times3^0+2^0\times3^1+2^0\times3^2$ ←$2^0$ の系列

$+2^1\times3^0+2^1\times3^1+2^1\times3^2$ ←$2^1$ の系列

$=2^0(3^0+3^1+3^2)+2^1(3^0+3^1+3^2)$

$=(2^0+2^1)(3^0+3^1+3^2)$ ←キレイな形！

$=(1+2)(1+3+3^2)=39$ となる。

**(1)** **540** を素因数分解して

$540=2^{\boxed{2}}\times3^{\boxed{3}}\times5^{\boxed{1}}$ （指数 2 → 0, 1, 2，指数 3 → 0, 1, 2, 3，指数 1 → 0, 1）

よって，**540** の約数の個数は，

$3\times4\times2=24$ ……………………(答)

さらに，これら **24** 個の約数の総和 $S$ は，

$S=2^0\cdot3^0\cdot5^0+2^0\cdot3^0\cdot5^1$

$+2^0\cdot3^1\cdot5^0+2^0\cdot3^1\cdot5^1$

……………………………………

$+2^2\cdot3^3\cdot5^0+2^2\cdot3^3\cdot5^1$

これをまとめて，←キレイな形！

$S=(1+2+2^2)\cdot(1+3+3^2+3^3)\cdot(1+5)$

$=7\times40\times6=1680$ ……………(答)

**(2)** $2^m\cdot5^n\leqq100$ ($m, n$：**0** 以上の整数)

（これは整数なので，$m, n$ が負になることはない）

(i) $n=0$ のとき，$2^m\cdot5^0=2^m\leqq100$

∴ $m=0, 1, 2, 3, 4, 5, 6$ の［7 通り］

(ii) $n=1$ のとき，$2^m\cdot5^1=5\cdot2^m\leqq100$

∴ $m=0, 1, 2, 3, 4$ の［5 通り］

(iii) $n=2$ のとき，$2^m\cdot5^2=25\cdot2^m\leqq100$

∴ $m=0, 1, 2$ の［3 通り］

以上 (i)(ii)(iii) より，求める $2^m\cdot5^n$ の形の整数で **100** 以下のものは，

$7+5+3=15$ 個存在する。…(ア)(答)

次にこれらの総和 $T$ は，

$T=5^0(2^0+2^1+2^2+\cdots+2^6)$

$+5^1(2^0+2^1+\cdots+2^4)$

$+5^2(2^0+2^1+2^2)$

$=(1+2+4+8+16+32+64)$

$+5\cdot(1+2+4+8+16)$

$+25\cdot(1+2+4)$

$=127+155+175$

$=457$ …(イ) ……………………(答)

## 実力アップ問題 81　難易度 ★★　CHECK 1　CHECK 2　CHECK 3

**6** 個の数字 **0, 1, 2, 3, 4, 5** をそれぞれ **1** 回ずつ使って, **6** 桁の整数を作るものとする。

**(1)** この **6** 桁の整数の総個数を求めよ。

**(2)** これら **6** 桁の整数を小さい順に並べるとき, **321450** は何番目になるか。　（自治医大 *）

**ヒント！** **(1)** 十万の位に **0** が来ないことに気を付けよう。**(2)** **321450** より小さい数の個数は, (i) 1⊗⊗⊗⊗⊗, (ii) 2⊗⊗⊗⊗⊗, (iii) 30⊗⊗⊗⊗, … などと場合分けして求めていけばいい。

**(1)** ⊗⊗⊗⊗⊗⊗

十万の位：1, 2, 3, 4, 5 のいずれか 5 通り。

残りの 5 個の数の並べ替え 5! 通り

よって, 0,1,2,… 5 枚をそれぞれ 1 回ずつ使ってできる 6 桁の整数の総個数は,

$5 \times 5! = 5 \times 120 = 600$ 個……(答)

**(2)** **321450** より小さい整数を次のように場合分けして調べる。

(i) 十万の位が 1 のとき,

1⊗⊗⊗⊗⊗　（5! 通り）

$5! = 120$ 個

(ii) 十万の位が 2 のとき,

2⊗⊗⊗⊗⊗　（5! 通り）

$5! = 120$ 個

(iii) 十万と万の位が 30 のとき,

30⊗⊗⊗⊗　（4! 通り）

$4! = 24$ 個

(iv) 十万と万の位が 31 のとき,

31⊗⊗⊗⊗　（4! 通り）

$4! = 24$ 個

(v) 十万と万と千の位が 320 のとき,

320⊗⊗⊗　（3! 通り）

$3! = 6$ 個

(vi) 十万と万と千の位が 321 のとき, この 6 桁の整数を小さい順に並べると,

321045, 321054, 321405,

321450, ……となるので,

321450 はこの中で 4 番目の数である。

以上 (i)～(vi) より, これら 6 桁の整数を小さい順に並べると, **321450** は,

$120 + 120 + 24 + 24 + 6 + 4 = 298$ 番目になる。 ……………………(答)

## 実力アップ問題 82　難易度 ★★　CHECK 1　CHECK 2　CHECK 3

**1** から $n$ までの番号をつけた $n$ 枚のカードがある。これを次のように箱に分けて入れる場合の数を求めよ。ただし，どの箱にも少なくとも **1** 枚のカードは入れるものとする。

**(1)** A, B の **2** つの箱に入れる。

**(2)** A, B, C の **3** つの箱に入れる。　(東北大＊)

ヒント！ **(1)** 各カードが A, B いずれに入るかで，$2^n$ 通りの場合がある。このうち，A のみ，B のみに入る場合の **2** 通りを除けばよい。

**(1)** 右図のように，**1** から $n$ までの番号の各カードは，それぞれ箱 A に入るか，箱 B に入るか，の **2** 通りある。

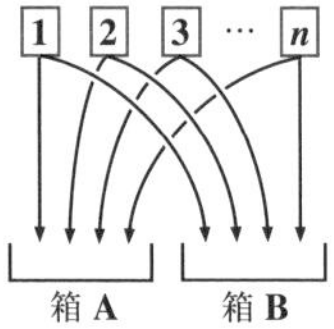


よって，$n$ 枚のカードを箱 A，箱 B に入れる場合の数は $2^n$ 通りである。ただし，どちらの箱にも少なくとも **1** 枚のカードは入れないといけないので，すべてのカードが箱 A に入る場合と，すべてが箱 B に入る場合の **2** 通りをこれから除く。

以上より，求める場合の数は，

$2^n-2$ 通り　………………………(答)

**(2)** 同様に **1** から $n$ までの番号のカードを，A, B, C の **3** つの箱に入れる場合，どのカードも，A, B, C の箱のいずれに入るかで，**3** 通りある。

よって，$n$ 枚のカードを A，B，C の **3** つの箱に入れる場合の数は，

$3^n$ 通りである。

ただし，どの箱にも少なくとも **1** 枚のカードは入れるので，これから次の場合を除く。

(ⅰ) **1** つの箱だけに，すべてのカードを入れる場合，

$\underline{3}$ 通り

(A のみ，または B のみ，または C のみ，の **3** 通り。)

(ⅱ) **2** つの箱だけに，すべてのカードを入れる場合

$\underline{3}\times(\underline{2^n}-\underline{2})$ 通り

($n$ 枚のカードが，**1** つの箱のみに入る場合を除く。)

($n$ 枚のカードは，**2** つの箱のいずれかに入る。)

((A, B) のみ，または (B, C) のみ，または (C, A) のみ，の **3** 通り。)

以上 (ⅰ)(ⅱ) より，求める場合の数は，

$$3^n-\underbrace{3}_{(ⅰ)}-\underbrace{3\cdot(2^n-2)}_{(ⅱ)}$$

$=3^n-3\cdot2^n+3$ 通り　………(答)

**実力アップ問題 83** 難易度 ★★ CHECK 1 CHECK 2 CHECK 3

大人 **4** 人, 子供 **4** 人がテーブルに着席するとき, 次の問いに答えよ。

**(1)** 円形のテーブルに着席するとき, 子供 **4** 人が並んで座る座り方は何通りあるか。

**(2)** 円形のテーブルに着席するとき, 子供 **4** 人が **1** 人おきに座る座り方は何通りあるか。

**(3)** 正方形のテーブルの各辺に **2** 人ずつ並んで着席するとき, 座り方は何通りあるか。 (関東学院大 *)

**ヒント!** **(1), (2)** の円順列では, 特定の **1** 人 ( または **1** 組の集団 ) を固定して考えるといいんだね。**(3)** は, 円順列の応用問題だ。よく考えてみよう!

**(1)** 右図に示すように, **4** 人並んで座る子供の集団を固定して考えると,

・子供の並べ替えで, **4!** 通り。

・残りの大人の並べ替えで, **4!** 通り。

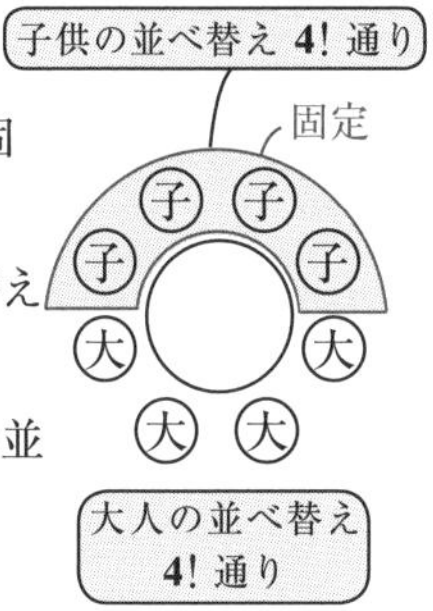


以上より, 求める座り方の総数は,

$4! \times 4! = 24 \times 24 = 576$ 通り ……(答)

**(2)** 右図に示すように, **1** 人おきに座る子供の内, 特定の **1** 人を固定して考えると, 残りの子供と **4** 人の大人の席の位置が決まるので,

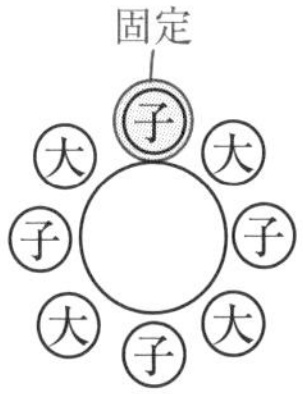


・子供の並べ替えで, **3!** 通り。

・大人の並べ替えで, **4!** 通り。

以上より, 求める座り方の総数は,

$3! \times 4! = 6 \times 24 = 144$ 通り ……(答)

**(3)** 一般に, **8** 人が円形のテーブルに座る座り方は, 特定の **1** 人の $a$ を固定して考える円順列より,

$(8-1)! = 7! = 5040$ 通りとなる。

ここで, 正方形のテーブルの各辺に **2** 人ずつ座る場合, 下図のように固定する特定の **1** 人 ($a$) の位置によって,

$2! = 2$( 通り ) 倍に増える。

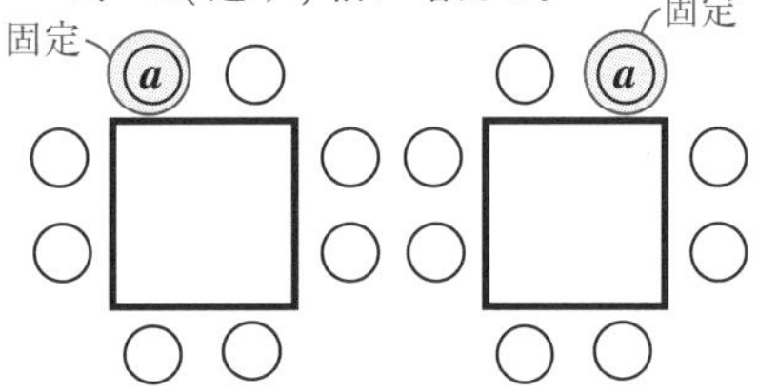


以上より, 求める座り方の総数は,

$2 \times 5040 = 10080$ 通り ………(答)

## 実力アップ問題 84　　難易度 ★★　　CHECK 1　CHECK 2　CHECK 3

右の図 **A**，図 **B** のような線が描かれている正方形の板を，いくつかの色で塗り分ける（隣り合った部分は異なる色で塗る）。

また，図 **B** の板では，回転して同じになる塗り方は同じものと考える。

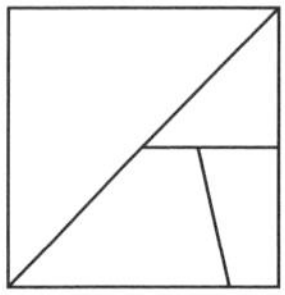

(図 **A**)

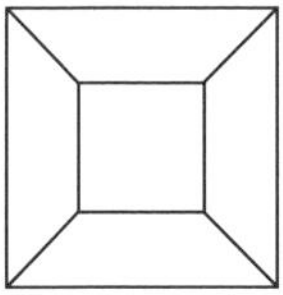

(図 **B**)

**(1)** 図 **A** の板を，**3** つの異なる色だけを用いて塗り分ける方法は［ア］通りあり，**5** つの異なる色のうちのいくつかを使って塗り分ける方法は［イ］通りある。

**(2)** 図 **B** の板を，**5** つの異なる色すべてを用いて塗り分ける方法は［ウ］通りあり，**4** つの異なる色のうちのいくつかを使って塗り分ける方法は［エ］通りある。

（仏教大）

**ヒント！** **(1)** 各領域毎に塗れる色の場合の数を書き込むとよい。

**(1)** (ⅰ) 図 **A** の板を，異なる **3** 色だけで塗り分ける方法は，各領域に塗れる色の数を記入することにより，次のように求められる。

(ⅰ) 図 **A**

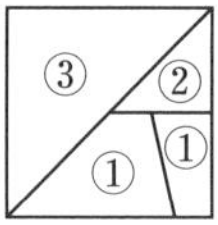


$3 \times 2 \times 1 \times 1 = 6$ 通り …(ア)(答)

(ⅱ) 図 **A** の板を，**5** つの色のうちのいくつかを使って塗り分ける方法は，各領域に塗れる色の数を右のように記入することにより，次のように求められる。

(ⅱ) 図 **A**

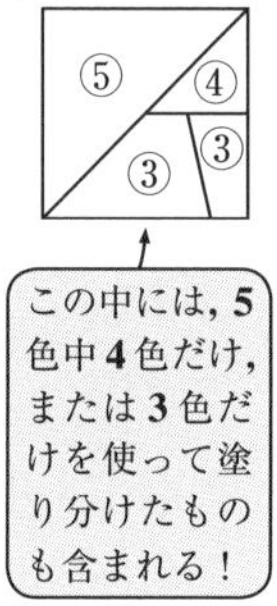


$5 \times 4 \times 3 \times 3 = 180$ 通り …(イ)(答)

**(2)** (ⅰ) 図 **B** の板を，異なる **5** 色すべてを用いて塗り分ける方法は，**5** 色中 **1** 色を中央に塗る場合の数が **5** 通りで，まわりの **4** 色の塗り方の総数は $(4-1)!$ 通りになる。

$\therefore\ 5 \times 3! = 30$ 通り
……(ウ)(答)

(ⅰ) 図 **B**

(ⅱ) 図 **B** の板を，異なる **4** 色のうち，

・**4** 色を使って塗り分ける方法は，中央に **4** 通り，まわり **4** 面のうち相対する **2** 領域は同色になる。これは **3** 通り。

$\therefore\ 4 \times 3 = 12$ 通り

・**3** 色を使って塗り分ける方法は，**4** 色中 **3** 色を選ぶ場合の数が，**4** 通り。中央に塗る色が，**3** 通り。残りのまわりの **4** 面は自動的に **1** 通りに決まる。

$\therefore\ 4 \times 3 = 12$ 通り

以上より，$12 + 12 = 24$ 通り …(エ)(答)

| 実力アップ問題 85 | 難易度 ★★ | CHECK 1 | CHECK 2 | CHECK 3 |
|---|---|---|---|---|

**RIKKYO** の **6** 文字を全部並べてできる順列を考える。

**(1)** 異なる並べ方は［ ア ］通りである。

**(2)** **KYO** という並びを含む並べ方は［ イ ］通りである。

**(3)** **2** つの **K** が隣同士にならない並べ方は［ ウ ］通りである。

**(4)** **RIY** の位置は変わってもよいが，その順序は変わらない並べ方は［ エ ］通りである。　　　　(立教大)

ヒント！ **(1)** 同じものを含む順列の数を求める。**(2)** **KYO** を **1** つの文字と考える。**(3)** **K** が隣り合う並べ方を，すべての並べ方の数から引く。**(4)** **RIY** の順序が変わらないので，この **3** 文字を同じものとみなせばよい。

**基本事項**

同じものを含む順列の数

$n$ 個中，$p$ 個，$q$ 個，… がそれぞれ同じものであるとき，これらを **1** 列に並べる並べ方の数は，

$\dfrac{n!}{p!\cdot q!\cdots}$ である。

**(1)** **R, I, K, K, Y, O** の **6** 文字中，**2** つの **K** が同じものなので，この **6** 文字の並べ方は，

$\therefore \dfrac{6!}{2!} = 6 \cdot 5 \cdot 4 \cdot 3 = 360$ 通り ……(ア)(答)

**(2)** **KYO** という並びを含む並べ方は，**R, I, K,** (**KYO**) として，**KYO** を **1** つの文字と考えると，**4** つの異なる文字の並べ方になる。

$\therefore 4! = 4 \cdot 3 \cdot 2 \cdot 1 = 24$ 通り…(イ)(答)

**(3)** **2** つの **K** が隣り合う並べ方は，**R, I,** (**KK**), **Y, O** として，**KK** を **1** つの文字と考えると，**5** つの異なる文字の並べ方になる。

$\therefore 5! = 5 \cdot 4 \cdot 3 \cdot 2 \cdot 1 = 120$ 通り

**(1)** で求めたすべての並べ方の数から，**K** が隣り合う場合の数 **120** 通りを引けば，**2** つの **K** が隣り合わない並べ方の数が求まる。

$\therefore 360 - 120 = 240$ 通り　…(ウ)(答)

**(4)** **R, I, Y** の位置は変わってもよいが，この順序が変わらないのだから，**R, I, Y** の代わりに，何か，**X, X, X** という同じ文字を割り当ててもよい。

**X, X, K, K, X, O** を並べ変えた後，この **3** つの **X** に左から順に **R, I, Y** を代入すればよいからである。

以上より，求める並べ方の総数は，**X, X, K, K, X, O** の並べ方の総数と等しい。

この並べ方は，**6** 文字中，**2** つの **K** と **3** つの **X** が同じものなので，

$\therefore \dfrac{6!}{2!\cdot 3!} = \dfrac{6 \cdot 5 \cdot 4}{2 \cdot 1} = 60$ 通り ……(エ)(答)

## 実力アップ問題 86　難易度 ★★★　CHECK 1　CHECK 2　CHECK 3

5 個の数字 **1, 2, 3, 4, 5** を **1** 列に並べてできる数の列を，$a_1, a_2, a_3, a_4, a_5$ とする。このとき，**4** 個の数 $a_1a_2, a_2a_3, a_3a_4, a_4a_5$ の最大値を $M$ とする。たとえば，数の列 **2, 1, 5, 3, 4** の場合，$M = 15$ となる。(ⅰ) $M = 20$，(ⅱ) $M = 15$，(ⅲ) $M = 12$ となる数の列はそれぞれ何通りあるか。　（大阪市立大＊）

**ヒント！** (1) $M = 20$ となるのは，**4** と **5** が隣り合うときである。(ⅱ) $M = 15$ となるのは，**3** と **5** が隣り合い，かつ **4** と **5** が隣り合わないときである。

(ⅰ) $M = 20$ となるのは，

「**4** と **5** が隣り合う」場合である。

よって，$\boxed{4, 5}$ を **1** つと考えて，

$$\underbrace{1, 2, 3, \overset{\text{並べ替え } 2! \text{ 通り}}{\boxed{4, 5}}}_{4!\text{ 通り}}$$

の並べ方の数を求めればよい。

$\therefore\ 4! \times 2! = 24 \times 2 = 48$ 通り　…(答)

(ⅱ) $M = 15$ となるのは，

「**3** と **5** が隣り合って，かつ **4** と **5** が隣り合わない」場合である。

(ア)「**3** と **5** が隣り合う並べ方」は，

$$\underbrace{1, 2, 4, \overset{2!\text{ 通り}}{\boxed{3, 5}}}_{4!\text{ 通り}}$$

$\therefore\ 4! \times 2! = 48$ 通り

(イ)「**3** と **5**，かつ **4** と **5** が隣り合う並べ方」は，

$$\underbrace{1, 2, \overset{5\text{ をはさんで, } 3\text{ と }4\text{ の並べ替え } 2!\text{ 通り}}{\boxed{3, 5, 4}}}_{3!\text{ 通り}}$$

$\therefore\ 3! \times 2! = 12$ 通り

以上より，(ア) − (イ) が求める場合の数となる。

$\therefore\ 48 - 12 = 36$ 通り　……………(答)

(ⅲ) $M = 12$ となるのは，

「**3** と **4** が隣り合って，かつ **4** と **5**，**3** と **5** が隣り合わない」場合である。

(ア)「**3** と **4** が隣り合う並べ方」は，

$$\underbrace{1, 2, \overset{2!\text{ 通り}}{\boxed{3, 4}}, 5}_{4!\text{ 通り}}$$

$\therefore\ 4! \times 2! = 48$ 通り

(イ)「**3** と **4**，かつ **4** と **5** が隣り合う並べ方」は，

$$\underbrace{1, 2, \overset{4\text{ をはさんで, } 3\text{ と }5\text{ の並べ替え } 2!\text{ 通り}}{\boxed{3, 4, 5}}}_{3!\text{ 通り}}$$

$\therefore\ 3! \times 2! = 12$ 通り

(ウ)「**3** と **4**，かつ **3** と **5** が隣り合う並べ方」は，

$$\underbrace{1, 2, \overset{3\text{ をはさんで, } 4\text{ と }5\text{ の並べ替え } 2!\text{ 通り}}{\boxed{4, 3, 5}}}_{3!\text{ 通り}}$$

$\therefore\ 3! \times 2! = 12$ 通り

以上より，(ア) − (イ) − (ウ) が求める場合の数となる。

$\therefore\ 48 - 12 - 12 = 24$ 通り　……(答)

**実力アップ問題 87** 難易度 ★★ CHECK 1 CHECK 2 CHECK 3

次の各問いに答えよ。

**(1)** 8冊の異なる本を，(ⅰ) 5冊，2冊，1冊の3組に分ける方法は何通りあるか。また，(ⅱ) 4冊，2冊，2冊の3組に分ける方法は何通りあるか。

**(2)** 100から999までの自然数のうち

(一の位の数字)＜(百の位の数字)≦(十の位の数字)

となるものはいくつあるか。 (お茶の水女子大＊)

ヒント！ (1) 組分け問題では，組に区別があるか，ないかに注意する。(2) "順列"も大小関係の指定があれば"組合せ"と等しい。

**(1)** 8冊の異なる本を，

(ⅰ) 5冊，2冊，1冊の3組に分ける

(5, 2, 1冊と自動的に区別できる！)

方法は，

$$ {}_8C_5\times{}_3C_2\times{}_1C_1 \quad ({}_1C_1=1)$$

$$=\frac{8!}{5!3!}\times\frac{3!}{2!1!}\times1$$

$$=\frac{8\cdot7\cdot6}{2\cdot1}=168\text{通り}$$ ……(答)

(ⅱ) 4冊，2冊，2冊の3組に分ける

(2冊，2冊の2組は区別できないので，2!で割る！)

方法は，

$$\frac{{}_8C_4\times{}_4C_2\times{}_2C_2}{2!} \quad ({}_2C_2=1)$$

$$=\frac{1}{2}\cdot\frac{8!}{4!4!}\cdot\frac{4!}{2!2!}$$

$$=\frac{1}{2}\cdot8\cdot7\cdot6\cdot5\cdot\frac{1}{4}$$

$$=210\text{通り}$$ ……………………(答)

**参考**

1から5までの5つの数から，3個を選びだして，大きい順に1列に並べる並べ方の数を考える。

たとえば，(5, 1, 2)の3個の数を選んだとき，それを大きい順に(5, 2, 1)と並べる並べ方が1通りに定まる。

よって，この並べ方の数は，5個の異なるものから重複を許さずに3個を選び出す組合せの数 ${}_5C_3$ に等しい。

**(2)** 100から999までの自然数 $abc$ の

(これは"$a$百，$b$十，$c$"と読む(3桁の数))

うち，$c<a\leqq b$ となるものの個数を求める。

(ⅰ) $c<a<b$ の場合，

0から9までの10個の数から3個を選び出して，それを小さい順に並べる並べ方の数なので，

$${}_{10}C_3=\frac{10!}{3!7!}=\frac{10\cdot9\cdot8}{3\cdot2\cdot1}=120\text{個ある。}$$

(大小関係があるので，組合わせになる！)

($c<a$ より，百の位の数 $a\neq0$ である。)

(ⅱ) $c<a=b$ の場合，

0から9までの10個の数から2個を選び出せば，その並べ方は1通りに定まるので，

$${}_{10}C_2=\frac{10!}{2!8!}=\frac{10\cdot9}{2\cdot1}=45\text{個ある。}$$

以上(ⅰ)(ⅱ)より，与条件をみたす3桁の自然数の個数は，

$120+45=165$ ……………………(答)

## 実力アップ問題 88　難易度 ★★　CHECK 1　CHECK 2　CHECK 3

**(1)** (ⅰ) **10** 円硬貨 **6** 枚，**100** 円硬貨 **4** 枚，**500** 円硬貨 **2** 枚の全部または一部を使って支払える金額は何通りあるか。また，(ⅱ) **10** 円硬貨 **4** 枚，**100** 円硬貨 **6** 枚，**500** 円硬貨 **2** 枚のときは何通りあるか。

**(2)** **11** 人の生徒の中から **5** 人の委員を次のように選ぶ方法は何通りあるか。

(ⅰ) 何も条件をつけずに選ぶ。

(ⅱ) 生徒 **A，B** を除いて選ぶ。

(ⅲ) 生徒 **A** または **B** の少なくとも **1** 人が含まれるように選ぶ。

**ヒント！** (1) (ⅱ) 100円硬貨が5枚で，500円硬貨と等しくなることに注意する。(2) (ⅲ) 余事象が (ⅱ) であることに着目する。

**(1)** (ⅰ)
- 10 円硬貨 6 枚 → 0, 1, …, 6 枚の 7 通り
- 100 円硬貨 4 枚 → 0, 1, …, 4 枚の 5 通り
- 500 円硬貨 2 枚 → 0, 1, 2 枚の 3 通り

10 円硬貨を 6 枚使っても，100 円に満たず，また，100 円硬貨を 4 枚使っても，500 円に満たない。
よって，これらの全部または一部を使って支払える金額は，

$7\times5\times3-1=104$ 通り ……(答)　（1：0 円を除く）

(ⅱ)
- 10 円硬貨 4 枚 → 0, 1, …, 4 枚の 5 通り
- 100 円硬貨 6 枚，500 円硬貨 2 枚 → 0, 100, …, 1600 円の 17 通り

10 円硬貨を 4 枚使っても，100 円に満たないが，100 円硬貨を 5 枚使うと 500 円に達する。
よって，今回は 100 円硬貨と 500 円硬貨によって，0 円, 100 円, 200 円, …, 1600 円の 17 通りの支払いができ，この各々に対して，10 円硬貨を 0, 1, 2, 3, 4 枚の 5 通りの支払い方ができると考える。

よって，これらの全部または一部を使って支払える金額は，

$17\times5-1=84$ 通り ………(答)　（1：0 円を除く）

**(2)** (ⅰ) 11 人中 5 人の委員を選ぶので，

$${}_{11}C_5=\frac{11!}{5!\,6!}=\frac{11\cdot\overset{2}{\cancel{10}}\cdot\overset{3}{\cancel{9}}\cdot\cancel{8}\cdot7}{\cancel{5}\cdot\cancel{4}\cdot\cancel{3}\cdot\cancel{2}\cdot1}$$

$=462$ 通り ……………(答)

(ⅱ) 生徒 A, B（特定の 2 人）を共に選ばない場合，残りの 9 人から 5 人の委員を選出することになる。

$$\therefore\ {}_9C_5=\frac{9!}{5!\,4!}=\frac{9\cdot\overset{2}{\cancel{8}}\cdot7\cdot\cancel{6}}{\cancel{4}\cdot\cancel{3}\cdot\cancel{2}\cdot1}$$

$=126$ 通り …………(答)

(ⅲ) A, B の少なくとも 1 人が選ばれる場合の数は，「全場合の数から A, B が共に選ばれない場合の数（余事象）を引いたもの」に等しい。

$\therefore\ \underset{(ⅰ)}{{}_{11}C_5}-\underset{(ⅱ)}{{}_9C_5}=462-126$

$=336$ 通り ……(答)

## 実力アップ問題 89　難易度 ★★　CHECK 1　CHECK 2　CHECK 3

図のような碁盤の目状の道路がある。**S** 地点を出発して，道路上を東または北に進んで **G** 地点に到達する経路を考える。(図 **1** の太線はそのような経路の一例である。)

**(1)** **S** 地点から **G** 地点に至る経路は何通りあるか。

**(2)** **S** 地点から **G** 地点に至る経路のうち，図 **2** の $x$ 地点と $y$ 地点をともに通る経路は何通りあるか。

**(3)** 図 **3** の $a$，$b$ の **2** か所が通行止めのとき，**S** 地点から **G** 地点に至る経路は何通りあるか。　(北海道大)

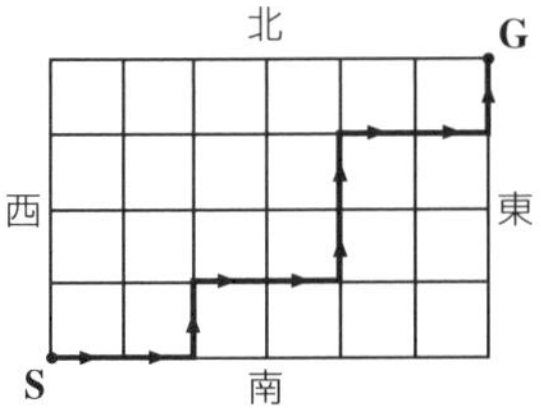

(図 1)

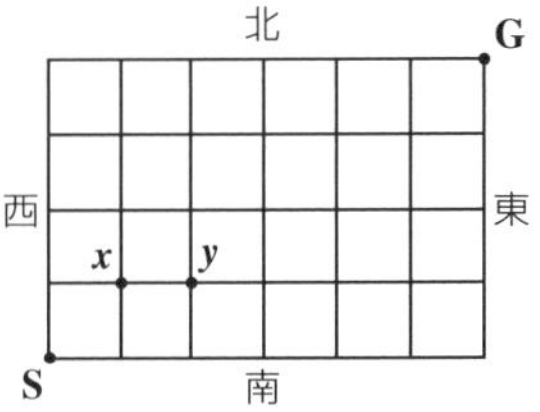

(図 2)

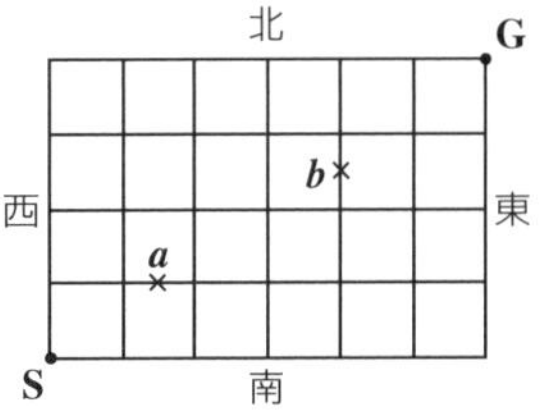

(図 3)

**ヒント！** (3) 全事象の場合の数から，余事象の場合の数を引いて求める。

**(1)** **S** 地点から **G** 地点に至る全経路の数 $N(U)$ は，**10** 区間中横に行く **6** 区間を選ぶ場合の数に等しい。

$$\therefore N(U) = {}_{10}C_6 = \frac{10!}{6!4!}$$

$$= \frac{10\cdot 9\cdot 8\cdot 7}{4\cdot 3\cdot 2\cdot 1} = 210 \text{通り} \cdots (\text{答})$$

**(2)** 事象 $X$：$x$ 地点を通る
事象 $Y$：$y$ 地点を通る　とおく。

求める経路数 $N(X\cap Y)$ は，

$$N(X\cap Y) = {}_2C_1 \times 1 \times {}_7C_4$$

($S\to x$)　($x\to y$)　($y\to G$)

$$= 2\times 1\times \frac{7!}{4!3!} = 2\cdot \frac{7\cdot 6\cdot 5}{3\cdot 2\cdot 1}$$

$= 70$ 通り ……………………(答)

**(3)** 事象 $A$：$a$ 地点を通る
事象 $B$：$b$ 地点を通る　とおく。

右図のように 4 点 $a_1, a_2, b_1, b_2$ をとる。

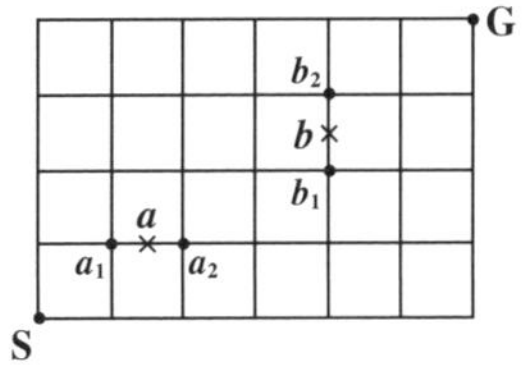


求める経路数 $N(\overline{A}\cap\overline{B})$ は，

ド・モルガン

$$N(\overline{A}\cap\overline{B}) = N(\overline{A\cup B})$$

$$= N(U) - N(A\cup B)$$

($N(U) = 210$)

$$= 210 - \{N(A) + N(B) - N(A\cap B)\}$$

$N(A)$：${}_2C_1\times 1\times {}_7C_4 = 70$　($S\to a_1\to a_2\to G$)

$N(B)$：${}_6C_4\times 1\times {}_3C_2 = 45$　($S\to b_1\to b_2\to G$)

$N(A\cap B)$：${}_2C_1\times 1\times {}_3C_2\times 1\times {}_3C_2 = 18$　($S\to a_1\to a_2\to b_1\to b_2\to G$)

$$= 210 - (70 + 45 - 18) = 113 \text{通り}$$

……(答)

## 実力アップ問題 90　難易度 ★★　CHECK 1　CHECK 2　CHECK 3

右の図において，次の問いに答えよ。

**(1)** 点 **A** から点 **L** に行く最短経路の数を求めよ。

**(2)** 点 **A** から点 **B** に行く最短経路の総数を求めよ。

(日本大＊)

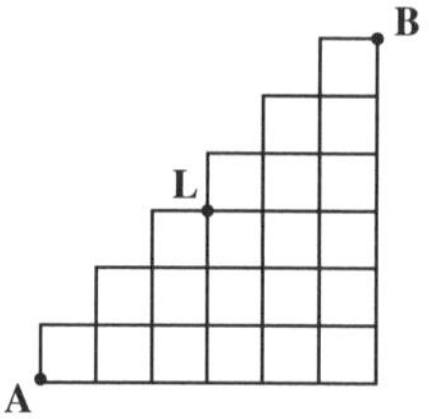


**ヒント！** 組合せの数 ${}_nC_r$ が使いにくい形の最短経路の数の問題では，経路に沿って通り数（場合の数）を数え上げていく手法も有効になる。

**参考**

最短経路数の数え上げ方の要領は下の通り。2つの経路が合流する点では，それまでの2つの経路の場合の数の和となるんだね。

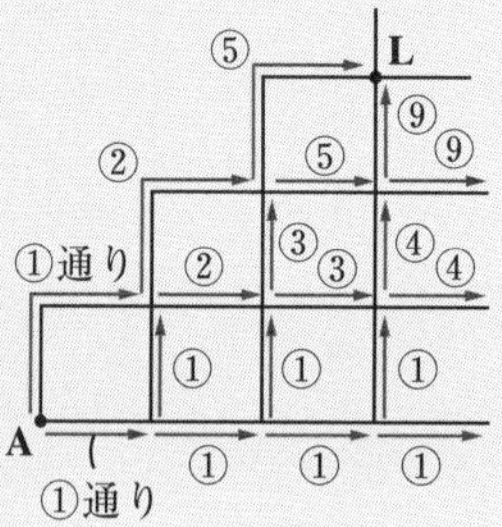


**(1)** 各経路を通る場合の数を○付きの数字で表して数え上げると，右図のようになる。

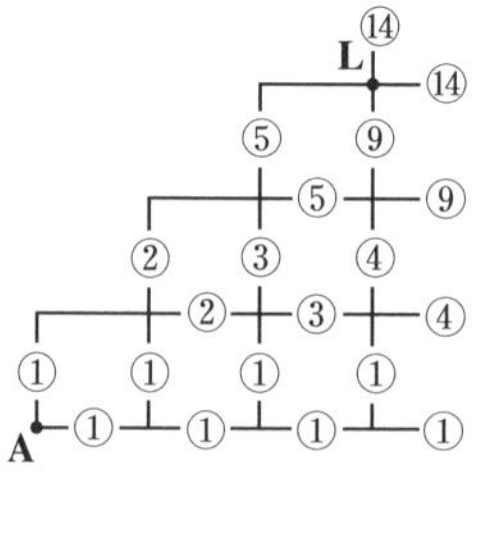


∴ **A** → **L** への最短経路の数は，

**14** 通りある。……………………(答)

**(2)** 次の図のように，点 **L** 以外に，点 **M**, **N**, **P** をとると，**A** → **B** への最短経路の総数は，それぞれ **L, M, N, P** を通る場合に場合分けして求められる。

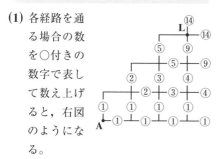

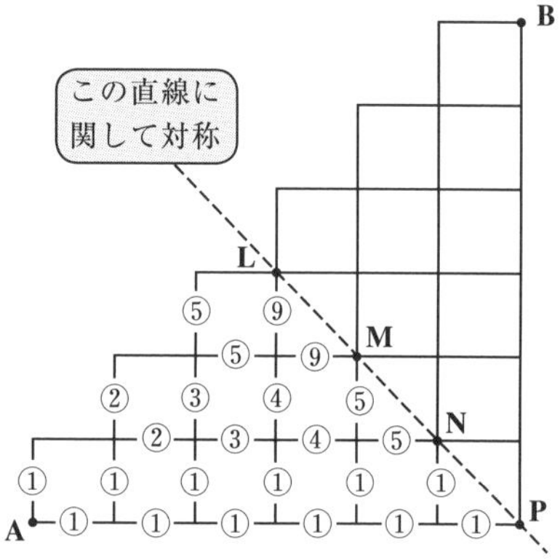


また，経路図の対称性から，**A** → **L** と **L** → **B** の最短経路数は等しい。

以上より，

(ⅰ) **A** $\xrightarrow{⑭}$ **L** $\xrightarrow{⑭}$ **B**：$\mathbf{14^2}$ 通り

(ⅱ) **A** $\xrightarrow{⑭}$ **M** $\xrightarrow{⑭}$ **B**：$\mathbf{14^2}$ 通り

(ⅲ) **A** $\xrightarrow{⑥}$ **N** $\xrightarrow{⑥}$ **B**：$\mathbf{6^2}$ 通り

(ⅳ) **A** $\xrightarrow{①}$ **P** $\xrightarrow{①}$ **B**：$\mathbf{1^2}$ 通り

以上(ⅰ)～(ⅳ)より，点 **A** から点 **B** に向かう最短経路の総数は，

$\mathbf{14^2+14^2+6^2+1^2}$

$\mathbf{=196+196+36+1}$

$=\mathbf{429}$ 通り ……………………………(答)

## 実力アップ問題 91　難易度 ★★　CHECK 1　CHECK 2　CHECK 3

円周上に右図のように相異なる **8** つの点 **A, B, C, D, E, F, G, H** がある。これらの **8** 点を **4** 点ずつ **2** 組に分けて，各組で **4** 点を頂点とする四角形を描く。このとき，**2** つの四角形が交わるような **8** 点 **A, B, C, D, E, F, G, H** の分け方は何通りあるか。　（信州大・医）

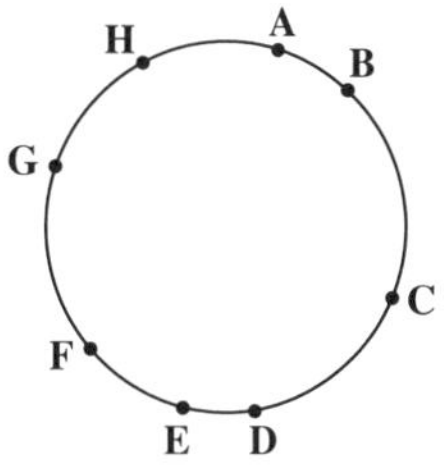


**ヒント！** 円周上の **8** 点から **4** 点を選べば，選ばれた **4** 点と選ばれなかった **4** 点とで，**2** 組の四角形ができる。問題は，これらの内，互いに **2** 組の四角形が交わらない場合が何通りあるかを調べることになるんだね。

図から明らかに，円周上の異なる **8** 点 **A, B, C, D, E, F, G, H** から **4** 点を選べば選ばれた **4** 点と選ばれなかった **4** 点により **2** 組の四角形を作ることができる。

よって，この組の四角形が交わる場合，交わらない場合を含めて，**2** 組の四角形ができる点の分け方の総数は，

$$\frac{{}_8C_4}{2} = \frac{1}{2} \cdot \frac{8!}{4!4!} = \frac{8 \cdot 7 \cdot 6 \cdot 5}{2 \cdot 4 \cdot 3 \cdot 2 \cdot 1}$$

$= 35$ 通り……①である。

> ${}_8C_4$ には，たとえば **(A, B, C, D)** を選ぶ場合と **(E, F, G, H)** を選ぶ場合を別のものと考えて計算している。他の組み合わせについても同様に，**2** 倍余分に計算しているので **2** で割る必要がある。

①から，右図のように，**2** 組の四角形が交わらない場合の数を引けばよい。

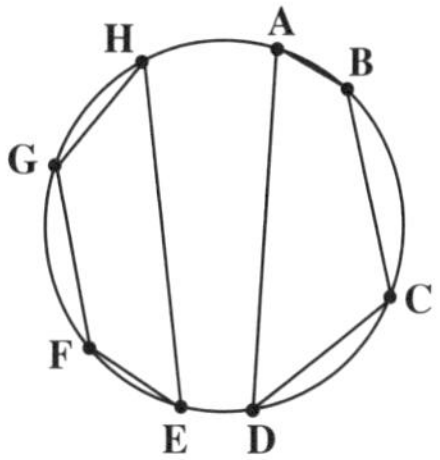


**2** 組の四角形が交わらないような点の分け方は，

- **(A, B, C, D)** と **(E, F, G, H)**
- **(B, C, D, E)** と **(F, G, H, A)**
- **(C, D, E, F)** と **(G, H, A, B)**
- **(D, E, F, G)** と **(H, A, B, C)**

の **4** 通り……②である。

以上①，②より，**2** つの四角形が交わるような **8** 点の分け方は，

$35 - 4 = 31$ 通りである。…………(答)

| 実力アップ問題 92 | 難易度 ★★★ | CHECK 1 | CHECK 2 | CHECK 3 |
|---|---|---|---|---|

図のように，**A** から **N** までの **14** 個の点が，縦の長さが **3**，横の長さが **4** の長方形の周上に等間隔でのっている。このとき，次の問いに答えよ。

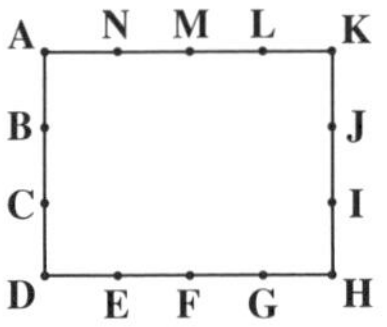


**(1)** これらの点のうち **3** 点を結んでできる三角形は何個あるか。

**(2)** これらの点のうち **3** 点を結んでできる二等辺三角形は何個あるか。

（岡山大）

**ヒント！** **(1)** 同一直線上の **3** 点を選んでも三角形は作れない。**(2)** **A, B, E, F** の各点を頂点とする二等辺三角形を考える。

**(1)** 「**A** から **N** までの **14** 点から **3** 点を選んで三角形を作る」が，そのうち「**(A, B, C, D), (H, I, J, K), (D, E, F, G, H), (K, L, M, N, A)** から **3** 点を選ぶ」場合を除く。（同一直線上の **3** 点になる！）

$\therefore\ {}_{14}C_3 - 2({}_4C_3 + {}_5C_3) = 336$ 個 …（答）

$\left(\dfrac{14\cdot13\cdot12}{3\cdot2\cdot1} = 364\right)$　(4)　(10)

**(2)** 二等辺三角形の **2** つの等辺でできる頂点が，**A, B, E, F** の **4** つの場合について調べる。

**( i )** その頂点が **A** のとき

△**ABN**，△**ACM**，△**ADL** の **3** 個がある。

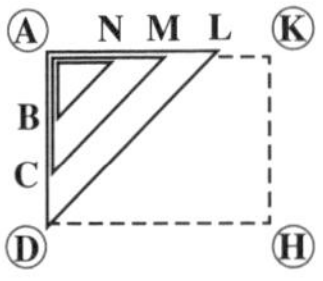


その頂点が，**D, H, K** のときも同様である。

$\therefore\ 3 \times 4 = 12$ 個

**( ii )** その頂点が **B** のとき

△**BEM**，△**BIK** **2** 個がある。

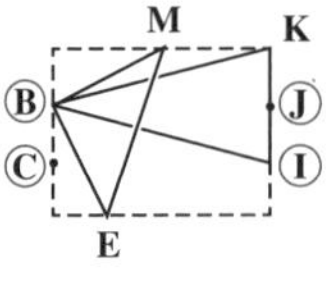


その頂点が，**C, I, J** のときも同様である。

$\therefore\ 2 \times 4 = 8$ 個

**( iii )** その頂点が **E** のとき

△**EMA**，△**EIA**，△**EHN**，△**EIM**，△**EJL** の **5** 個がある。

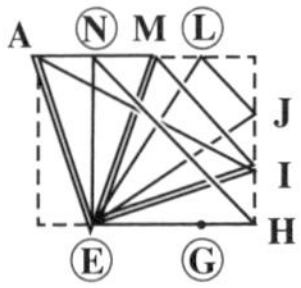


その頂点が，**G, L, N** のときも同様である。

$\therefore\ 5 \times 4 = 20$ 個

**( iv )** その頂点が **F** のとき

△**FIC**，△**FJB**，△**FKA**，△**FLN** の **4** 個がある。

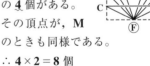

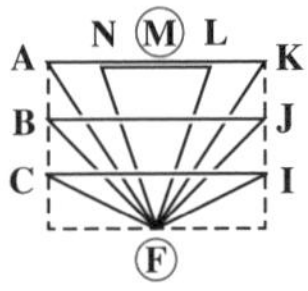


その頂点が，**M** のときも同様である。

$\therefore\ 4 \times 2 = 8$ 個

以上 ( i ) ～ ( iv ) より，**3** 点を結んでできる二等辺三角形の総数は，

$12 + 8 + 20 + 8 = 48$ 個 ……………（答）

実力アップ問題 93　難易度 ★★★　CHECK 1　CHECK 2　CHECK 3

(1) 1000 から 9999 までの 4 桁の自然数のうち，1000 や 1212 のようにちょうど 2 種類の数字から成り立っているものの個数を求めよ。

(2) $n$ 桁の自然数のうち，ちょうど 2 種類の数字から成り立っているものの個数を求めよ。　（北海道大）

ヒント！ 2 種類の数字から成り立つ $n$ 桁 (4 桁) の数字について，その 2 種類の中に 0 が含まれるか否かで場合分けの必要がある。

(1) 1000 から 9999 までの 4 桁の自然数のうち，「2 種類の数字から成り立っているもの」は，次の 2 通りに場合分けできる。

(Ⅰ)「その 2 種類の数字のいずれもが 0 でない」場合，

(ⅰ) その 2 種類は 1, 2, …, 9 の 9 個の数字から 2 個を選び出すので，

$${}_9C_2 = \frac{9!}{2!7!} = 36 \text{ 通り}$$

(ⅱ) 一，十，百，千の 4 つの位には，その 2 つの数字のいずれかが入るので，$2^4$ 通り。
そのうち，すべての位が同じ数となる 2 通りを除く。
$\therefore\ 2^4 - 2 = 14$ 通り

(ⅰ)(ⅱ) より，$36 \times 14 = 504$ 個

(Ⅱ)「その 2 種類の数字のうちの 1 つが 0 である」場合，

(ⅰ) 0 以外のもう 1 つの数を選び出すので，
${}_9C_1 = 9$ 通り

(ⅱ) 各位にくる数の場合の数は，
$1 \times 2 \times 2 \times 2 - 1 = 7$ 通り
（$1$：千の位に 0 はこない，$2 \times 2 \times 2$：百，十，一の位，$-1$：すべての位が 0 以外の同じ数）

(ⅰ)(ⅱ) より，$9 \times 7 = 63$ 個

以上 (Ⅰ)(Ⅱ) より，求める 4 桁の自然数の個数は，
$504 + 63 = 567$ 個 ………………(答)

(2) $n$ 桁の自然数の場合も同様に，

(Ⅰ)「2 種類の数字のいずれもが 0 でない」場合，
$${}_9C_2(2^n - 2)$$
（${}_9C_2$：1, 2, …, 9 から 2 つ選ぶ，$2^n$：各位の数は 2 通りずつ，$-2$：$n$ 桁すべてが同じ数の場合を除く）
$$= 36 \cdot (2^n - 2)$$

(Ⅱ)「2 種類の数字のうちの 1 つが 0 である」場合，
$${}_9C_1(1 \times 2^{n-1} - 1)$$
（${}_9C_1$：1, 2, …, 9 から 1 つ選ぶ，$1 \times 2^{n-1}$：最高位の数だけ 0 以外の 1 通り，他は 2 通りずつ。$-1$：すべての位が 0 以外の同じ数の場合を除く。）
$$= 9(2^{n-1} - 1)$$

以上 (Ⅰ)(Ⅱ) より，求める $n$ 桁の自然数の個数は，
$$36 \cdot (2^n - 2) + 9 \cdot (2^{n-1} - 1)$$
$$= (72 + 9) \cdot 2^{n-1} - 72 - 9$$
$$= 81(2^{n-1} - 1) \text{ 個}$$ ……………(答)

## 実力アップ問題 94　難易度 ★★★　CHECK 1　CHECK 2　CHECK 3

**(1)** 自然数 $n, r$ $(n > r)$ について，

$_{n}C_{r} = {}_{n-1}C_{r-1} + {}_{n-1}C_{r}$ ……$(*)$ が成り立つことを示せ。

**(2)** $(*)$ を利用して，次式をみたす自然数 $j, k$ を求めよ。

$_{10}C_{6} - {}_{10}C_{7} + {}_{10}C_{8} - {}_{10}C_{9} + {}_{10}C_{10} = {}_{j}C_{k}$ ……①　　(早稲田大＊)

**ヒント！** (1) は，特定の 1 人に着目した $_{n}C_{r}$ の応用公式の証明だね。$(*)$ の右辺を変形して，左辺を導けばいい。(2) は $(*)$ の結果を利用して，①の左辺を変形すればいいんだね。頑張ろう！

**公式**

組合せの数 $_{n}C_{r}$ の応用公式

(1) $_{n}C_{r} = {}_{n-1}C_{r-1} + {}_{n-1}C_{r}$

(2) $r \cdot {}_{n}C_{r} = n \cdot {}_{n-1}C_{r-1}$

**(1)** $(*)$ の右辺 $= {}_{n-1}C_{r-1} + {}_{n-1}C_{r}$

$$= \frac{(n-1)!}{(r-1)!(n-r)!} + \frac{(n-1)!}{r!(n-r-1)!}$$

（$(n-r)! = \{n-1-(r-1)\}!$）

$$= \frac{r \cdot (n-1)!}{r!(n-r)!} + \frac{(n-r)\cdot(n-1)!}{r!(n-r)!}$$

（分子・分母に $r$ をかけた。）（分子・分母に $n-r$ をかけた。）

$$= \frac{r\cdot(n-1)! + (n-r)\cdot(n-1)!}{r!(n-r)!}$$

（$n \cdot (n-1)! = n!$）

$$= \frac{n!}{r!(n-r)!} = {}_{n}C_{r} = (*) \text{ の左辺}$$

$\therefore$ $_{n}C_{r} = {}_{n-1}C_{r-1} + {}_{n-1}C_{r}$……$(*)$

$(n > r)$ は成り立つ。………………(終)

**(2)** $(*)$ の式を用いると，

$_{10}C_{6} = {}_{9}C_{5} + {}_{9}C_{6}$

$_{10}C_{7} = {}_{9}C_{6} + {}_{9}C_{7}$

$_{10}C_{8} = {}_{9}C_{7} + {}_{9}C_{8}$

$_{10}C_{9} = {}_{9}C_{8} + {}_{9}C_{9}$

$_{10}C_{10} = 1$ ←（これだけは，$n > r$ の条件をみたさないので，$(*)$ の公式は使えない。）

よって，①の左辺を変形すると，

①の左辺 $= {}_{10}C_{6} - {}_{10}C_{7} + {}_{10}C_{8} - {}_{10}C_{9} + 1$

$= {}_{9}C_{5} + {}_{9}C_{6} - ({}_{9}C_{6} + {}_{9}C_{7}) + ({}_{9}C_{7} + {}_{9}C_{8})$

$\quad - ({}_{9}C_{8} + {}_{9}C_{9}) + 1$　（$_{9}C_{9} = 1$）

$= {}_{9}C_{5} - 1 + 1 = {}_{9}C_{5}$　（$j$, $k$）

よって，①の右辺 $= {}_{j}C_{k}$ と比較して，

$j = 9$, $k = 5$ である。……………(答)

**実力アップ問題 95** 難易度 ★★★ CHECK 1 CHECK 2 CHECK 3

次の問いに答えよ。ただし同じ色の玉は区別できないものとし，空の箱があってもよいとする。

**(1)** 赤玉 **10** 個を区別ができない **4** 個の箱に分ける方法は何通りあるか求めよ。

**(2)** 赤玉 **10** 個を区別ができる **4** 個の箱に分ける方法は何通りあるか求めよ。

(千葉大＊)

**ヒント！** (1) 箱に区別がないので，辞書式に体系立てて分け方を調べる。(2) 箱に区別があるので，“重複組合せ”で解く。

**(1)** **10** 個の赤玉を区別できない **4** 個の箱に分ける方法は，次の通りである。

(10, 0, 0, 0), (9, 1, 0, 0), (8, 2, 0, 0),
(8, 1, 1, 0), (7, 3, 0, 0), (7, 2, 1, 0),
(7, 1, 1, 1), (6, 4, 0, 0), (6, 3, 1, 0),
(6, 2, 2, 0), (6, 2, 1, 1), (5, 5, 0, 0),
(5, 4, 1, 0), (5, 3, 2, 0), (5, 3, 1, 1),
(5, 2, 2, 1), (4, 4, 2, 0), (4, 4, 1, 1),
(4, 3, 3, 0), (4, 3, 2, 1), (4, 2, 2, 2),
(3, 3, 3, 1), (3, 3, 2, 2)

($a, b, c, d$) すべて，$a \geqq b \geqq c \geqq d$ を保ちながら，体系立てて，全場合を調べた！

よって，**23** 通りある。…………(答)

**基本事項**

重複組合せの数

$n$ 個の異なるものから重複を許して，$r$ 個選び出す選び方の数は，

$${}_n\mathrm{H}_r = {}_{n+r-1}\mathrm{C}_r$$

**(2)** **10** 個の赤玉を，たとえば **A, B, C, D** のように区別できる **4** つの箱に分ける方法について調べる。

たとえば，**A** に **2** 個，**B** に **4** 個，**C** に **1** 個，**D** に **3** 個の赤玉を入れたものを，

**AA, BBBB, C, DDD** のように表すと，

[○○|○○○○|○|○○○]

求める分け方は，**4** つの **A, B, C, D** の異なるものから重複を許して **10** 個選び出す場合の数だけある。

$$\therefore {}_4\mathrm{H}_{10} = {}_{4+10-1}\mathrm{C}_{10} = {}_{13}\mathrm{C}_{10}$$

$$= \frac{13!}{10!\,3!} = \frac{13 \cdot 12 \cdot 11}{3 \cdot 2 \cdot 1} = 286 \text{通り}$$

……(答)

**参考**

(i) **AAAA, BB, CC, DD** を

○○○○|○○|○○|○○，

(ii) **AAAAAA, , CCC, D** を

○○○○○○||○○○|○，そして，

(iii) **, BBBBBBBBBB, ,** を

|○○○○○○○○○○||，

などと表すと，

**10** 個の“○”と **3** 個の仕切り板“|”の並べ方の数になる。したがって，同じものを含む順列の数から，

$\dfrac{13!}{10!\,3!}$，すなわち ${}_{13}\mathrm{C}_{10}$ (または ${}_{13}\mathrm{C}_3$) 通りが導けるんだね。

## 実力アップ問題 96

難易度 ★★★ CHECK 1 CHECK 2 CHECK 3

自然数 $n$ をそれより小さい自然数の和として表すことを考える。ただし，$1+2+1$ と $1+1+2$ のように和の順序が異なるものは別の表し方とする。例えば，自然数 **2** は $1+1$ の **1** 通りの表し方ができ，自然数 **3** は $2+1$, $1+2$, $1+1+1$ の **3** 通りの表し方ができる。

**(1)** 自然数 **4** の表し方は何通りあるか。

**(2)** 自然数 **5** の表し方は何通りあるか。

**(3)** **2** 以上の自然数 $n$ の表し方は，

$_{n-1}C_1 + {}_{n-1}C_2 + {}_{n-1}C_3 + \cdots + {}_{n-1}C_{n-1}$ 通りとなることを示せ。（大阪教育大＊）

**ヒント！** (1)(2) 組合せと，（同じものを含む）順列の数とを連携させて考えるといい。(3) は，(1), (2) を一般化して，重複組合せに持ち込めばいいよ。

**(1)** **4** を，**4** より小さい自然数の和として表す方法を考えるとき，まず，その和を作る数の組合せは次の **4** 通りになる。

(i) (3, 1)　(ii) (2, 2)

(iii) (2, 1, 1)　(iv) (1, 1, 1, 1)

ここで，

(i) (3, 1) のとき，

$3+1$ と $1+3$ は区別するので，

$2! = \underline{\underline{2}}$ 通り

(ii) (2, 2) のとき，

$2+2$ の $\underline{\underline{1}}$ 通り

(iii) (2, 1, 1) のとき，

$2+1+1$, $1+2+1$, $1+1+2$ を区別するので，

（同じもの (1 と 1) を含む順列の数）

$\dfrac{3!}{2!} = \underline{\underline{3}}$ 通り

(iv) (1, 1, 1, 1) のとき，

$1+1+1+1$ の $\underline{\underline{1}}$ 通り

以上 (i) ～ (iv) より，求める自然数 **4** の表し方は，

$\underline{\underline{2}}+\underline{\underline{1}}+\underline{\underline{3}}+\underline{\underline{1}} = 7$ 通り ……………(答)

**(2)** **5** を，**5** より小さい自然数の和として表す方法も，(1) と同様に，数の組み合せを考えて，

(i) (4, 1)　（$2! = 2$ 通り）

(ii) (3, 2)　（$2! = 2$ 通り）

(iii) (3, 1, 1)　（$\dfrac{3!}{2!} = 3$ 通り）

(iv) (2, 2, 1)　（$\dfrac{3!}{2!} = 3$ 通り）

(v) (2, 1, 1, 1)　（$\dfrac{4!}{3!} = 4$ 通り）

(vi) (1, 1, 1, 1, 1)　（1 通り）

以上 (i) ～ (vi) より，求める自然数 **5** の表し方は，

$2+2+3+3+4+1 = 15$ 通り …(答)

**参考**

**5** の表し方で

(i)(ii) (4, 1), (3, 2) の組合せについて，

$4+1$ を　○○○○ | ○　（仕切り板）

$3+2$ を　○○○ | ○○

$2+3$ を　○○ | ○○○

$1+4$ を　○ | ○○○○　と表すと，

5 個の○の 4 つのすき間のいずれか 1 つに仕切り板を入れるので，
${}_4C_1 = 4$ 通りになる。

(iii)(iv) (3, 1, 1), (2, 2, 1) の組合せも同様に，

3+1+1 を　○○○ | ○ | ○

1+3+1 を　○ | ○○○ | ○

……………………………

2+2+1 を　○○ | ○○ | ○ と表すと，
5 個の○の 4 つのすき間のいずれか 2 つに仕切り板を入れるので，
${}_4C_2 = 6$ 通り

(v) (2, 1, 1, 1) の組合せでは，
同様に，4 つのすき間のいずれか 3 つに仕切り板を入れるので，
${}_4C_3 = 4$ 通り

(vi) (1, 1, 1, 1, 1) の組合せでは，
同様に，4 つのすき間の 4 つすべてに仕切り板を入れるので，
${}_4C_4 = 1$ 通り

これらの総和をとっても，$4+6+4+1=15$ 通りとなって，(2) の答えと同じになる。

(3) 2 以上の自然数 $n$ の表し方は，次の $n-1$ 通りの場合分けの総和として求められる。

(i) $n$ 個の○の $n-1$ 個のすき間のいずれか 1 つに仕切り板を入れる場合，
${}_{n-1}C_1$ 通り

(ii) $n$ 個の○の $n-1$ 個のすき間のいずれか 2 つに仕切り板を入れる場合，
${}_{n-1}C_2$ 通り

(iii) $n$ 個の○の $n-1$ 個のすき間のいずれか 3 つに仕切り板を入れる場合，
${}_{n-1}C_3$ 通り

……………………………………

(iv) $n$ 個の○の $n-1$ 個のすき間のすべてに仕切り板を入れる場合，
${}_{n-1}C_{n-1}$ 通り

以上 (i) ～ (iv) より，2 以上の自然数 $n$ の表し方は，
${}_{n-1}C_1 + {}_{n-1}C_2 + {}_{n-1}C_3 + \cdots + {}_{n-1}C_{n-1}$ 通り
である。 ……………………………… (終)

## 実力アップ問題 97　難易度 ★★　CHECK 1　CHECK 2　CHECK 3

**4** つのサイコロを同時に振るとき，次の確率を求めよ。

**(1)** **3** つのサイコロに同じ目が出て，他の **1** つにはその目と異なる目が出る確率

**(2)** **2** つの異なる目がそれぞれ **2** つずつ出る確率

**(3)** **2** つのサイコロに同じ目が出て，他の **2** つにはその目と異なりかつ互いに異なる目が出る確率

**(4)** 連続した **4** つの自然数の目が出る確率　（山形大）

**ヒント！** 確率計算の基本は，(与えられた事象の場合の数)÷(全事象の場合の数)である。

**基本事項**

すべての根元事象が同様に確からしいとき，

確率 $P(X)=\dfrac{n(X)}{n(U)}=\dfrac{(\text{事象}X\text{の場合の数})}{(\text{全事象}U\text{の場合の数})}$

**4** つのサイコロを同時に振るので，目の出方の総数 $n(U)$ は $n(U)=6^4$ である。

**(1)** 事象 $A$ を，「出る目の組が $(a,a,a,b)$ のように出る。」とおく。

$$n(A)={}_6P_2\cdot\frac{4!}{3!}=30\times4$$

（${}_6P_2$：目 $(a,a,a,b)$ の $a$, $b$ を選ぶ。(**3** 個の $a$ と **1** 個の $b$ は区別するので，順列!)）
（$\frac{4!}{3!}$：$(a,a,a,b)$ の並べ替え（同じものを含む順列））

∴求める確率 $P(A)$ は，

$$P(A)=\frac{n(A)}{n(U)}=\frac{30\times4}{6^4}=\frac{5}{54}\cdots(\text{答})$$

**(2)** 事象 $B$ を，「出る目の組が $(a,a,b,b)$ のように出る。」とおく。

$$n(B)={}_6C_2\cdot\frac{4!}{2!2!}=15\times6$$

（${}_6C_2$：目 $(a,a,b,b)$ の $a$, $b$ を選ぶ。($a$, $b$ は **2** 個ずつで区別しないので，組合せ!)）
（$\frac{4!}{2!2!}$：$(a,a,b,b)$ の並べ替え（同じものを含む順列））

$$\therefore P(B)=\frac{n(B)}{n(U)}=\frac{15\times6}{6^4}=\frac{5}{72}\cdots(\text{答})$$

**(3)** 事象 C を，「出る目の組が $(a,a,b,c)$ のように出る。」とおく。

$$n(C)={}_6C_3\cdot{}_3C_1\cdot\frac{4!}{2!}=20\times3\times12$$

（${}_6C_3$：**6** つの目から $a,b,c$ の **3** つを選ぶ。）
（${}_3C_1$：**3** つの目から $(a,a,b,c)$ の $a$ となるものを選ぶ。）
（$\frac{4!}{2!}$：$(a,a,b,c)$ の並べ替え（同じものを含む順列））

$$\therefore P(C)=\frac{n(C)}{n(U)}=\frac{20\times3\times12}{6^4}=\frac{5}{9}\cdots(\text{答})$$

**(4)** 事象 $D$ を，「出る目が $(a,a+1,a+2,a+3)$ のように出る。」とおく。

具体的な目の組合わせは，

$(1,2,3,4)$，$(2,3,4,5)$，$(3,4,5,6)$
（それぞれ 4! 通り）

で，それぞれに **4!** 通りの並べ替えがある。

$$\therefore n(D)=3\times4!=3\times24$$

$$\therefore P(D)=\frac{n(D)}{n(U)}=\frac{3\times24}{6^4}=\frac{1}{18}\cdots(\text{答})$$

**実力アップ問題 98** 難易度 ★★ CHECK 1 CHECK 2 CHECK 3

**1** から **8** までの番号のついた **8** 枚のカードがある。

**(1)** この中から **3** 枚のカードを取り出すとき，**3** 枚のカードの番号の積が **4** の倍数となる確率を求めよ。（星薬大＊）

**(2)** この **8** 枚のカードから無作為に **3** 枚のカードを選んで，左から順に並べるとき，左から **2** 番目のカードが **2** でなく，かつ **3** 番目のカードが **3** でない確率を求めよ。（神奈川工大＊）

**ヒント！** **(1)** 余事象の確率を用いる。**(2)** ド・モルガンの法則，余事象の確率，そして確率の加法定理を用いて計算する。

**基本事項**

(ⅰ) 余事象の確率

$P(A)=1-P(\overline{A})$

(ⅱ) 確率の加法定理

$P(A\cup B)=P(A)+P(B)-P(A\cap B)$

**(1)** 事象 $A$ を，「**3** 枚のカードの番号の積が **4** の倍数になる。」とおくと，余事象 $\overline{A}$ は，

$\overline{A}$：「(ⅰ) **3** 枚とも奇数，または (ⅱ) **3** 枚中 **2** 枚が奇数で，残り **1** 枚は，**2** か **6**」

となる。

以上より，求める確率 $P(A)$ は，

$P(A)=1-P(\overline{A})$ ← $P(A)$ を直接求めづらいとき，この公式を使う！

$$=1-\left(\underbrace{\frac{{}_4C_3}{{}_8C_3}}_{(\text{i})}+\underbrace{\frac{{}_4C_2\times{}_2C_1}{{}_8C_3}}_{(\text{ii})}\right)$$

（${}_4C_3$：1, 3, 5, 7 の 4 枚から 3 枚を選ぶ　${}_4C_2$：1, 3, 5, 7 から 2 枚　${}_2C_1$：2, 6 から 1 枚　括弧内 $=P(\overline{A})$）

$$=1-\frac{4+6\times2}{56}=\frac{5}{7}$$ …………(答)

**(2)** 事象 $X$，$Y$ を次のようにおく。

事象 $X$：「左から **2** 番目のカードが **2**」
事象 $Y$：「左から **3** 番目のカードが **3**」

すると，求める確率 $P(\overline{X}\cap\overline{Y})$ は，

$P(\overline{X}\cap\overline{Y})=P(\overline{X\cup Y})$ ← ド・モルガン

$=1-P(X\cup Y)$ ← 公式 $P(\overline{A})=1-P(A)$ を使った！

$=1-\{P(X)+P(Y)-P(X\cap Y)\}$ ← 確率の加法定理

ここで，$P(X)=\dfrac{1}{8}$，$P(Y)=\dfrac{1}{8}$

$P(X\cap Y)=\dfrac{1}{8}\times\dfrac{1}{7}=\dfrac{1}{56}$

（$\dfrac{1}{8}$ の確率で，**2** 番目に **2** がきたから，残り **7** 枚中 **1** 枚の **3** が，**3** 番目にくる。）

以上より，

$$P(\overline{X}\cap\overline{Y})=1-\left(\frac{1}{8}+\frac{1}{8}-\frac{1}{56}\right)$$

$$=1-\frac{14-1}{56}=\frac{43}{56}$$ …………(答)

## 実力アップ問題 99　難易度 ★★　CHECK 1　CHECK 2　CHECK 3

5 人でじゃんけんをする。

(1) 1 回だけじゃんけんをしたとき，ちょうど 2 人が勝つ確率を求めよ。

(2) 1 回だけじゃんけんをしたとき，あいこになる確率を求めよ。

(3) 2 回続けてあいこになり，3 回目で 1 人だけが勝つ確率を求めよ。

（立教大）

**ヒント！** じゃんけんの確率も頻出なので，その計算法を基本事項で覚えておくとよい。あいこの計算では，余事象の確率を利用する。

### 基本事項

じゃんけんの確率

$n$ 人が 1 回じゃんけんをして，その内 $k$ 人が勝ち残る確率 $P_k (k=1, 2, \cdots, n-1)$ は，

$$P_k = \frac{{}_nC_k \cdot 3}{3^n} \quad (k=1, 2, \cdots, n-1)$$

（${}_nC_k$：$n$ 人中，勝ち残る $k$ 人を選ぶ　3：勝つ手は，グー，チョキ，パーの 3 通り　$3^n$：$n$ 人それぞれが，グー，チョキ，パーの 3 つの手を出せる。）

あいことなる確率 $P_n (=P_0)$ は，

$$P_n = 1 - (P_1 + P_2 + \cdots + P_{n-1})$$

（1：全確率　$(P_1 + P_2 + \cdots + P_{n-1})$：余事象の確率）

5 人が 1 回じゃんけんをして，その内 $k$ 人が勝ち残る確率を $P_k (k=1, 2, 3, 4)$ とおくと，

$$P_k = \frac{{}_5C_k \cdot 3}{3^5} = \frac{{}_5C_k}{3^4} \quad (k=1, 2, 3, 4)$$

(1) よって，求める確率 $P_2$ は，

$$P_2 = \frac{{}_5C_2}{3^4} = \frac{10}{81} \quad \cdots\cdots\cdots\cdots(\text{答})$$

（${}_5C_2 = \frac{5!}{2!3!} = \frac{5 \cdot 4}{2 \cdot 1} = 10$）

(2) あいこになる確率 $P_5 (=P_0)$ は，余事象の確率を用いて，次のように求められる。

$$P_5 = 1 - (P_1 + P_2 + P_3 + P_4)$$

（1：全確率　$(P_1 + P_2 + P_3 + P_4)$：余事象の確率）

$$= 1 - \frac{{}_5C_1 + {}_5C_2 + {}_5C_3 + {}_5C_4}{3^4}$$

（${}_5C_1 = 5$，${}_5C_2 = 10$，${}_5C_3 = 10$，${}_5C_4 = 5$）

$$= 1 - \frac{30}{81} = \frac{51}{81} = \frac{17}{27} \quad \cdots\cdots\cdots\cdots(\text{答})$$

### 別解

(2) の余事象の場合の数は，

$${}_3C_2 \cdot (2^5 - 2)$$

（${}_3C_2$：勝敗が決まるのは，(グー，チョキ)，(チョキ，パー) または，(パー，グー) の 2 つの手が出るときだけ　$2^5$：5 人は，その 2 つの手のいずれかを出す　$2$：全員が同じ手になる 2 通りを除く。）

$= 3 \cdot (32 - 2) = 90$ となるので，

(2) の余事象の確率 $= \frac{90}{3^5} = \frac{30}{81}$ としても，同じ結果になる。

(3) 求める確率は，

$$P_5 \times P_5 \times P_1 = \left(\frac{17}{27}\right)^2 \times \frac{{}_5C_1}{3^4}$$

（${}_5C_1 = 5$）

$$= \frac{1445}{59049} \quad \cdots\cdots\cdots(\text{答})$$

## 実力アップ問題 100　難易度 ★★★　CHECK 1　CHECK 2　CHECK 3

サイコロを2回投げる。1回目に出た目を$m$，2回目に出た目を$n$とし，関数$f(x)=mx^2+nx+1$，$g(x)=nx^2+x+m$ を考える。$y=f(x)$と$y=g(x)$のグラフが異なる交点をちょうど2つもつ確率を求めよ。(茨城大)

**ヒント！** $y=f(x)$と$y=g(x)$が異なる2交点をもつということは，$x$の2次方程式$f(x)-g(x)=0$ が異なる2実数解をもつ，すなわち判別式$D>0$となるということになるんだね。そのような$(m,\ n)$の組を求めよう。

2回サイコロを投げた場合の$(m,\ n)$の目の組の全通り数$n(U)$は，

$n(U)=6^2=36$ ……①

ここで，

$$\begin{cases} y=f(x)=mx^2+nx+1 & \cdots\cdots② \\ y=g(x)=nx^2+x+m & \cdots\cdots③ \end{cases}$$

の2つの関数のグラフが右図のように異なる2交点をもつための条件は，②と③の$y$を消去して得られる次の2次方程式④が相異なる2実数解($\alpha$と$\beta$)をもつことである。

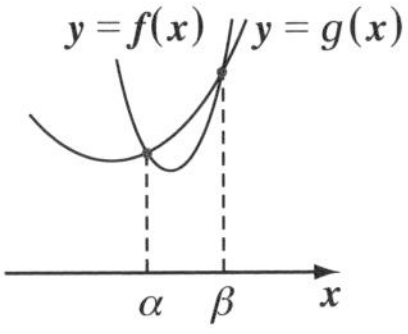


$mx^2+nx+1=nx^2+x+m$

$(m-n)x^2+(n-1)x+1-m=0$ ……④

（$m-n \neq 0$（④は2次方程式より））

④は2次方程式より，

$m \neq n$ ……⑤

また④の判別式を$D$とおくと，

$D=(n-1)^2-4(m-n)(1-m)>0$

（$n^2-2n+1-4m+4m^2+4n-4mn$）

よって，（$n$の2次式としてまとめた）

$n^2-2(2m-1)n+4m^2-4m+1>0$

$n^2-2(2m-1)\cdot n+(2m-1)^2>0$

$\{n-(2m-1)\}^2>0$

$(n-2m+1)^2>0$

（平方数より，これは0以上。よって，これが0，すなわち$n-2m+1=0$のときのみ除く。）

$\therefore\ 2m \neq n+1$ ……⑥

以上⑤，⑥より，

事象$A$：$m \neq n$ かつ $2m \neq n+1$

（このとき，②，③は異なる2交点をもつ）

とおくと，この余事象は

余事象$\overline{A}$：$m=n$ または $2m=n+1$

となる。

よって，$\overline{A}$をみたす$(m,\ n)$の組は，

$(1,\ 1)$，$(2,\ 2)$，$(3,\ 3)$，$(4,\ 4)$，$(5,\ 5)$，$(6,\ 6)$，$(2,\ 3)$，$(3,\ 5)$

の8通り。

これと①より，事象$A$が起こる確率$P(A)$は，

$$P(A)=1-P(\overline{A})=1-\frac{n(\overline{A})}{n(U)}$$

$$=1-\frac{8}{36}=\frac{7}{9}$$ ………………（答）

## 実力アップ問題 101　難易度 ★★★　CHECK 1　CHECK 2　CHECK 3

赤球と白球が入っている袋がある。球の個数はあわせて **16** 個で，赤球，白球とも **2** 個以上である。また，袋から **2** 個を取り出すとき，**2** 個とも赤球である確率は $\frac{1}{4}$ 以上である。

いま，袋から **3** 個を取り出すとき，**2** 色とも出る確率を $p$ とする。

**(1)** 袋の中の赤球の個数を $x$ として，$p$ を $x$ で表せ。

**(2)** $p$ の最大値および最小値を求めよ。　　　（法政大）

**ヒント！** まず，赤球の個数 $x$ の値の範囲を与えられた条件から求める。$p$ は最終的には，$x$ の **2** 次関数として表される。

袋の中の赤球の個数を $x$ とおくと，白球の個数は，$16-x$ となる。赤球，白球ともに **2** 個以上なので，

$x \geqq 2$　かつ　$16-x \geqq 2$

$\therefore\ 2 \leqq x \leqq 14$

また，袋から **2** 個を取り出したとき，**2** 個とも赤球である確率が $\frac{1}{4}$ 以上より，

$$\frac{x!}{2!(x-2)!} = \frac{x\cdot(x-1)}{2}$$

$$\frac{{}_xC_2}{{}_{16}C_2} \geqq \frac{1}{4},\qquad \frac{x(x-1)}{16\cdot 15} \geqq \frac{1}{4}$$

$$\frac{16!}{2!\,14!} = \frac{16\cdot 15}{2}$$

$x(x-1) \geqq 60$

$x \geqq 2$ のとき，$x(x-1)$ は単調に増加するので，$x=2, 3, \cdots$ と代入して調べていく。$x=9$ のとき，初めて上式が成り立つ。

$\therefore\ x \geqq 9$

以上より，$9 \leqq x \leqq 14$

**(1)** 袋から **3** 個を取り出すとき，**2** 色とも出る確率 $p$ は，

赤1，白2　　赤2，白1

$$p = \frac{{}_xC_1\cdot{}_{16-x}C_2}{{}_{16}C_3} + \frac{{}_xC_2\cdot{}_{16-x}C_1}{{}_{16}C_3}$$

$$\frac{16!}{3!\,13!} = \frac{16\cdot15\cdot14}{3\cdot2\cdot1} = 8\cdot5\cdot14$$

$$= \frac{x\frac{(16-x)(15-x)}{2} + \frac{x(x-1)}{2}(16-x)}{8\cdot5\cdot14}$$

$$= \frac{(16-x)(15x-x^2+x^2-x)}{16\cdot5\cdot14}$$

$$= \frac{x(16-x)}{16\cdot5} = \frac{-x^2+16x}{80}\ \cdots\cdots(\text{答})$$

**(2)** $p = -\frac{1}{80}(x^2-16x+64)+\frac{4}{5}$

2で割って2乗

$$= -\frac{1}{80}(x-8)^2+\frac{4}{5}\quad (9 \leqq x \leqq 14)$$

上に凸の放物線

以上より，

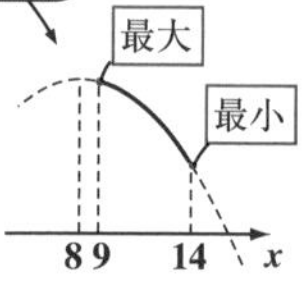


(ⅰ) $x=9$ のとき

最大値

$$p = \frac{9\cdot7}{80} = \frac{63}{80}\ \cdots(\text{答})$$

(ⅱ) $x=14$ のとき

最小値 $p = \frac{14\cdot2}{80} = \frac{7}{20}\ \cdots\cdots(\text{答})$

## 実力アップ問題 102　難易度 ★★★　CHECK 1　CHECK 2　CHECK 3

金の硬貨 **10** 枚と銀の硬貨 **20** 枚が入った袋がある。

**(1)** 袋の中から硬貨を **13** 枚同時に取り出すとき，その中に金の硬貨が $n$ 枚含まれる確率を $P_n$ とする。このとき，$\dfrac{P_{k+1}}{P_k}$ を $k$ を用いて表せ。ただし，$0 \leqq k \leqq 9$ である。

**(2)** (1) のとき，$P_n$ が最大となる $n$ を求めよ。　(島根大)

**ヒント！** 自然数 $k$ で表される確率 $P_k$ について，$(0<)P_k<P_{k+1}$ となる $k$ の範囲を求めたいときは，$\dfrac{P_{k+1}}{P_k}>1$ として計算する。理由は，この形にすると分子・分母の多くの共通因数が消去できて，簡単になるからだ。

**(1)** 金貨 10 枚，銀貨 20 枚の入った袋から 13 枚を取り出したとき，金貨が $n$ 枚含まれる確率 $P_n (n=0, 1, \cdots, 10)$ は，

（10 枚の金貨から $n$ 枚）（20 枚の銀貨から $13-n$ 枚）

$$P_n = \frac{{}_{10}C_n \cdot {}_{20}C_{13-n}}{{}_{30}C_{13}}$$

よって，

（$P_n$ の $n$ に $k+1$ を代入したものが分子）

$$\frac{P_{k+1}}{P_k} = \frac{\dfrac{{}_{10}C_{k+1} \cdot {}_{20}C_{12-k}}{{}_{30}C_{13}}}{\dfrac{{}_{10}C_k \cdot {}_{20}C_{13-k}}{{}_{30}C_{13}}} \quad (0 \leqq k \leqq 9)$$

（繁分数の計算）

$$= \frac{\dfrac{10!}{(k+1)!(9-k)!} \cdot \dfrac{20!}{(12-k)!(8+k)!}}{\dfrac{10!}{k!(10-k)!} \cdot \dfrac{20!}{(13-k)!(7+k)!}}$$

$$= \frac{k!}{(k+1)!} \cdot \frac{(10-k)!}{(9-k)!} \cdot \frac{(13-k)!}{(12-k)!} \cdot \frac{(7+k)!}{(8+k)!}$$

（$\dfrac{1}{k+1}$）（$10-k$）（$13-k$）（$\dfrac{1}{8+k}$）

$$= \frac{(10-k)(13-k)}{(k+1)(k+8)} \quad \cdots\cdots\cdots\cdots\text{(答)}$$

$(0 \leqq k \leqq 9)$

**(2)** (i) $\dfrac{P_{k+1}}{P_k} > 1$ のとき，$[P_k < P_{k+1}]$

$$\frac{(10-k)(13-k)}{(k+1)(k+8)} > 1$$

$(k+1)(k+8)>0$ より，両辺にこれをかけて，

$(10-k)(13-k)>(k+1)(k+8)$

$k^2 - 23k + 130 > k^2 + 9k + 8$

$32k < 122$

$k < \dfrac{122}{32} = \dfrac{61}{16}$ （$3.8\cdots$）

$\therefore k = 0, 1, 2, 3$ のとき，$P_k < P_{k+1}$ より，

$P_0 < P_1 < P_2 < P_3 < P_4$ ……①

(ii) $\dfrac{P_{k+1}}{P_k} < 1$ のとき，$[P_k > P_{k+1}]$

同様に，

$k > \dfrac{61}{16}$ （$3.8\cdots$）

（(i) と不等号の向きが逆なだけで，計算の流れはまったく同じ！）

$\therefore k = 4, 5, \cdots, 9$ のとき，$P_k > P_{k+1}$ より

$P_4 > P_5 > P_6 > P_7 > P_8 > P_9 > P_{10}$ …②

以上①，②より，

（最大値）

$P_0 < P_1 < P_2 < P_3 < P_4 > P_5 > P_6 > \cdots > P_{10}$

$\therefore P_n$ が最大となる $n$ は，

$n = 4$ である。…………………(答)

## 実力アップ問題 103　難易度 ★★　CHECK 1　CHECK 2　CHECK 3

次の問いに答えよ。

**(1)** 1 つのサイコロを 6 回振って，そのうち少なくとも 2 回，3 以上の目が出る確率 $P$ を求めよ。

**(2)** 3 つのサイコロを同時に振るとき，出る目の最大値が 4 になる確率 $Q$ を求めよ。　（東京水産大）

ヒント！ (1) 反復試行の確率の問題である。余事象も利用する。(2) "玉ネギ型確率" の典型的な問題である。

### 基本事項

反復試行の確率

ある試行を 1 回行って，事象 $A$ の起こる確率が $p$ のとき，この試行を $n$ 回行って，その内 $r$ 回だけ事象 $A$ の起こる確率は，

$$ {}_n\mathrm{C}_r p^r \cdot q^{n-r} \quad (q = 1 - p) $$

**(1)** 1 つのサイコロを 1 回振って，3 以上の目の出る確率を $p$ とおくと，

（3, 4, 5, 6 の目）

$$ p = \frac{4}{6} = \frac{2}{3} \quad \left(q = 1 - p = \frac{1}{3}\right) $$

サイコロを 6 回振って，そのうち $k$ 回だけ 3 以上の目の出る確率を $P_k$ $(k = 0, 1, 2, \cdots, 6)$ とおくと，

$$ P_k = {}_6\mathrm{C}_k \cdot p^k \cdot q^{6-k} = {}_6\mathrm{C}_k \left(\frac{2}{3}\right)^k \cdot \left(\frac{1}{3}\right)^{6-k} $$

以上より，1 つのサイコロを 6 回振って少なくとも 2 回，3 以上の目の出る確率 $P$ は，

$$ P = 1 - (P_0 + P_1) $$

（余事象の確率）

$$ = 1 - \left\{ \left(\frac{1}{3}\right)^6 + {}_6\mathrm{C}_1 \left(\frac{2}{3}\right)^1 \cdot \left(\frac{1}{3}\right)^5 \right\} $$

（${}_6\mathrm{C}_1 = 6$）

$$ = \frac{3^6 - (1 + 12)}{3^6} = \frac{716}{729} \quad \cdots\cdots\cdots(\text{答}) $$

**(2)** ・3 つのサイコロを同時に振って，出る目の最大値が 4 以下となる確率 $P(X \leqq 4)$ は，3 つのサイコロのすべてが 4 以下の目になるので，

（1, 2, 3, 4 の目）

$$ P(X \leqq 4) = \left(\frac{4}{6}\right)^3 = \left(\frac{2}{3}\right)^3 $$

・同様に，出る目の最大値が 3 以下となる確率 $P(X \leqq 3)$ は，

（1, 2, 3 の目）

$$ P(X \leqq 3) = \left(\frac{3}{6}\right)^3 = \left(\frac{1}{2}\right)^3 $$

以上より，出る目の最大値が 4 となる確率 $Q = P(X = 4)$ は，

$$ Q = P(X \leqq 4) - P(X \leqq 3) $$
$$ = \left(\frac{2}{3}\right)^3 - \left(\frac{1}{2}\right)^3 $$
$$ = \frac{64 - 27}{216} = \frac{37}{216} \quad \cdots\cdots\cdots\cdots(\text{答}) $$

### 参考

これは，次のような玉ネギの断面図で考えるとわかりやすい。

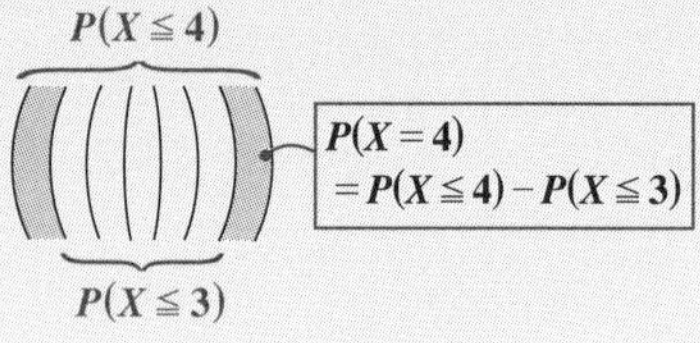

## 実力アップ問題 104 　難易度 ★★★ 　CHECK 1 　CHECK 2 　CHECK 3

**9** 枚のカードに **1** から **9** までの数字が一つずつ記してある。このカードの中から任意に **1** 枚を抜き出し，その数字を記録し，もとのカードのなかに戻すという操作を $n$ 回繰り返す。

**(1)** 記録された数の最小値が **5** となる確率を求めよ。

**(2)** 記録された数の積が **5** で割り切れる確率を求めよ。

**(3)** 記録された数の積が **10** で割り切れる確率を求めよ。　　(名古屋大＊)

**ヒント！** **(1)** 玉ネギ型確率の逆パターンになる。**(2)(3)** 余事象の確率や，確率の加法定理を用いて解く。独立試行の確率の問題になっている。

**(1)** 取り出した $n$ 枚のカードの数字の最小値を $x$ とおくと，求める確率 $P(x=5)$ は，

$$P(x=5)=P(x\geqq5)-P(x\geqq6)$$

(5, 6, 7, 8, 9 のカード)　(6, 7, 8, 9 のカードを引く)

$$=\left(\frac{5}{9}\right)^n-\left(\frac{4}{9}\right)^n \quad\cdots\cdots(\text{答})$$

**参考**

逆玉ネギ型確率 → (最小値)

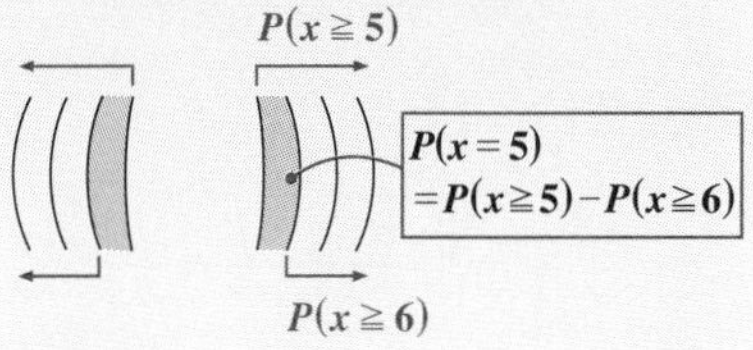


**(2)** 事象 $A$ を，「記録された数の積が **5** で割り切れる。」とおくと，

余事象 $\overline{A}$ は，「記録された $n$ 個の数字のいずれも **5** ではない。」

となる。

(5 以外のカードを引く)

$$\therefore P(A)=1-P(\overline{A})=1-\left(\frac{8}{9}\right)^n\cdots(\text{答})$$

**(3)** 事象 $B$ を，「記録された数の積が **2** で割り切れる。」

とおく。

記録された数の積が **10** で割り切れる確率は，$P(A\cap B)$ となる。

(この積が 5 でも 2 でも割り切れる確率)

よって，

$$P(A\cap B)=1-P(\overline{A\cap B}) \quad \leftarrow(\text{余事象の確率})$$

$$=1-P(\overline{A}\cup\overline{B}) \quad \leftarrow(\text{ド・モルガンの法則})$$

(確率の加法定理)

$$=1-\{P(\overline{A})+P(\overline{B})-P(\overline{A}\cap\overline{B})\}$$

(5 以外のカード)　(1, 3, 5, 7, 9 のカード)　(1, 3, 7, 9 のカードを引く)

$$=1-\left\{\left(\frac{8}{9}\right)^n+\left(\frac{5}{9}\right)^n-\left(\frac{4}{9}\right)^n\right\}$$

$$=1-\left(\frac{8}{9}\right)^n-\left(\frac{5}{9}\right)^n+\left(\frac{4}{9}\right)^n \quad\cdots(\text{答})$$

## 実力アップ問題 105　難易度 ★★　CHECK 1　CHECK 2　CHECK 3

**A, B** がゲームを繰り返し行い優勝を争う。**1** 回のゲームで **A, B** が勝つ確率はそれぞれ $\frac{1}{3}$, $\frac{2}{3}$ であり，そのときの勝者，敗者の得点は，それぞれ **1, 0** である。先に得点 **3** を獲得したものが優勝するものとする。$\begin{pmatrix} a \\ b \end{pmatrix}$ によって，**A** の獲得した得点が $a$，**B** の獲得した得点が $b$ である状態を表すとき，

**(1)** $\begin{pmatrix} 1 \\ 1 \end{pmatrix}$, $\begin{pmatrix} 2 \\ 2 \end{pmatrix}$ に到る確率をそれぞれ求めよ。**(2)** **A** が優勝する確率を求めよ。

(法政大)

**ヒント！** **(1)(2)** 共に，反復試行の確率の問題である。**(2)** の **A** が優勝する場合は，**3** 通りあることに注意する。

**(1)** (ⅰ) $\begin{pmatrix} a \\ b \end{pmatrix} = \begin{pmatrix} 1 \\ 1 \end{pmatrix}$ のとき，

**A, B** が **2** 回勝負して，**1** 勝 **1** 敗となる場合に対応し，その確率は反復試行の確率より，次のように求まる。

$$_2C_1 \cdot \left(\frac{1}{3}\right)^1 \cdot \left(\frac{2}{3}\right)^1$$

$$= 2 \cdot \frac{1}{3} \cdot \frac{2}{3} = \frac{4}{9} \quad \cdots \text{(答)}$$

(ⅱ) $\begin{pmatrix} a \\ b \end{pmatrix} = \begin{pmatrix} 2 \\ 2 \end{pmatrix}$ のときも，

同様に，**A, B** が **4** 回勝負して，**2** 勝 **2** 敗となる場合に対応するので，その確率は，

$$_4C_2 \cdot \left(\frac{1}{3}\right)^2 \cdot \left(\frac{2}{3}\right)^2$$

$$= 6 \cdot \frac{1}{9} \cdot \frac{4}{9} = \frac{8}{27} \quad \cdots \text{(答)}$$

**(2)** **A** の優勝は次の **3** つの場合がある。

(ⅰ) **A** が **3** 連勝するとき，

$$\left(\frac{1}{3}\right)^3 = \frac{1}{27}$$

(ⅱ) **A** が **3** 勝 **1** 敗で優勝するとき，

**A** は初めの **3** 回を **2** 勝 **1** 敗で切り抜け，**4** 回目に勝って，優勝する。

$$_3C_2 \cdot \left(\frac{1}{3}\right)^2 \cdot \left(\frac{2}{3}\right)^1 \cdot \frac{1}{3}$$

$$= 3 \cdot \frac{1}{9} \cdot \frac{2}{3} \cdot \frac{1}{3} = \frac{2}{27}$$

(ⅲ) **A** が **3** 勝 **2** 敗で優勝するとき，

**A** は初めの **4** 回を **2** 勝 **2** 敗で切り抜け，**5** 回目に勝って，優勝する。

$$_4C_2 \cdot \left(\frac{1}{3}\right)^2 \cdot \left(\frac{2}{3}\right)^2 \cdot \frac{1}{3}$$

$$= 6 \cdot \frac{1}{9} \cdot \frac{4}{9} \cdot \frac{1}{3} = \frac{8}{81}$$

以上 (ⅰ)(ⅱ)(ⅲ) より，**A** の優勝する確率は，

$$\frac{1}{27} + \frac{2}{27} + \frac{8}{81} = \frac{17}{81} \quad \cdots\cdots\cdots\cdots \text{(答)}$$

実力アップ問題 106　難易度 ★★★　CHECK 1　CHECK 2　CHECK 3

最初の試行で **3** 枚の硬貨を同時に投げ，裏が出た硬貨を取り除く。次の試行で残った硬貨を同時に投げ，裏が出た硬貨を取り除く。以下この試行をすべての硬貨が取り除かれるまで繰り返す。

**(1)** 試行が **1** 回目で終了する確率 $p_1$，および **2** 回目で終了する確率 $p_2$ を求めよ。

**(2)** 試行が $n$ 回以上行われる確率 $q_n$ を求めよ。　(一橋大)

ヒント！ (1) $p_1$ は，1 回目に 3 枚とも裏の出る確率。$P_2$ は，3 通りの場合分けが必要。(2) は，余事象の確率をうまく利用する。

(1) (i) 1 回目で終了するのは，1 回の試行で 3 枚の硬貨がすべて裏になるときである。よって，その確率 $p_1$ は，

$$p_1 = \left(\frac{1}{2}\right)^3 = \frac{1}{8} \quad \cdots\cdots\cdots\cdots\text{(答)}$$

特に「断わり」がない限り，硬貨の表・裏の出る確率は共に $\frac{1}{2}$ としてよい。

(ii) 2 回目で終了するのは，次の 3 つの場合が考えられる。

(ア) 1 回目は，3 枚とも表，2 回目は 3 枚とも裏になる。

(イ) 1 回目は，2 枚だけ表，2 回目はその 2 枚が裏になる。

(ウ) 1 回目は，1 枚だけ表，2 回目はその 1 枚が裏になる。

以上より，2 回目で終了する確率 $p_2$ は，

$$p_2 = \underbrace{{}_3C_3\left(\frac{1}{2}\right)^3}_{(ア)\ 1回目} \times \underbrace{\left(\frac{1}{2}\right)^3}_{2回目} + \underbrace{{}_3C_2\left(\frac{1}{2}\right)^2\cdot\left(\frac{1}{2}\right)^1}_{(イ)\ 1回目} \times \underbrace{\left(\frac{1}{2}\right)^2}_{2回目} + \underbrace{{}_3C_1\left(\frac{1}{2}\right)^1\cdot\left(\frac{1}{2}\right)^2}_{(ウ)\ 1回目} \times \underbrace{\left(\frac{1}{2}\right)^1}_{2回目}$$

$$= \frac{1}{2^6} + \frac{3}{2^5} + \frac{3}{2^4} = \frac{19}{64} \quad \cdots\cdots\cdots\text{(答)}$$

(2) 試行が $n$ 回以上行われる確率 $q_n$ の余事象の確率 $1-q_n$ は，「$n-1$ 回目までに，試行が終了する確率」のことである。

- 1 つのコインが $n-1$ 回までに取り除かれる確率は，その余事象を考えて，

$$1-\left(\frac{1}{2}\right)^{n-1} \text{ である。}$$

($n-1$ 回すべて表のみが出る確率)　(これも，余事象の確率)

- 従って，3 枚のコインが $n-1$ 回までにすべて取り除かれる確率 $\left\{1-\left(\frac{1}{2}\right)^{n-1}\right\}^3$ は，$n-1$ 回目までに試行が終了する確率 $1-q_n$ に等しい。

$$\therefore\ 1-q_n = \left\{1-\left(\frac{1}{2}\right)^{n-1}\right\}^3 \text{ より，}$$

$$q_n = 1-\left\{1-\left(\frac{1}{2}\right)^{n-1}\right\}^3 \quad \cdots\cdots\cdots\text{(答)}$$

## 実力アップ問題 107　難易度 ★★★　CHECK 1　CHECK 2　CHECK 3

正三角形の頂点を反時計回りに **A, B, C** と名付け，ある頂点に **1** つの石が置いてある。次のゲームを行う。
袋の中に黒玉 **3** 個，白玉 **2** 個の計 **5** 個の玉が入っている。この袋から中を見ずに **2** 個の玉を取り出して元に戻す。この **1** 回の試行で，もし黒玉 **2** 個の場合反時計回りに，白玉 **2** 個の場合時計回りに隣の頂点に石を動かす。ただし，白玉 **1** 個と黒玉 **1** 個の場合には動かさない。

**(1)** **1** 回の試行で，黒玉 **2** 個を取り出す確率と，白玉 **2** 個を取り出す確率を求めよ。

**(2)** 最初に石を置いた頂点を **A** とする。**4** 回の試行を続けた後，石が頂点 **C** にある確率を求めよ。　（岐阜大）

**ヒント！** 反復試行の確率の応用問題で，同じものを含む順列の数がポイントになる。場合分けを正確に行うことも重要。

**(1)** 黒玉 **3** 個，白玉 **2** 個の入った袋から **2** 個玉を取り出す試行において，事象 $X, Y, Z$ を次のように定める。

事象 $X$：「黒玉 **2** 個を取り出す。」
事象 $Y$：「白玉 **2** 個を取り出す。」
事象 $Z$：「黒玉，白玉各 **1** 個ずつ取り出す。」

それぞれの確率を求めると，

（黒 3 個から 2 個）
$$P(X) = \frac{{}_3C_2}{{}_5C_2} = \frac{3}{10} \quad \cdots\cdots\cdots\cdots\cdots(答)$$

（白 2 個から 2 個）
$$P(Y) = \frac{{}_2C_2}{{}_5C_2} = \frac{1}{10} \quad \cdots\cdots\cdots\cdots\cdots(答)$$

（黒 3 個から 1 個）（白 2 個から 1 個）
$$P(Z) = \frac{{}_3C_1 \cdot {}_2C_1}{{}_5C_2} = \frac{3\cdot 2}{10} = \frac{6}{10}$$

**参考**

一般に，反復試行の確率において，$n$ 回の試行中 $r$ 回だけ事象 **A** が起こり，$n-r$ 回だけ余事象 $\overline{A}$ が起こる確率

$${}_nC_r\, p^r q^{n-r} \quad (p = P(A),\ q = P(\overline{A}))$$

の ${}_nC_r$ は，

$\underbrace{A, A, \cdots, A}_{r回},\ \underbrace{\overline{A}, \overline{A}, \cdots, \overline{A}}_{n-r回}$ の並べ替えの総数を表す。

これを，同じものを含む順列と見て $\dfrac{n!}{r!(n-r)!}$ と計算しても，もちろんいい。

**(2)** 条件より，はじめ，点 **A** にあった石は，△**ABC** を，

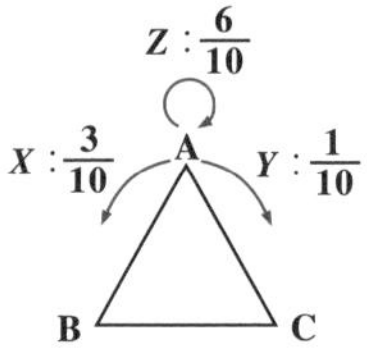


- 事象 $X$ が起こると反時計回りに，
- 事象 $Y$ が起こると時計回りに次の点に移動し，
- 事象 $Z$ が起こると移動しない。

事象 $X, Y, Z$ の起こる回数をそれぞれ $x$, $y$, $z$ とおく。
ここで，4 回の試行の後に，石が点 C にある場合の $(x, y, z)$ の組合わせは次の通りである。

(ⅰ) $(\underline{\underline{3}}, 1, 0)$　　(ⅱ) $(\underline{\underline{2}}, 0, 2)$

(ⅲ) $(\underline{\underline{1}}, 2, 1)$　　(ⅳ) $(\underline{\underline{0}}, 4, 0)$

(ⅴ) $(\underline{\underline{0}}, 1, 3)$

$\underline{\underline{x}}=3, 2, 1, 0$ と変化させて系統的に調べた！

(ⅰ) $(x, y, z)=(3, 1, 0)$ のとき，
その確率は，

$X, X, X, Y$ の並べ替え！

$$\frac{4!}{3!}\left(\frac{3}{10}\right)^3\cdot\left(\frac{1}{10}\right)^1\cdot\left(\frac{6}{10}\right)^0$$

$$=4\cdot\frac{3^3}{10^4}=\frac{108}{10^4}$$

途中経過なので既約分数にしなくてもいい。

(ⅱ) $(x, y, z)=(2, 0, 2)$ のとき，

$X, X, Z, Z$ の並べ替え！

$$\frac{4!}{2!\,2!}\left(\frac{3}{10}\right)^2\cdot\left(\frac{1}{10}\right)^0\cdot\left(\frac{6}{10}\right)^2$$

$$=6\cdot\frac{3^2\cdot 6^2}{10^4}=\frac{1944}{10^4}$$

(ⅲ) $(x, y, z)=(1, 2, 1)$ のとき，

$X, Y, Y, Z$ の並べ替え！

$$\frac{4!}{2!}\left(\frac{3}{10}\right)^1\cdot\left(\frac{1}{10}\right)^2\cdot\left(\frac{6}{10}\right)^1$$

$$=12\cdot\frac{3\cdot 6}{10^4}=\frac{216}{10^4}$$

(ⅳ) $(x, y, z)=(0, 4, 0)$ のとき，

$Y, Y, Y, Y$ の 1 通り！

$$1\cdot\left(\frac{3}{10}\right)^0\cdot\left(\frac{1}{10}\right)^4\cdot\left(\frac{6}{10}\right)^0=\frac{1}{10^4}$$

(ⅴ) $(x, y, z)=(0, 1, 3)$ のとき，

$Y, Z, Z, Z$ の並べ替え！

$$\frac{4!}{3!}\left(\frac{3}{10}\right)^0\cdot\left(\frac{1}{10}\right)^1\cdot\left(\frac{6}{10}\right)^3$$

$$=4\cdot\frac{6^3}{10^4}=\frac{864}{10^4}$$

以上(ⅰ)～(ⅴ)より，4 回の試行後，石が点 C にある確率は，

$$\frac{108}{10^4}+\frac{1944}{10^4}+\frac{216}{10^4}+\frac{1}{10^4}+\frac{864}{10^4}$$

$$=\frac{3133}{10000}$$ ……………………(答)

## 実力アップ問題 108　難易度 ★★★　CHECK 1　CHECK 2　CHECK 3

大小 **2** 枚のコインがある。どちらのコインも，表が出る確率は $p$ で裏が出る確率は $1-p$ である。ただし，$0<p<1$ とする。これら **2** 枚のコインを同時に投げ，その結果により，$xy$ 平面上の点 **A** を移動させるという操作を考える。その際の規則は，

$\begin{cases} \text{点 A の } x \text{ 座標は大きなコインが表のとき 1 増え，裏のとき 1 減り，} \\ \text{点 A の } y \text{ 座標は小さなコインが表のとき 1 増え，裏のとき 1 減る} \end{cases}$

ものとする。

最初に **A** は原点にあるとして，次の問いに答えよ。

**(1)** 上の操作を **2** 回繰り返すとき，点 **A** が原点に戻る確率を求めよ。

**(2)** 上の操作を **4** 回繰り返すとき，**4** 回目に初めて点 **A** が原点に戻る確率を求めよ。

(学習院大＊)

**ヒント！** **(1)** 大きなコインも小さなコインも，共に表と裏が **1** 回ずつ出る確率。**(2)** **4** 回目に“初めて原点に戻る”の，「初めて」に注意する。

**(1)** **2** 枚のコインを **2** 回投げて動点 **A** が原点に戻るのは，

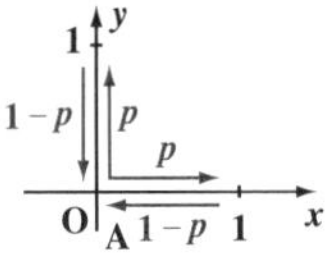


(ⅰ)「大きなコインの表と裏が **1** 回ずつ出て」かつ

(ⅱ)「小さなコインの表と裏が **1** 回ずつ出る」ときである。

(ⅰ)の確率：$_2C_1p^1(1-p)^1=2p(1-p)$

（$p^1$：表，$(1-p)^1$：裏）

(ⅱ)の確率：$_2C_1p^1(1-p)^1=2p(1-p)$

以上(ⅰ)(ⅱ)より，**2** 回の操作の後に点 **A** が原点 **O** に戻る確率は，

$2p(1-p)\times 2p(1-p)$

$=4p^2(1-p)^2$ ……①………(答)

**(2)** **2** 枚のコインを **4** 回投げて，動点 **A** が原点 **O** に戻るのは，

(ⅰ)「大きなコインの表と裏が **2** 回ずつ出て，」かつ

(ⅱ)「小さなコインの表と裏が **2** 回ずつ出る。」ときである。

(ⅰ)(ⅱ)の確率の積が，この場合の確率より，

$\{{}_4C_2\,p^2(1-p)^2\}^2$ （$_4C_2=6$；$p^2$：表 **2** 回，$(1-p)^2$：裏 **2** 回；2乗：大小 **2** つのコイン）

$=36p^4(1-p)^4$ ……②

このうち，**2** 回目の操作で原点に戻った場合を除く。この確率は **(1)** の場合が **2** 回連続して起こる確率より，①式を **2** 乗して，

$\{4p^2(1-p)^2\}^2=16p^4(1-p)^4$ …③

（初めの **2** 回の試行後に原点に戻り，次の **2** 回の試行後も原点に戻る確率。）

以上より，**4** 回目に「初めて」動点 **A** が原点に戻る確率は，②−③より，

$36p^4(1-p)^4-16p^4(1-p)^4$

$=20p^4(1-p)^4$ ………………(答)

## 実力アップ問題 109　難易度 ★★　CHECK 1　CHECK 2　CHECK 3

**P** 君は，訪れた家に $\frac{1}{4}$ の確率で傘を忘れるものとする。ある日，**P** 君が傘を持って出て，$a$，$b$，$c$ の家を順に訪れ，自宅に戻ったら傘を忘れていた。このとき，**P** 君が $a$，$b$，$c$ のいずれかで傘を忘れたという条件の下で，$a$，$b$，$c$ それぞれの家に傘を忘れた確率を求めよ。

ヒント！ **P** 君が $a$，$b$，$c$ のいずれかで傘を忘れたという条件の下で，$a$，$b$，$c$ それぞれの家に忘れた確率，つまり条件付き確率を求める問題なんだね。

事象 $X, A, B, C$ を次のようにおく。

$X$：$a, b, c$ のいずれかで傘を忘れる。

$A$：$a$ で傘を忘れる

$B$：$b$ で傘を忘れる

$C$：$c$ で傘を忘れる。

ベン図のイメージ

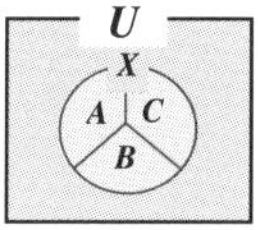


ここで，確率 $P(X)$ は，余事象の確率 $P(\overline{X})$ を用いて求めると，

$$P(X) = 1 - P(\overline{X}) = 1 - \left(\frac{3}{4}\right)^3$$

（$a$, $b$, $c$ いずれでも傘を忘れない確率）

$$= 1 - \frac{27}{64} = \frac{37}{64}$$

(ⅰ) $a$ で傘を忘れる確率 $P(A)$ は，

$$P(A) = \frac{1}{4}$$

よって，事象 $X$ が起こったという条件の下で，事象 $A$ の起こる確率 $P_X(A)$ は，

$$P_X(A) = \frac{P(X \cap A)}{P(X)} = \frac{P(A)}{P(X)}$$

（$P(X \cap A) = P(A)$）

イメージ

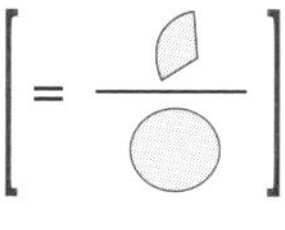

$$\therefore P_X(A) = \frac{\frac{1}{4}}{\frac{37}{64}} = \frac{16}{37} \quad \cdots(\text{答})$$

(ⅱ) $b$ で傘を忘れる確率 $P(B)$ は，

$$P(B) = \frac{3}{4} \times \frac{1}{4} = \frac{3}{16} \quad \text{より，}$$

（$a$ で忘れず，$b$ で忘れる。）

条件付確率 $P_X(B)$ は，

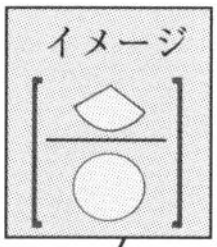


$$\therefore P_X(B) = \frac{P(X \cap B)}{P(X)} = \frac{\frac{3}{16}}{\frac{37}{64}}$$

（$P(X \cap B) = P(B)$）

$$= \frac{12}{37} \quad \cdots\cdots\cdots\cdots\cdots\cdots\cdots(\text{答})$$

(ⅲ) $c$ で傘を忘れる確率 $P(C)$ は，

$$P(C) = \frac{3}{4} \times \frac{3}{4} \times \frac{1}{4} = \frac{9}{64} \quad \text{より，}$$

（$a$，$b$ で忘れず，$c$ で忘れる。）

同様に，$P_X(C)$ は，

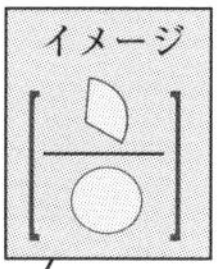


$$P_X(C) = \frac{P(C)}{P(X)} = \frac{\frac{9}{64}}{\frac{37}{64}} = \frac{9}{37} \cdots (\text{答})$$

## 実力アップ問題 110　難易度 ★★　CHECK 1　CHECK 2　CHECK 3

$X$ の箱には赤玉 6 個と白玉 2 個，$Y$ の箱には赤玉 4 個と白玉 4 個が入っている。今，無作為に 1 つの箱を選んで 3 個の玉を取り出したところ，白玉より赤玉の個数の方が多かった。このとき，選んだ箱が $X$ の箱であった確率を求めよ。

**ヒント！** (1) $X$ の箱を選ぶ事象を $A$，取り出した 3 個について赤玉の方が白玉より多い事象を $B$ とおくと，条件付き確率 $P_B(A)$ を求めればいい。

ここで，2 つの事象 $A$，$B$ を次のようにおく。

| $X$ の箱 | $Y$ の箱 |
|---|---|
| 赤玉 6 個<br>白玉 2 個 | 赤玉 4 個<br>白玉 4 個 |

$A$：X の箱を選ぶ

$B$：取り出した 3 個の玉について，赤玉の方が白玉より多い。

ここでは，事象 $B$ が起こったという条件の下で，事象 $A$ の起こる条件付き確率：

$$P_B(A)=\frac{P(A\cap B)}{P(B)}\quad\cdots\cdots①$$

を求めればよい。

まず確率 $P(B)$ を求めると，

$$P(B)=\underbrace{\frac{1}{2}}_{X\text{を選ぶ}}\left(\underbrace{\frac{{}_6C_3}{{}_8C_3}}_{\text{赤}3}+\underbrace{\frac{{}_6C_2\cdot{}_2C_1}{{}_8C_3}}_{\text{赤}2\text{白}1}\right)+\underbrace{\frac{1}{2}}_{Y\text{を選ぶ}}\left(\underbrace{\frac{{}_4C_3}{{}_8C_3}}_{\text{赤}3}+\underbrace{\frac{{}_4C_2\cdot{}_4C_1}{{}_8C_3}}_{\text{赤}2\text{白}1}\right)$$

よって，

$$P(B)=\frac{1}{2}\left(\frac{20}{56}+\frac{15\times2}{56}\right)+\frac{1}{2}\left(\frac{4}{56}+\frac{6\times4}{56}\right)=\frac{39}{56}\quad\cdots\cdots②$$

また，$P(A\cap B)$ を求めると，

$$P(A\cap B)=\underbrace{\frac{1}{2}}_{X\text{を選ぶ}}\left(\underbrace{\frac{{}_6C_3}{{}_8C_3}}_{\text{赤}3}+\underbrace{\frac{{}_6C_2\cdot{}_2C_1}{{}_8C_3}}_{\text{赤}2\text{白}1}\right)$$

$$=\frac{1}{2}\left(\frac{20}{56}+\frac{15\times2}{56}\right)$$

$$=\frac{25}{56}\quad\cdots\cdots③$$

②，③を①に代入して，求める条件付き確率 $P_B(A)$ は，

$$P_B(A)=\frac{P(A\cap B)}{P(B)}=\frac{\frac{25}{\cancel{56}}}{\frac{39}{\cancel{56}}}$$

$$=\frac{25}{39}\quad\cdots\cdots\cdots\cdots\cdots\cdots\text{(答)}$$

## 実力アップ問題 111　難易度 ★★★　CHECK 1　CHECK 2　CHECK 3

次の問いに答えよ。

**(1)** 2 つの事象 $\mathbf{A}$, $\mathbf{B}$ が互いに独立な事象であるとき,

( i ) $\overline{\mathbf{A}}$ と $\overline{\mathbf{B}}$, ( ii ) $\overline{\mathbf{A}}$ と $\mathbf{B}$, ( iii ) $\mathbf{A}$ と $\overline{\mathbf{B}}$ の, いずれもが,

独立な事象であることを示せ。

**(2)** 2 つの事象 $\mathbf{A}$, $\mathbf{B}$ が互いに独立な事象で,

$P(A)=\dfrac{1}{3}$, $P(A\cap\overline{B})=\dfrac{1}{5}$ である。このとき, ( i ) $P(\overline{A}\cap B)$ と

( ii ) $P_{\overline{A}}(B)$ を求めよ。

**ヒント!** ( i ) $A$ と $B$ は独立より, $P(A\cap B)=P(A)P(B)$ だね。これを基にして, ( i ) $P(\overline{A}\cap\overline{B})=P(\overline{A})P(\overline{B})$, ( ii ) $P(\overline{A}\cap B)=P(\overline{A})P(B)$, ( iii ) $P(A\cap\overline{B})=P(A)P(\overline{B})$ が成り立つことを示せばいいんだね。(2) は, $A$ と $B$ が独立より $P(\overline{A}\cap B)=P(\overline{A})P(B)$ を, また, $P_{\overline{A}}(B)=P(B)$ を具体的に計算すればいい。頑張ろう!

**(1)** $A$ と $B$ は互いに独立より,

$P(A\cap B)$
$=P(A)P(B)$ …①

が成り立つ。

ペン図

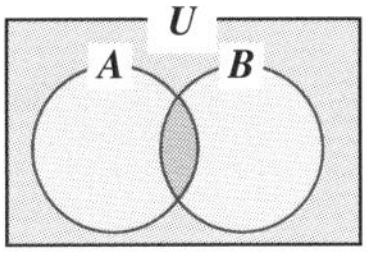


このとき,

( i ) $P(\overline{A}\cap\overline{B})=P(\overline{A\cup B})$ 　ド・モルガンの法則

$=1-P(A\cup B)$

$=1-\{P(A)+P(B)-\underline{P(A\cap B)}\}$ 　①より→ $P(A)P(B)$

$=1-P(A)-P(B)+P(A)P(B)$

$=\{1-P(A)\}-P(B)\{1-P(A)\}$

よって,

$P(\overline{A}\cap\overline{B})=\underbrace{\{1-P(A)\}}_{P(\overline{A})}\underbrace{\{1-P(B)\}}_{P(\overline{B})}$

$=P(\overline{A})\cdot P(\overline{B})$ ……②

②より, 2 つの余事象 $\overline{A}$ と $\overline{B}$ は独立な事象である。……………(終)

( ii ) $P(\overline{A}\cap B)=P(B)-P(A\cap B)$

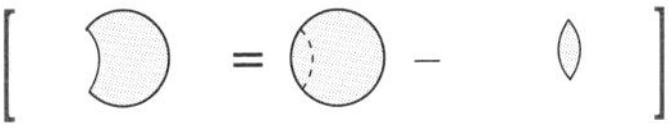

$=P(B)-P(A)\cdot P(B)$ (①より)

$=P(B)\underbrace{\{1-P(A)\}}_{P(\overline{A})}$

$\therefore\ P(\overline{A}\cap B)=P(\overline{A})P(B)$……③

③より，余事象 $\overline{A}$ と $B$ は独立な事象である。 ……………………(終)

(ⅲ) $P(A\cap\overline{B})=P(A)-P(A\cap B)$

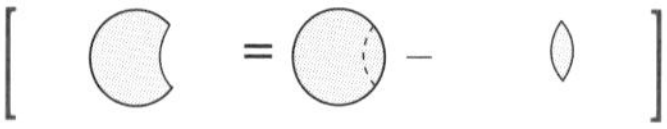

$=P(A)-P(A)\cdot P(B)$ （①より）

$=P(A)\{1-P(B)\}=P(A)\cdot P(\overline{B})$

（$1-P(B)=P(\overline{B})$）

$\therefore P(A\cap\overline{B})=P(A)\cdot P(\overline{B})$ ……④

④より，$A$ と余事象 $\overline{B}$ は独立な事象である。 ……………………………(終)

(2) 2 つの事象 $A$ と $B$ は互いに独立なので，(1) の結果より，

$P(A\cap\overline{B})=P(A)P(\overline{B})$ ← ④より

が成り立つ。

ここで
$$\begin{cases} P(A)=\dfrac{1}{3} & \cdots\cdots⑤ \\ P(A\cap\overline{B})=\dfrac{1}{5} & \cdots\cdots⑥ \end{cases}$$

より，⑥は

$P(A)\cdot P(\overline{B})=\dfrac{1}{5}$

（$P(A)=\dfrac{1}{3}$ （⑤より））

$\dfrac{1}{3}P(\overline{B})=\dfrac{1}{5}$ より，$P(\overline{B})=\dfrac{3}{5}$

$\therefore P(B)=1-P(\overline{B})=1-\dfrac{3}{5}$

$=1-\dfrac{3}{5}=\dfrac{2}{5}$ …⑦ となる。

以上より，

(ⅰ) $P(\overline{A}\cap B)=P(\overline{A})P(B)$ （③より）

（$P(\overline{A})=1-P(A)=1-\dfrac{1}{3}=\dfrac{2}{3}$，$P(B)=\dfrac{2}{5}$ （⑦より））

$=\dfrac{2}{3}\times\dfrac{2}{5}=\dfrac{4}{15}$ ……………(答)

(ⅱ) 条件付き確率の公式より，

$P_{\overline{A}}(B)=\dfrac{P(\overline{A}\cap B)}{P(\overline{A})}$ 

③より

$=\dfrac{\cancel{P(\overline{A})}P(B)}{\cancel{P(\overline{A})}}$

$=P(B)=\dfrac{2}{5}$ …………(答)

（⑦より）

$\overline{A}$ と $B$ は，独立な事象であることは分かっているので，$P_{\overline{A}}(B)=P(B)$ といきなり変形して求めても構わない。

## 実力アップ問題 112　難易度 ★★★　CHECK 1　CHECK 2　CHECK 3

**2** つの袋 $X$, $Y$ がある。$X$ には赤玉 **1** 個と白玉 $n$ 個, $Y$ には赤玉 **3** 個と白玉 **3** 個が入っている。まず, $X$ から玉を **1** 個取り出し, それが赤玉のときには $Y$ から **3** 個の玉を取り出し, 白玉のときには $Y$ から **2** 個の玉を取り出す。
（ただし, $n$ は **0** 以上の整数とする。）
このとき, $Y$ から取り出される玉について, **2** つの事象 $A$, $B$ を次のように定義する。

事象 $A$:「赤玉の個数が白玉の個数より多い。」
事象 $B$:「玉の色がすべて同じである。」

このとき, **2** つの事象 $A$, $B$ が独立となるような $n$ の値を求めよ。

**ヒント！** **2** つの事象 $A$, $B$ が独立となるための条件は, $P(A\cap B)=P(A)\cdot P(B)$ なので, $P(A)$, $P(B)$, $P(A\cap B)$ を求めて, この方程式（条件式）が成り立つような $n$ の値を求めればいいんだね。

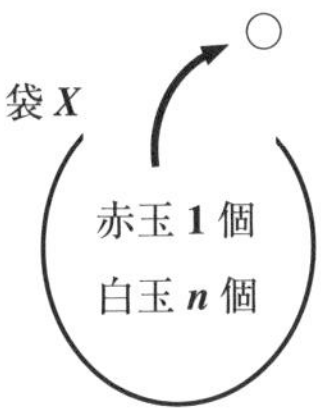


赤玉 **1** 個と白玉 $n$ 個が入った袋 $X$ から玉を **1** 個取り出すとき, それが,

・赤玉である確率は,

$$\frac{{}_1C_1}{{}_{n+1}C_1}=\frac{1}{n+1}\quad \text{であり,}$$

・白玉である確率は,

$$\frac{{}_nC_1}{{}_{n+1}C_1}=\frac{n}{n+1}\quad \text{である。}$$

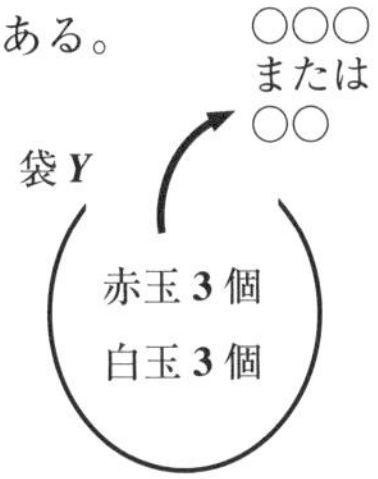


そして, $X$ から取り出す玉が赤玉のときは袋 $Y$ から **3** 個の玉を, また白玉のときは袋 $Y$ から **2** 個の玉を取り出す。
ここで, $Y$ から取り出される玉について, **2** つの事象 $A$, $B$ を

事象 $A$「赤玉の方が白玉より多い。」
事象 $B$「玉の色がすべて同色。」

と定義しているので, **2** つの事象 $A$, $B$ とその積事象 $A\cap B$ の起こる確率をそれぞれ $P(A)$, $P(B)$, $P(A\cap B)$ とおくことにする。

(i) $P(A)$ を求めると,

$$P(A)=\underbrace{\frac{1}{n+1}}_{X\text{から赤}}\left(\underbrace{\frac{{}_3C_3}{{}_6C_3}}_{Y\text{から赤}3}+\underbrace{\frac{{}_3C_2\cdot{}_3C_1}{{}_6C_3}}_{Y\text{から赤}2\text{白}1}\right)$$

$$+\underbrace{\frac{n}{n+1}}_{X\text{から白}}\cdot\underbrace{\frac{{}_3C_2}{{}_6C_2}}_{Y\text{から赤}2}$$

ここで，$_6C_3 = \dfrac{6!}{3! \cdot 3!} = \dfrac{6 \cdot 5 \cdot 4}{3 \cdot 2 \cdot 1} = 20$

$_6C_2 = \dfrac{6!}{2! \cdot 4!} = \dfrac{6 \cdot 5}{2 \cdot 1} = 15$　　$_3C_3 = 1$

$_3C_2 = {}_3C_1 = 3$ より，$P(A)$ は，

$$P(A) = \dfrac{1}{n+1}\left(\dfrac{1}{20} + \dfrac{3 \times 3}{20}\right)$$

$$+ \dfrac{n}{n+1} \cdot \dfrac{3}{15}$$

$$= \dfrac{1}{2(n+1)} + \dfrac{n}{5(n+1)}$$

$$= \dfrac{2n+5}{10(n+1)} \quad \cdots\cdots① \text{ となる。}$$

（ⅱ）$P(B)$ を求めると，

$$P(B) = \dfrac{1}{n+1}\left(\underbrace{\dfrac{_3C_3}{_6C_3}}_{} + \underbrace{\dfrac{_3C_3}{_6C_3}}_{}\right)$$

$\boxed{X \text{から赤}}$ $\boxed{Y \text{から赤}3}$ $\boxed{Y \text{から白}3}$

$$+ \dfrac{n}{n+1}\left(\dfrac{_3C_2}{_6C_2} + \dfrac{_3C_2}{_6C_2}\right)$$

$\boxed{X \text{から白}}$ $\boxed{Y \text{から赤}2}$ $\boxed{Y \text{から白}2}$

$$= \dfrac{1}{n+1}\left(\dfrac{1}{20} + \dfrac{1}{20}\right)$$

$$+ \dfrac{n}{n+1}\left(\dfrac{3}{15} + \dfrac{3}{15}\right)$$

$$= \dfrac{1}{10(n+1)} + \dfrac{2n}{5(n+1)}$$

$$= \dfrac{4n+1}{10(n+1)} \quad \cdots\cdots② \text{ となる。}$$

（ⅲ）$A \cap B$ は，$Y$ から取り出される玉がすべて赤玉であることを表しているので，$P(A \cap B)$ を求めると，

$$P(A \cap B) = \dfrac{1}{n+1} \cdot \dfrac{_3C_3}{_6C_3} + \dfrac{n}{n+1} \cdot \dfrac{_3C_2}{_6C_2}$$

$\boxed{X \text{から赤}}$ $\boxed{Y \text{から赤}3}$ $\boxed{X \text{から白}}$ $\boxed{Y \text{から赤}}$

よって，

$$P(A \cap B) = \dfrac{1}{n+1} \cdot \dfrac{1}{20} + \dfrac{n}{n+1} \times \dfrac{3}{15}$$

$$= \dfrac{1}{20(n+1)} + \dfrac{n}{5(n+1)}$$

$$= \dfrac{4n+1}{20(n+1)} \quad \cdots\cdots③ \text{ となる。}$$

以上（ⅰ），（ⅱ），（ⅲ）の①，②，③を事象 $A$ と $B$ が独立となるための式

$$P(A) \cdot P(B) = P(A \cap B) \quad \cdots\cdots④$$

に代入してまとめると，

$$\dfrac{2n+5}{10(n+1)} \cdot \dfrac{4n+1}{10(n+1)} = \dfrac{1}{2} \cdot \dfrac{4n+1}{10(n+1)}$$

$2n+5 = 5(n+1)$

$2n+5 = 5n+5$

$3n = 0 \quad \therefore n = 0$

よって，2 つの事象 $A$ と $B$ が独立となるような袋 $X$ の白玉の個数 $n$ は，$n = 0$ である。$\cdots\cdots\cdots\cdots\cdots$（答）

演習
exercise

# 7 整数の性質

テーマ

- $A \cdot B = n$ 型，範囲を押さえる型の整数問題
- 最大公約数 $g$ と最小公倍数 $L$
（互除法，1 次不定方程式 $ax + by = n$）
- $n$ 進法（記数法）
$(1011_{(2)} = 102_{(3)} = 21_{(5)} = 11_{(10)})$

# 演習7 整数の性質 ●公式&解法パターン

## 1. 整数の約数と倍数

整数 $a(\neq 0)$，$b$，$m$ について，$b = m \cdot a$ が成り立つとき，$a$ は $b$ の約数であり，かつ $b$ は $a$ の倍数である。

## 2. 素数と素因数分解

自然数（正の整数）は，素数（1 と自分自身以外に約数をもたないもの）

（具体的には，2，3，5，7，11，13，17，19，23，29，…）

と合成数（素数ではないもの）とに分類される。合成数は，たとえば，$12 = 2^2 \cdot 3$，$75 = 3 \cdot 5^2$ など…のように，素数の積の形で表せる。これを素因数分解という。

## 3. $A \cdot B = n$ 型の整数問題（$A$，$B$：整数の式，$n$：整数）

$A$，$B$，$n$ は整数なので，
右の表を利用して解く。

| $A$ | $1$ | … | $n$ | $-1$ | … | $-n$ |
|---|---|---|---|---|---|---|
| $B$ | $n$ | … | $1$ | $-n$ | … | $-1$ |

## 4. 範囲を押さえる型の整数問題

与えられた整数の方程式に対して，整数の未知数の大小関係などを利用して，存在範囲をしぼって解を求める。

## 5. 最大公約数 $g$ と最小公倍数 $L$

2 つの正の整数 $a$，$b$ について，

・共通の約数の中で最大のものを最大公約数 $g$ という。

・共通の倍数の中で最小のものを最小公倍数 $L$ という。

(i) $\begin{cases} a = a' \cdot g \\ b = b' \cdot g \end{cases}$ （$a' \cdot b'$：互いに素）←（互いに素とは，$a$ と $b$ の公約数が 1 のみであること）

(ii) $L = a' \cdot b' \cdot g$　　(iii) $a \cdot b = L \cdot g$

## 6. ユークリッドの互除法（または，互除法）

基礎定理：2 つの正の整数 $a$，$b$（$a>b$）について，$a$ を $b$ で割った商を $q$，余りを $r$ とおくと，

$a = b \cdot q + r$ …①　（$0 \leqq r < b$）となる。このとき，

$a$ と $b$ の最大公約数 $g$ は，$b$ と $r$ の最大公約数と等しい。

この基礎定理を用いると，次の例のように最大公約数が簡単に求まる。

(*ex*)**391** と **161** の最大公約数 $g$ を互除法により求めると，

$$391 = \underline{\underline{161}} \times 2 + \underline{69}$$ ← 391 と 161 の $g$ は，161 と 69 の $g$ と等しい。

$$\underline{\underline{161}} = \underline{69} \times 2 + 23$$ ← 161 と 69 の $g$ は，69 と 23 の $g$ と等しい。

$$\underline{69} = 23 \times 3 + 0$$ ← 69 は 23 で割り切れたので，$g = 23$

以上より，**391** と **161** の最大公約数 $g = 23$ と求まる。

## 7. 1 次不定方程式の整数解

**1** 次不定方程式： $ax+by=n$ …① （$a \cdot b$：互いに素）

の整数解の組 $(x,\ y)$ は，①の **1** つの特殊解を求めれば，容易に求まる。

（この **1** つの特殊解を求めるのに，ユークリッドの互除法が役に立つ。）

## 8. *n* 進法（記数法）

**10** 進法表示で，**1** から **10** までの数を，**2** 進法，**3** 進法，**5** 進法，**8** 進法，で表すと，次の表のようになる。

| 10進数 | 1 | 2 | 3 | 4 | 5 | 6 | 7 | 8 | 9 | 10 |
|---|---|---|---|---|---|---|---|---|---|---|
| 2 進数 | 1 | 10 | 11 | 100 | 101 | 110 | 111 | 1000 | 1001 | 1010 |
| 3 進数 | 1 | 2 | 10 | 11 | 12 | 20 | 21 | 22 | 100 | 101 |
| 5 進数 | 1 | 2 | 3 | 4 | 10 | 11 | 12 | 13 | 14 | 20 |
| 8 進数 | 1 | 2 | 3 | 4 | 5 | 6 | 7 | 10 | 11 | 12 |

たとえば，$n$ 進数（$n \geqq 2$）$\underline{abc.def_{(n)}}$ を **10** 進法で表すと，

↑ $n$ 進数は，右下に添字“$(n)$”を付けて表す。

$$abc.def_{(n)} = a \cdot n^2 + b \cdot n + c \cdot 1 + \frac{d}{n} + \frac{e}{n^2} + \frac{d}{n^3}\ {}_{(10)}$$ となる。

(ⅰ)（$n$ 進数）→（**10** 進数），および (ⅱ)（**10** 進数）→（$n$ 進数）への変換の仕方にも習熟しよう。（具体的な手法は，実力アップ問題 **127** (**P 178**) で練習しよう。）

## 実力アップ問題 113　難易度 ★★★　CHECK 1　CHECK 2　CHECK 3

**2000**! を **10** 進法で表記すれば，末尾に連続した **0** が何個並ぶことになるか。

（小樽商大，早稲田大＊）

### レクチャー　◆ 2000! の末尾の 0 の個数◆

・$6! = 6 \cdot \underline{5} \cdot 4 \cdot 3 \cdot 2 \cdot 1 = 72\underline{\underline{0}}$ の末尾には，**0** が **1** つある。これは，**6**! が $\underline{\underline{10^1}}$ で割り切れることと同じである。一般に $n! = 1 \cdot 2 \cdot 3 \cdot \cdots (n-1) \cdot n$ を素因数分解したとき，$10 = 2 \times 5$ の **2** は **5** より沢山あるので，「**5** の個数が，$n!$ が **10** の何乗で割り切れるか，すなわち **10** 進法で表された $n!$ の末尾の **0** の個数」を決定する。

・**2000**! の場合，

$$1 \times 2 \times \cdots \times 5 \times \cdots \times \underset{2\times 5}{\textcircled{10}} \times \cdots \times \underset{5^2}{\textcircled{25}} \times \cdots \times \underset{5^3}{\textcircled{125}} \times \cdots \times \underset{5^4}{\textcircled{625}} \times \cdots \times \underset{16\times 5^3}{\textcircled{2000}}$$

[　　一　一　T　下　正　下　]

より，次のようにして，**2000**! の中に含まれる因数 **5** の個数を求める。

(i) $2000 \div 5 = \underline{\underline{400}}$(個) は，**5, 10, 15, 20, 25, 30, …,125, …, 250, …, 500,… ,625, …, 2000** のうちの **1** つ目の **5** の個数を集計したもの。

（まだ，**25，50，…，125，625，…，2000** には **5** が残っている。）

(ii) $2000 \div 5^2 = \underline{\underline{80}}$(個) は，**25，50，75，100，125，…，200，…，625，…，2000** に残っている **2** つ目の **5** の個数を集計したもの。

(iii) $2000 \div 5^3 = \underline{\underline{16}}$(個) は，**125，250，375，500，625，750，…，2000** に残っている **3** つ目の **5** の個数を集計したもの。

(iv) $2000 \div 5^4 = \underline{\underline{3}}.2$ より，この $\underline{\underline{3}}\left(=\left[\dfrac{2000}{5^4}\right]\right)$(個) は，**625，1250，1875** に残っている **4** つ目の **5** の個数を集計したものである。（ガウス記号）

以上 (i) ～ (iv) より，**2000**! の中には，$\underline{\underline{400}} + \underline{\underline{80}} + \underline{\underline{16}} + \underline{\underline{3}} = 499$ 個の **5** が因数として入っているので，**2000**! は $10^{499}$ で割り切れる！

**2000**! の中に因数として含まれる **2** と **5** の個数は明らかに **2** の方が圧倒的に多い。よって，この因数 **5** の個数が，**10** 進法で表記された **2000**! の末尾に並ぶ **0** の個数に等しい。その **5** の個数は，

$$\frac{2000}{5} + \frac{2000}{5^2} + \frac{2000}{5^3} + \underbrace{\left[\frac{2000}{5^4}\right]}_{3}$$

$= 400 + 80 + 16 + 3 = 499$

∴ **2000**! を **10** 進法で表したとき，末尾には**0** が **499** 個並ぶ。 ……………(答)

実力アップ問題 114　難易度 ★★　CHECK 1　CHECK 2　CHECK 3

次の問いに答えよ。

(1) $m^2-2m+mn-2n-5=0$ を満たす自然数$m, n$の組を求めよ。（大阪薬大）

(2) $a, b, c$ を整数とする。$(x-a)(x-99)+2=(x-b)(x-c)$がすべての実数$x$に対して成り立つような$a, b, c$の値の組をすべて求めよ。（早稲田大）

ヒント！ (1)(2) 共に，$A \cdot B = n$ の形にもち込んで解く整数問題である。(2) は，恒等式の考え方も利用する。

**基本事項**

$A \cdot B = n$ 型の整数問題

$A \cdot B = n$ ($A,B$: 整数の式, $n$ : 整数) のとき，$A, B$ は整数より，次の表を用いて解く。

| $A$ | $1$ | $\cdots$ | $n$ | $-1$ | $\cdots$ | $-n$ |
|---|---|---|---|---|---|---|
| $B$ | $n$ | $\cdots$ | $1$ | $-n$ | $\cdots$ | $-1$ |

(1) $m^2-2m+mn-2n-5=0$　($m, n$ : 自然数)

のとき，これを変形して，

$m^2-2m+mn-2n=5$

これを因数分解して，

$m(m-2)+n(m-2)=5$

⊕ ($m>0, n>0$ より)

$(m+n)(m-2)=5$　← $1\cdot5$ または $5\cdot1$

[ $A$ ・ $B$ $=n$ ]

ここで，$m, n$ は自然数より，

$m+n>0$

また，明らかに，

$m-2<m+n$ より，

$m+n=5, m-2=1$ に定まる。

よって，$m=3, n=5-3=2$

以上より，求める$(m, n)$の組は，

$(m, n)=(3, 2)$ ……………(答)

(2) 与式を変形して，

$x^2-(a+99)x+99a+2$

$=x^2-(b+c)x+bc$ …①

①は，$x$ に関する恒等式なので，各係数を比較して，

$\begin{cases} a+99=b+c & \cdots\cdots② \\ 99a+2=bc & \cdots\cdots③ \end{cases}$

②より，$a=b+c-99$ ……②′

②′を③に代入して，

$99(b+c-99)+2=bc$

$bc-99(b+c)+99^2=2$

$(b-99)(c-99)=2$

[ $A$ ・ $B$ $=n$ ]

ここで，$b, c$ は整数より，

表

| $b-99$ | $1$ | $2$ | $-1$ | $-2$ |
|---|---|---|---|---|
| $c-99$ | $2$ | $1$ | $-2$ | $-1$ |

$\therefore (b, c)=(100, 101), (101, 100), (98, 97), (97, 98)$

これらを順に②′に代入すると，

$a=b+c-99$

$=102, 102, 96, 96$

以上より，求める$(a, b, c)$の値の組は，

$(a, b, c)=(102, 100, 101), (102, 101, 100), (96, 98, 97), (96, 97, 98)$ …(答)

## 実力アップ問題 115　難易度 ★★　CHECK 1　CHECK 2　CHECK 3

次の問いに答えよ。

**(1)** 2 次方程式 $x^2+(m+1)x+2m-1=0$ の 2 つの解が整数となるように，整数 $m$ の値を求めよ。　(中央大)

**(2)** $5x^2+2xy+y^2-4x+4y+7=0$ をみたす整数の組 $(x, y)$ を求めよ。　(東海大)

**ヒント！** (1) 解と係数の関係から，$A\cdot B=n$ 型の整数問題にもち込むのがポイント。(2) これまでとは違って，$A\cdot B=n$ 型にはもち込めない。まず，$y$ の 2 次方程式にまとめて，判別式 $D\geqq 0$ から，整数 $x$ を求める。思考の柔軟性が大事だね。

(1) $\underset{a}{\boxed{1}}x^2+(\underset{b}{\boxed{m+1}})x+\underset{c}{\boxed{2m-1}}=0$ の 2 つの整数解を $\alpha, \beta$ とおくと，解と係数の関係より，

$$\begin{cases}\alpha+\beta=-m-1 & \cdots\cdots① \\ \alpha\cdot\beta=2m-1 & \cdots\cdots②\end{cases}$$

**基本事項**

整数問題の解法パターン

$A\cdot B=n$

($A, B$：整数の式，$n$：整数)

① ×2+② より，

$\alpha\beta+2\alpha+2\beta=-3$ ← まず $m$ を消去

$\alpha(\beta+2)+2(\beta+2)=-3+4$

$(\alpha+2)(\beta+2)=1$ ← $A\cdot B=n$ の形

$\alpha+2, \beta+2$ は共に整数より，

$(\alpha+2, \beta+2)=(1, 1)$，または $(-1, -1)$

$\therefore (\alpha, \beta)=(-1, -1)$，または $(-3, -3)$

(i) $(\alpha, \beta)=(-1, -1)$ のとき，

①より，$-1-\cancel{1}=-m-\cancel{1}$

$\therefore m=1$

(ii) $(\alpha, \beta)=(-3, -3)$ のとき，

①より，$-3-3=-m-1$

$\therefore m=5$

以上 (i)(ii) より，求める整数 $m$ の値は，

$m=1, 5$ ……………………………(答)

(2) 与式を $y$ の 2 次方程式としてまとめると，

$\underset{a}{\boxed{1}}\cdot y^2+\underset{2b'}{\boxed{2(x+2)}}y+\underset{c}{\boxed{5x^2-4x+7}}=0$ ……③

③は実数 (整数) 解をもつので，この判別式を $D$ とおくと，

$$\frac{D}{4}=\boxed{(x+2)^2-(5x^2-4x+7)\geqq 0}$$

$-4x^2+8x-3\geqq 0$

$4x^2-8x+3\leqq 0$

2 ╲╱ −1
2 ╱╲ −3

$(2x-1)(2x-3)\leqq 0$

$\therefore \frac{1}{2}\leqq x\leqq\frac{3}{2}$ より，これをみたす整数 $x$ は，$x=1$ のみである。

これを③に代入して，

$y^2+6y+8=0$

$(y+2)(y+4)=0$

$\therefore y=-2, -4$

以上より，与えられた方程式をみたす整数 $x, y$ の組は，

$(x, y)=(1, -2), (1, -4)$ ……(答)

## 実力アップ問題 116　難易度 ★★★　CHECK 1　CHECK 2　CHECK 3

$x$ と $y$ を整数, $k$ を実数とする。このとき, 次の①, ②をみたす $(x, y, k)$ の組をすべて求めよ。

$$\begin{cases} kx-y=0 & \cdots\cdots① \\ x+ky-2k-6=0 & \cdots\cdots② \end{cases}$$

(宮崎大)

**ヒント！** 整数 $x$ と $y$ のみの方程式にするために, 実数 $k$ を消去する必要がある。そのためには, ①から (i) $x=0$ のときと, (ii) $x \neq 0$ のときの場合分けがまず必要となるんだね。頑張ろう！

(i) $x=0$ のとき,

①より, $y=0$

②より, $-2k-6=0$　$\therefore k=-3$

以上より, $(x, y, k)=(0, 0, -3)$

(ii) $x \neq 0$ のとき,

①より, $k=\dfrac{y}{x}$　……①′

①′ を②に代入して,

$x+\dfrac{y^2}{x}-2\cdot\dfrac{y}{x}-6=0$

両辺に $x\ (\neq 0)$ をかけて,

$x^2-6x+y^2-2y=0$ ……③

**参考**

この③は, $A\cdot B=n$ の形にまとめることはできないが,

$\underset{(0以上)}{A^2}+\underset{(0以上)}{B^2}=n$　$\begin{pmatrix} A, B：整数の式 \\ n：整数 \end{pmatrix}$

の形にまとめることができる。

③を変形して,

$(x^2-6x+9)+(y^2-2y+1)=10$

$(x-3)^2+(y-1)^2=10$

ここで, $x \neq 0$, すなわち $x-3 \neq -3$ より, 整数 $x-3$ と $y-1$ の取り得る値の組は次の表のようになる。

| $x-3$ | 1 | $-1$ | 1 | $-1$ | 3 | 3 |
|---|---|---|---|---|---|---|
| $y-1$ | 3 | 3 | $-3$ | $-3$ | 1 | $-1$ |

よって,

$(x, y)=(4, 4), (2, 4), (4, -2)$
$(2, -2), (6, 2), (6, 0)$

これらに対応する $k$ の値は, ①′より, 順に, $k=1, 2, -\dfrac{1}{2}, -1, \dfrac{1}{3}, 0$,

以上 (i)(ii) より, 求める $(x, y, k)$ の値の組をすべて示すと,

$(x, y, k)=(0, 0, -3), (4, 4, 1)$
$(2, 4, 2), \left(4, -2, -\dfrac{1}{2}\right)$
$(2, -2, -1), \left(6, 2, \dfrac{1}{3}\right)$
$(6, 0, 0)$ である。

………(答)

## 実力アップ問題 117　難易度 ★★　CHECK 1　CHECK 2　CHECK 3

**3** つの自然数の組 $(a,\ b,\ c)$ は，条件

$$a<b<c \quad かつ \quad \frac{1}{a}+\frac{1}{b}+\frac{1}{c}<\frac{1}{3}$$

をみたす。このような組 $(a,\ b,\ c)$ のうち，$c$ の最も小さいものをすべて求めよ。

（一橋大＊）

**ヒント！** "変数の範囲を調べる" タイプの整数問題である。与えられた不等式を $c$ でまとめると，$c>9$ の条件が導ける。

$$\frac{1}{a}+\frac{1}{b}+\frac{1}{c}<\frac{1}{3} \quad \cdots\cdots ①$$

$(a, b, c$：自然数，$a<b<c)$

**参考**

①を $a$ でまとめると，

$$\frac{1}{3}>\frac{1}{a}+\frac{1}{b}+\frac{1}{c}<\frac{1}{a}+\frac{1}{a}+\frac{1}{a}=\frac{3}{a}$$

$$\left(\because \frac{1}{c}<\frac{1}{b}<\frac{1}{a}\right)$$

となって，不等号の向きがそろわなくなる。よって，今回は①を $c$ でまとめて

$$\boxed{\frac{1}{3}}>\frac{1}{a}+\frac{1}{b}+\frac{1}{c}\boxed{>}\frac{1}{c}+\frac{1}{c}+\frac{1}{c}=\boxed{\frac{3}{c}}$$

$$\frac{1}{3}>\frac{3}{c} \quad \therefore c>9 \ (\because c>0)$$

一般の整数問題では，これでは $c$ の値の範囲が「押さえ」られていないことになるが，今回は $c$ の「最小値」を求める問題なので，$c=10,\ 11,\ \cdots$ と変化させて，条件をみたす最小の $c$ を決定すればよい。

①より，（$c$ でまとめる！）

$$\boxed{\frac{1}{3}}>\frac{1}{a}+\frac{1}{b}+\frac{1}{c}\boxed{>}\frac{1}{c}+\frac{1}{c}+\frac{1}{c}=\boxed{\frac{3}{c}}$$

$$\left(\because \frac{1}{c}<\frac{1}{b}<\frac{1}{a}\right)$$

$\therefore \dfrac{1}{3}>\dfrac{3}{c}$ より，$c>9$

よって，自然数 $c=10,\ 11,\ 12,\ \cdots$ と順に調べて，①をみたす最小の自然数 $c$ を求める。

(Ⅰ) $c=10$ のとき，①は，

$$\frac{1}{a}+\frac{1}{b}+\frac{1}{10}<\frac{1}{3}$$

$$\frac{1}{a}+\frac{1}{b}<\frac{1}{3}-\frac{1}{10}$$

$$\frac{1}{a}+\frac{1}{b}<\frac{7}{30} \quad \cdots\cdots ②$$

②より，（$b$ でまとめる！）

$$\boxed{\frac{7}{30}}>\frac{1}{a}+\frac{1}{b}\boxed{>}\frac{1}{b}+\frac{1}{b}=\boxed{\frac{2}{b}}$$

$\therefore \dfrac{7}{30}>\dfrac{2}{b}$ より，$b>\boxed{\dfrac{60}{7}}$（$8.5\cdots$）

よって，$\dfrac{60}{7}<b<10=c$ より，

$b=9$

$$\frac{1}{a}+\frac{1}{b}+\frac{1}{c}<\frac{1}{3} \quad \cdots\cdots ①$$
$$\frac{1}{a}+\frac{1}{b}<\frac{7}{30} \quad \cdots\cdots ②$$
$(a, b, c$：自然数, $a<b<c)$

$b=9$ を②に代入して,

$$\frac{1}{a}+\frac{1}{9}<\frac{7}{30}, \quad \frac{1}{a}<\frac{7}{30}-\frac{1}{9}$$

$$\frac{1}{a}<\frac{11}{90} \quad \therefore a>\boxed{\frac{90}{11}} \ (8.1\cdots)$$

よって, $\frac{90}{11}<a<9=b$ となるが, これをみたす自然数 $a$ は存在しない。∴不適

(Ⅱ) $c=11$ のとき, ①は,

$$\frac{1}{a}+\frac{1}{b}+\frac{1}{11}<\frac{1}{3}$$

$$\frac{1}{a}+\frac{1}{b}<\frac{1}{3}-\frac{1}{11}$$

$$\frac{1}{a}+\frac{1}{b}<\boxed{\frac{8}{33}} \quad \cdots\cdots ③$$

③より,

$$\boxed{\frac{8}{33}}>\frac{1}{\underline{\underline{a}}}+\frac{1}{b}\boxed{>}\frac{1}{\underline{\underline{b}}}+\frac{1}{b}=\boxed{\frac{2}{b}}$$

（$b$ でまとめる！）

$$\frac{8}{33}>\frac{2}{b} \text{ より, } b>\boxed{\frac{33}{4}} \ (8.25)$$

よって, $\frac{33}{4}<b<11=c$ より,

$b=9$, または $10$

(ⅰ) $b=9$ のとき, ③は,

$$\frac{1}{a}+\frac{1}{9}<\frac{8}{33}, \quad \frac{1}{a}<\frac{8}{33}-\frac{1}{9}$$

$$\frac{1}{a}<\frac{13}{99} \quad \therefore a>\boxed{\frac{99}{13}} \ (7.6\cdots)$$

よって, $\frac{99}{13}<a<9=b$ より,

$a=8$

$\therefore (a, b, c)=(8, 9, 11)$

(ⅱ) $b=10$ のとき, ③は,

$$\frac{1}{a}+\frac{1}{10}<\frac{8}{33}, \quad \frac{1}{a}<\frac{8}{33}-\frac{1}{10}$$

$$\frac{1}{a}<\frac{47}{330} \quad \therefore a>\boxed{\frac{330}{47}} \ (7.02\cdots)$$

よって, $\frac{330}{47}<a<10=b$ より,

$a=8$, または $9$

$\therefore (a, b, c)=(8, 10, 11)$
$\qquad\qquad\quad (9, 10, 11)$

以上より, 与条件をみたす最小の $c$ の値は $11$ で, そのときの $(a, b, c)$ の値の組は,

$(a, b, c)=(8, 9, 11), (8, 10, 11),$
$(9, 10, 11)$ である。…(答)

## 実力アップ問題 118　難易度 ★★★　CHECK 1　CHECK 2　CHECK 3

6の正の約数は 1, 2, 3, 6 で，これらの総和は $1+2+3+6=12$ となって，元の 6 の 2 倍になる。このように，正の約数の総和が元の数の 2 倍となる正の整数のことを完全数という。ここで，$p$, $q$ $(p<q)$ を 2 つの素数とするとき，次の各問いに答えよ。

(1) $p$, および $p^2$ の形の完全数は存在しないことを示せ。

(2) $pq$ の形の完全数をすべて求めよ。

(3) $p^2q$ の形の完全数をすべて求めよ。　(早稲田大＊)

**ヒント！** (1) $1+p=2p$ をみたす素数 $p$ も，$1+p+p^2=2p^2$ をみたす素数 $p$ も存在しないことを示せばいいので，これは簡単だね。(2) は，$A\cdot B=n$ 型の整数問題に，また (3) は範囲を押さえる型の整数問題に帰着する。頑張って，解いてみよう！

(1) 素数 $p$ の正の約数は 1 と $p$ より，この総和が $p$ の 2 倍と等しいものとすると，

$1+p=2p$ ←(完全数の定義)

これから，$p=\underline{1}$ (1は素数ではない！) となって，$p$ が素数の条件をみたさない。

よって，$p$ の形の完全数は存在しない。……(終)

次に，$p$ は素数より，$p^2$ の正の約数は，全部で 1, $p$, $p^2$ の 3 つである。これらの総和が $2p^2$ と等しいものとすると，

$1+p+p^2=2p^2$ ……① ←(完全数の定義)

①を変形して，

$p^2-p-1=0$ ……②

②は，$p$ の 2 次方程式なので，これを解くと，

$p=\dfrac{1\pm\sqrt{5}}{2}$ となって，整数ではないので，$p$ が素数の条件をみたさない。

よって，$p^2$ の形の完全数は存在しない。……(終)

(2) $p$, $q$ $(p<q)$ が素数なので，自然数 $pq$ の正の約数は全部で，1, $p$, $q$, $pq$ の 4 つである。よって，これらの総和が $2pq$ と等しくなるような完全数 $pq$ をすべて求める。

$\underline{1+p+q+pq}=2pq$ ……③

(($1+p)+(1+p)\cdot q=(1+p)(1+q)$ と表せる。)

③を変形して，

$pq-p-q=1$

$p(q-1)-(q-1)=1+1$ 　【$A \cdot B = n$ の形にもち込んだ。】

$(p-1)(q-1)=2$ …③′

ここで，$p$，$q$ は実数であり，共に $2$ 以上の自然数で，$p<q$ より，

$1 \leqq p-1 < q-1$ となる。よって，

③′の解は，$\begin{cases} p-1=1 \\ q-1=2 \end{cases}$ となる。

これから，$(p,\ q)=(2,\ 3)$ の $1$ 組のみである。

以上より，$pq$ の形の完全数は

$2 \cdot 3 = 6$ のみである。 …………(答)

(3) $p$，$q(p<q)$ は素数なので，自然数 $p^2q$ の正の約数は全部で，$1$，$p$，$p^2$，$q$，$pq$，$p^2q$ の $6$ つである。よって，これらの総和が $2p^2q$ と等しくなるような完全数 $p^2q$ をすべて求める。

$1+p+p^2+q+pq+p^2q=2p^2q$ ……④

【$(1+p+p^2)+(1+p+p^2)q$
$=(1+p+p^2)(1+q)$ と表せる。】

④を変形して，

$(p^2-p-1)q=p^2+p+1$

ここで，素数 $p$ は $p \geqq 2$ より，

$p^2-p-1=\underbrace{(p+1)}_{\oplus}\underbrace{(p-2)}_{0\text{以上}}+1>0$

よって，両辺を $p^2-p-1$ で割ると，

$q=\dfrac{p^2+p+1}{p^2-p-1}$ ……⑤ となる。

ここで，$q$ も素数で，$2 \leqq p < q$ より，

$q \geqq 3$ である。よって，⑤は，

$\dfrac{p^2+p+1}{p^2-p-1} \geqq 3$ ……⑥ となる。

⑥の両辺に，$p^2-p-1(>0)$ をかけて，

【⑥の分数不等式の分母は正なので，両辺に，これをそのままかければいい。】

$p^2+p+1 \geqq 3(p^2-p-1)$

$2p^2-4p-4 \leqq 0$

$p^2-2p-2 \leqq 0$

【$p^2-2p-2=0$ の解は $p=1\pm\sqrt{3}$】

よって，この不等式の解は，

$\underbrace{1-\sqrt{3}}_{\fallingdotseq -0.7} \leqq p \leqq \underbrace{1+\sqrt{3}}_{\fallingdotseq 2.7}$

よって，これをみたす素数 $p$ は

$p=2$ のみである。

$p=2$ を，⑤に代入して，

$q=\dfrac{4+2+1}{4-2-1}=7$

∴④をみたす素数 $p$，$q(p<q)$ の組は，$(p,\ q)=(2,\ 7)$ のみである。

以上より，$p^2q$ の形の完全数は，

$2^2 \times 7 = 28$ のみである。 ……(答)

## 実力アップ問題 119　難易度 ★★　CHECK 1　CHECK 2　CHECK 3

整数 $n$ について，次の各問いに答えよ。

(1) $n(n+1)$ は 2 の倍数であり，$n(n+1)(n+2)$ は 6 の倍数であり，$n(n+1)(n+2)(n+3)$ は 24 の倍数であることを示せ。

(2) $(n^2-n)(n^2+3n+14)$ は 24 の倍数であることを示せ。

**ヒント！** (1) 連続する 2 つの整数の積は 2 の倍数，連続する 3 つの整数の積は 6 の倍数，そして，連続する 4 つの整数の積は 24 の倍数になる。これは知識として覚えておこう。(2) は，この応用だね。ウマク変形して，24 の倍数になることを示そう。

(1) (ⅰ) 連続する 2 つの整数の積 $n\cdot(n+1)$ は，$n$ または $n+1$ が必ず偶数となる。よって，$n(n+1)$ は 2 の倍数である。(終)

(ⅱ) 連続する 3 つの整数の積 $n(n+1)(n+2)$ は，$n$ または $n+1$ または $n+2$ のいずれかが必ず 3 の倍数となる。また，これは連続する 2 つの整数の積を含むので，2 の倍数でもある。よって，$n(n+1)(n+2)$ は $2\times3=6$ の倍数である。

……(終)

(ⅲ) 連続する 4 つの整数の積 $n(n+1)(n+2)(n+3)$ は，3 つの連続する整数の積を含むので，3 の倍数である。また，$n$，$n+1$，$n+2$，$n+3$ の内の 2 つは必ず偶数であり，かつそのうちの 1 つは 4 の倍数となる。よって，$2\times4=8$ の倍数でもある。

以上より $n(n+1)(n+2)(n+3)$ は，$3\times8=24$ の倍数である。

……(終)

(2) 与式を変形すると，

$$\underbrace{(n^2-n)}_{n(n-1)}(\underbrace{n^2+3n+2}_{(n+1)(n+2)}+12)$$

$$=n(n-1)\{(n+1)(n+2)+12\}$$

$$=\underbrace{(n-1)n(n+1)(n+2)}_{(\text{i})}+\underbrace{12(n-1)n}_{(\text{ii})}$$ となる。

ここで，(ⅰ) $(n-1)n(n+1)(n+2)$ は連続する 4 つの整数の積より，24 の倍数である。そして，(ⅱ) $12(n-1)n$ の $(n-1)n$ は連続する 2 つの整数の積より，これも 24 の倍数である。

以上より，$(n^2-n)(n^2+3n+14)$ は 24 の倍数である。　………(終)

**実力アップ問題 120** 難易度 ★★ CHECK 1 CHECK 2 CHECK 3

任意の整数 $n$ について，$S_n = n^5 - n$ は 30 の倍数となることを示せ。

（熊本大＊）

**ヒント！** $S_n$ を変形すると，$S_n = (n-1)n(n+1)(n^2+1)$ となって，連続する 3 つの整数を含むので，これは必ず 6 の倍数となるのはいいね。後は，$S_n$ が 5 の倍数となることを示せばいい。そのためには，合同式 (P27) を利用すればいいんだね。頑張ろう。

$S_n = n^5 - n$ を変形すると，

$$S_n = n(n^4-1)$$
$$= n(n^2-1)(n^2+1)$$
$$= n(n-1)(n+1)(n^2+1)$$
$$\therefore S_n = (n-1)n(n+1)(n^2+1) \quad \cdots ①$$

（連続する 3 つの整数の積）

ここで，①の右辺の連続する 3 つの整数の積 $(n-1)n(n+1)$ について，$n-1$，$n$，$n+1$ のいずれか 1 つは必ず 3 の倍数であり，かつ連続する 2 つの整数の積も含むので，これは 2 の倍数でもある。よって，$(n-1)n(n+1)$ は $2 \times 3 = 6$ の倍数となるので，任意の整数 $n$ に対して，$S_n$ は 6 の倍数である。

したがって，$S_n = n^5 - n$ が 5 の倍数であることを示せばよい。

ここで，$n$ を 5 を法とする合同式で分類すると，

(i) $n \equiv 0 \pmod 5$ のとき，

$$n^5 - n \equiv 0^5 - 0 \equiv 0 \pmod 5$$

$\therefore S_n$ は 5 で割り切れる。

(ii) $n \equiv 1 \pmod 5$ のとき，

$$n^5 - n \equiv 1^5 - 1 \equiv 0 \pmod 5$$

$\therefore S_n$ は 5 で割り切れる。

(iii) $n \equiv 2 \pmod 5$ のとき，

$$n^5 - n \equiv 2^5 - 2$$
$$\equiv 30 \equiv 0 \pmod 5$$

$\therefore S_n$ は 5 で割り切れる。

(iv) $n \equiv 3 \pmod 5$ のとき，

$$n^5 - n \equiv 3^5 - 3$$

（$3 \cdot 9^2 \equiv 3 \cdot 4^2 \equiv 48 \equiv 3$）

$$\equiv 3 - 3 \equiv 0 \pmod 5$$

$\therefore S_n$ は 5 で割り切れる。

(v) $n \equiv 4 \pmod 5$ のとき，

$$n^5 - n \equiv 4^5 - 4$$

（$4 \cdot 16^2 \equiv 4 \cdot 1^2 \equiv 4$）

$$\equiv 4 - 4 \equiv 0 \pmod 5$$

$\therefore S_n$ は 5 で割り切れる。

以上 (i)～(v) より，$S_n$ は任意の整数 $n$ に対して，5 の倍数でもある。

以上より，任意の整数 $n$ に対して $S_n$ は $6 \times 5 = 30$ の倍数である。

………(終)

## 実力アップ問題 121　難易度 ★★　CHECK 1　CHECK 2　CHECK 3

$p$ を 3 以上の素数，$a$，$b$ を自然数とする。

(1) $a+b$ と $ab$ が共に $p$ の倍数ならば，$a$ と $b$ は共に $p$ の倍数であることを示せ。

(2) $a+b$ と $a^2+b^2$ が共に $p$ の倍数ならば，$a$ と $b$ は共に $p$ の倍数であることを示せ。　(神戸大 ＊)

**ヒント！** (1) $ab$ が $p$ の倍数ならば，$a$ または $b$ が $p$ の倍数になるんだね。(2) $2ab=(a+b)^2-(a^2+b^2)$ の形にして考えるとうまくいく。

(1) $a+b$ と $ab$ が共に $p$ (3 以上の素数) の倍数より，整数 $m$，$n$ を用いて，

$$\begin{cases} a+b=mp & \cdots\cdots① \\ ab=np & \cdots\cdots② \end{cases}$$ とおける。

②より，(ⅰ) $a$ が $p$ の倍数か，または (ⅱ) $b$ が $p$ の倍数である。

(ⅰ) $a$ が $p$ の倍数のとき，

$a=kp$　……③ ($k$：整数)

とおける。③を①に代入すると

$b=mp-kp=\underbrace{(m-k)}_{\text{整数}}p$

となって, $b$ も $p$ の倍数である。

(ⅱ) $b$ が $p$ の倍数のとき，

$b=jp$　……④ ($j$：整数)

とおける。④を①に代入すると

$a=mp-jp=\underbrace{(m-j)}_{\text{整数}}p$

となって, $a$ も $p$ の倍数である。

以上より，$a+b$ と $ab$ が共に $p$ の倍数ならば，$a$ と $b$ は共に $p$ の倍数である。　…………………………(終)

(2) $a+b$ と $a^2+b^2$ が共に $p$ の倍数のとき，

$$2ab=\underbrace{(a+b)^2}_{p^2\text{の倍数}}-\underbrace{(a^2+b^2)}_{p\text{の倍数}}\quad\cdots\cdots⑤$$

より，⑤の右辺は，$p$ の倍数となる。よって，⑤の左辺の $2ab$ も $p$ の倍数であるが，$p$ は 3 以上の素数より，2 は $p$ の倍数ではない。よって，$ab$ が $p$ の倍数となる。ゆえに，$a+b$ と $a^2+b^2$ が $p$ の倍数のとき，$a+b$ と $ab$ も共に $p$ の倍数になる。このとき，(1) の結果から，$a$ と $b$ は共に $p$ の倍数であると言える。

以上より，$a+b$ と $a^2+b^2$ が共に $p$ の倍数ならば，$a$ と $b$ は共に $p$ の倍数である。　………………(終)

## 実力アップ問題 122　難易度 ★★★　CHECK 1　CHECK 2　CHECK 3

和が **406** で，最小公倍数が **2660** である **2** つの正の整数 $a$，$b$ $(a < b)$ を求めよ。　（弘前大 ＊）

**ヒント！** $a$ と $b$ の最大公約数を $g$，最小公倍数を $L$ とおくと，$a = a'g$，$b = b'g$，$L = a'b'g$（$a'$ と $b'$ は互いに素）が成り立つ。ここで，ポイントは，$a'$ と $b'$ が互いに素ならば，$a' + b'$ と $a'b'$ も互いに素となることなんだね。頑張ろう！

**2** つの正の整数 $a, b$ の最大公約数を $g$，最小公倍数を $L$ とおくと，

$$\begin{cases} a = a'g \\ b = b'g \end{cases} \cdots\cdots①\quad L = a'b'g \quad\cdots\cdots②$$

が成り立つ。よって①，②より

$$\begin{cases} a + b = (a' + b')g = 406 & \cdots\cdots\cdots③ \\ L = a'b'g = 2660 & \cdots\cdots\cdots\cdots\cdots\cdots④ \end{cases}$$

ただし，$a'$ と $b'$ は互いに素な正の整数より，$a' + b'$ と $a'b'$ も互いに素である。

> もし，$a' + b'$ と $a'b'$ が，**1** 以外の素数 $p$ を公約数としてもつものとすると，
> $$\begin{cases} a' + b' = mp \\ a'b' = np \end{cases}$$ となり，
> 実力アップ問題 **121** で示した通り，$a'$ と $b'$ は，$p$ を公約数にもつので，矛盾する。
> また，$a' + b'$ と $a'b'$ が **1** 以外の合成数（たとえば，$pq$ や $p^2q^3$ など…）をもったとしても同様に矛盾が導ける。

よって，③，④より，$a$ と $b$ の最大公約数 $g$ は，**2660** と **406** の最大公約数と等しい。よって，これをユークリッドの互除法により求めると，

$$2660 = 406 \times 6 + 224$$
$$406 = 224 \times 1 + 182$$
$$224 = 182 \times 1 + 42$$
$$182 = 42 \times 4 + 14$$
$$42 = 14 \times 3 + 0 \quad \text{より，}$$

（14 ← 最大公約数 $g$）

最大公約数 $g = 14$ となるので③，④の両辺を $g$ で割ると，

$$\begin{cases} a' + b' = 29 \quad (= 10 + 19) & \cdots\cdots③' \\ a'b' = 190 \quad (= 10 \times 19) & \cdots\cdots④' \end{cases}$$

ここで，$a < b$ より，$a' < b'$

よって，③′，④′より $a' = 10$，$b' = 19$

以上を①に代入して，求める $a$，$b$ の値は次のようになる。

$$\begin{cases} a = 10 \times 14 = 140 \\ b = 19 \times 14 = 266 \end{cases} \cdots\cdots\cdots\cdots\cdots(\text{答})$$

実力アップ問題 123　難易度 ★★★　CHECK 1　CHECK 2　CHECK 3

直角三角形 **ABC** は，∠**C** が直角で，各辺の長さは整数であるとする。
辺 **BC** の長さが **3** 以上の素数 $p$ であるとき，以下の問いに答えよ。

**(1)** 辺 **AB**，**CA** の長さを $p$ を用いて表せ。

**(2)** $\tan \angle A$ は整数にならないことを示せ。　（千葉大）

ヒント！ **(1)** $AB = c$，$CA = b$ とおくと，三平方の定理から，$c^2 = p^2 + b^2$ となることを利用する。**(2)** は，背理法を用いて証明しよう。

**(1)** $BC = p$（3 以上の素数）

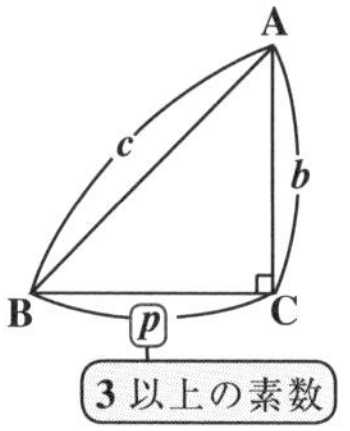


ここで，$AB = c$，$CA = b$ とおくと，三平方の定理より，

$c^2 = p^2 + b^2$　これを変形して，

$c^2 - b^2 = p^2$　（$c$，$b$：自然数）

$(c+b)(c-b) = p^2$　……①

ここで，$c+b > c-b$ であり，$c+b$ と $c-b$ は正の整数より，①から

$$\begin{cases} c+b = p^2 & \cdots\cdots② \\ c-b = 1 & \cdots\cdots③ \end{cases}$$ となる。

$\frac{②+③}{2}$ より　$c = \frac{p^2+1}{2}$　……（答）

$\frac{②-③}{2}$ より　$b = \frac{p^2-1}{2}$　……（答）

**(2)** $\tan \angle A$ が整数とならないことを背理法により示す。

$$\tan \angle A = \frac{p}{b} = \frac{p}{\frac{p^2-1}{2}} = \frac{2p}{p^2-1}$$

ここで，$\tan \angle A = m$（整数）と仮定すると，$\frac{2p}{p^2-1} = m$　より，

$2p = m(p+1)(p-1)$　……④

（$m$：$p$ の倍数，$p+1$：4 以上，$p-1$：2 以上）

となる。④の左辺は $p$ の倍数より，④の右辺も $p$ の倍数となる。しかし，$p+1$ と $p-1$ は $p$ の倍数ではないので，$m$ が $p$ の倍数となる。

よって，$m \geqq p$　……⑤

$m = k \cdot p$（$k$：正の整数）より，$m \geqq p$ となるんだね。

また，$p$ は 3 以上の素数なので，

$$\begin{cases} p+1 \geqq 4 \\ p-1 \geqq 2 \end{cases}$$ ……⑥　となる。

以上⑤，⑥より，④の右辺は，

$m(p+1)(p-1) \geqq p \cdot 4 \cdot 2 = 8p$

となるので，これは左辺の $2p$ になり得ない。よって，矛盾。

∴ $\tan \angle A$ は整数にはならない。

……（終）

実力アップ問題 124　難易度 ★★★　CHECK 1　CHECK 2　CHECK 3

正の約数の個数が **28** 個である最小の正の整数を求めよ。　(早稲田大)

ヒント！ 求める正の整数 $n=p^aq^br^c\cdots$ ($p$, $q$, $r$, …：素数) とおくと，この正の約数の個数は $(a+1)(b+1)(c+1)\cdots$ となるんだね。

求める正の整数 $n$ を素因数 $p$, $q$, $r$, $s$, … $(p<q<r<s<\cdots)$ で素因数分解したものを，

$n=p^a\cdot q^b\cdot r^c\cdot s^d\cdot\cdots$　とおくと，

この正の約数の個数は，

$(a+1)(b+1)(c+1)(d+1)\cdots$ となる。

ここで，**28** 個の正の約数をもつ最小の自然数 $n$ を求めるため，$n=p^a$，$n=p^aq^b$，…の形のものを順に求めることにする。

(ⅰ) $n=p^a$ の場合

この正の約数の個数は，

$a+1=28$ より，$a=27$

この形の最小値は，

$p=2$ のときで，

$n=2^{27}$ になる。

($2^{10}=1024$，$2^7=128$ より，これは，$1024\times1024\times128$ の大きな数)

(ⅱ) $n=p^a\cdot q^b\ (p<q)$ の場合

この正の約数の個数は，

$(a+1)(b+1)=28$

$p<q$ より，$a>b\geqq1$ の場合の方が，

$n$ は小さくなるので，

$(a+1,\ b+1)=$ ~~(28, 1)~~，$(14,\ 2)$

または，$(7,\ 4)$

となる。

また $p=2$，$q=3$ のとき $n$ は小さくなる。よって，

・$(a,\ b)=(13,\ 1)$ のとき

$n=2^{13}\cdot3^1\ (=1024\times24)$

・$(a,\ b)=(6,\ 3)$ のとき

$n=2^6\cdot3^3\ (=64\times27=1728)$

(ⅲ) $n=p^a\cdot q^b\cdot r^c\ (p<q<r)$ の場合

この正の約数の個数は，

$(a+1)(b+1)(c+1)=28$

同様に考えて，

$(a+1,\ b+1,\ c+1)=(7,\ 2,\ 2)$

つまり，$(a,\ b,\ c)=(6,\ 1,\ 1)$

$p=2$，$q=3$，$r=5$ のとき $n$ は小さくなる。よって，

$n=2^6\cdot3^1\cdot5^1\ (=64\times15=960)$

(ⅳ) $n=p^a\cdot q^b\cdot r^c\cdot s^d\ (p<q<r<s)$ の場合，この正の約数の個数は，

$(a+1)(b+1)(c+1)(d+1)=28$

となるが，これをみたす自然数 $a$, $b$, $c$, $d$ は存在しない。

(以降 $n=p^a\cdot q^b\cdot r^c\cdot s^d\cdot\cdots$ の形のものも存在しない。)

以上 (ⅰ)～(ⅳ) より，**28** 個の正の約数をもつ最小の正の整数 $n$ は，

$n=960$ である。 ……………………(答)

## 実力アップ問題 125　難易度 ★★　CHECK 1　CHECK 2　CHECK 3

次の 1 次不定方程式の整数解 $(x,\ y)$ をすべて求めよ。

(1) $5x+3y=3$ …………①　　(2) $328x-135y=1$ ……②

(3) $328x-135y=3$ ……③

**ヒント！** 1 次不定方程式 $ax+by=n$ …(a) ($a,\ b$：互いに素な整数) の解法では，この方程式の 1 組の解 $(x_1,\ y_1)$ を求めれば，$ax_1+by_1=n$ …(b)となるので，(a)−(b)より $a(x-x_1)=b(y_1-y)$ の形にもち込んで解けばいい。この初めの 1 組の解 $(x_1,\ y_1)$ が容易に見つけられない場合は，ユークリッドの互除法を利用すればいいんだね。

(1) 1 次不定方程式：

$5x+3y=3$ ……①

の 1 組の整数解として，

$(x,y)=(3,\ -4)$ がある。よって，

$5\cdot3+3\cdot(-4)=3$ ……①′

①−①′より，

$5(x-3)+3(y+4)=0$

$5\underline{(x-3)}=3\underline{(-y-4)}$ ……①″

(3 の倍数)　(5 の倍数)

ここで，①″の右辺は 3 の倍数であるが，左辺の 5 は 3 の倍数ではないので，$x-3$ が 3 の倍数でなければならない。よって

$x-3=3k$ ……①‴ ($k$：整数)

①‴を①″に代入して，

$5\cdot\cancel{3}k=\cancel{3}\cdot(-y-4)$

$y=-5k-4$

以上より，①の整数解は，

$(x,\ y)=(3k+3,\ -5k-4)$

($k$：整数) …………(答)

(2) 1 次不定方程式：

$328x-135y=1$ ……②

の 1 組の整数解を求めるために，まず②の $x$ と $y$ の係数 328 と 135 の最大公約数 $g$ をユークリッドの互除法により求めると，

$328=135\times2+58$ …(a)

$135=58\times2+19$ …(b)

$58=19\times3+1$ …(c)

$19=1\times19+0$

(最大公約数 $g$)

(ユークリッドの互除法の計算)

135 ) 328 … 2
　　270
　　 58 ) 135 … 2
　　　　116
　　　　 19 ) 58 … 3
　　　　　　 57
　　　　　　 ① ← 最大公約数 $g$

よって，328 と 135 の最大公約数 $g=1$ であるので，328 と 135 が互いに素であることが分かった。

ここで，(a)，(b)，(c)を変形して，

$328-2\times135=58$ …(a)′

$135-2\times\ 58=19$ …(b)′

$58-3\times\ 19=1$ …(c)′

(b)′を(c)′に代入して，

$58-3\times(135-2\times58)=1$

$-3\times135+7\times58=1$

これに，(a)′を代入して，

$-3\times135+7\cdot(328-2\times135)=1$

$\therefore\ 328\times7-135\times17=1$ ……②′

これは，②の 1 組の解が $(x,\ y)=(7,\ 17)$ であることを示している。

よって，②－②′より，

$328(x-7)-135(y-17)=0$

$328(x-7)=135(y-17)$

（$x-7$：135 の倍数，$y-17$：328 の倍数）

ここで，328 と 135 は互いに素より

$$\begin{cases} x-7=135k \\ y-17=328k \end{cases} \quad (k：整数)$$

とおける。

以上より，②の 1 次不定方程式の整数解は，

$(x,\ y)=(135k+7,\ 328k+17)$

$(k：整数)$

となる。 ……………………………(答)

(3) 1 次不定方程式：

$328x-135y=3$ ……③

これが 1 でないことに気を付けよう！

について，左辺の $x$ と $y$ の係数は同じなので，(2) の結果から，右辺が 1 のときの解を代入した②′を利用する。

$328\times7-135\times17=1$ ……②′

②′の両辺に 3 をかけて，

$328\times21-135\times51=3$ ……③′

となる。

これは，③の 1 組の解が $(x,\ y)=(21,\ 51)$ であることを示している。

よって，③－③′より

$328(x-21)-135(y-51)=0$

$328(x-21)=135(y-51)$

（$x-21$：135 の倍数，$y-51$：328 の倍数）

ここで，328 と 135 は互いに素より，

$$\begin{cases} x-21=135k \\ y-51=328k \end{cases} \quad (k：整数)$$

とおける。

以上より，③の 1 次不定方程式の整数解は，

$(x,\ y)=(135k+21,\ 328k+51)$

$(k：整数)$

となる。 ……………………………(答)

## 実力アップ問題 126　難易度 ★★★　CHECK 1　CHECK 2　CHECK 3

**31** で割ると **15** 余り，**23** で割ると **19** 余るような **4** 桁の正の整数の内，最小のものと最大のものを求めよ。

ヒント！ 求める正の整数を $n$ とおくと，$n = 31x + 15 = 23y + 19$ ($x$，$y$：整数) とおけるので，これから $x$ と $y$ の **1** 次不定方程式にもち込めるんだね。

求める正の整数を $n$ とおくと，$n$ は，**31** で割ると **15** 余り，**23** で割ると **19** 余る数なので，整数 $x$，$y$ を用いて，

$n = 31x + 15 = 23y + 19$ ……①

と表せる。ここで，①より，

$31x + 15 = 23y + 19$

よって，$x$ と $y$ の **1** 次不定方程式：

$31x - 23y = 4$ ……②

が導ける。

ここで，**31** と **23** は互いに素な整数より，まず，

$31x - 23y = 1$ ……②′

の **1** 組の解を，ユークリッドの互除法により求めると，

$31 = 23 \times 1 + 8$ ……③

$23 = 8 \times 2 + 7$ ……④

$8 = 7 \times 1 + 1$ ……⑤

$7 = 1 \times 7 + 0$

最大公約数 $g = 1$

これから，**31** と **23** が互いに素であることが，確認できた！

③，④，⑤より，

$31 - 23 = 8$ ………③′

$23 - 2 \times 8 = 7$ ……④′

$8 - 7 = 1$ ……………⑤′

④′を⑤′に代入して，**7** を消去すると，

$8 - (23 - 2 \times 8) = 1$

$3 \cdot 8 - 23 = 1$

これに，③′を代入して，**8** を消去すると，

$3(31 - 23) - 23 = 1$

$31 \times 3 - 23 \times 4 = 1$ ……⑥ （$3 = x$，$4 = y$）

これから，②′の **1** 組の解が，

$(x, y) = (3, 4)$ であることが分かった。

よって，⑥の両辺に **4** をかけると，

$31 \times 12 - 23 \times 16 = 4$ ……⑥′ （$12 = x$，$16 = y$）

となり，これから，②の **1** 組の解が，

$(x, y) = (12, 16)$ であることが分かった。

よって，②－⑥′より，

$31(x-12)-23(y-16)=0$

$\therefore 31(\underbrace{x-12}_{23\text{の倍数}})=23(\underbrace{y-16}_{31\text{の倍数}})$ ……⑦

ここで，31と23は互いに素で，$x-12$と$y-16$は共に整数より，

$x-12$は23の倍数，$y-16$は31の倍数になる。よって，

$\begin{cases} x-12=23k \\ y-16=31k \end{cases}$ ……⑧ （$k$：整数）

となる。⑧より，②の1次不定方程式の解は，

$(x,\ y)=(23k+12,\ 31k+16)$

（$k$：整数）

となる。

よって，$x=23k+12$を，①に代入すると，

$n=31(23k+12)+15$

$\therefore n=713k+387$ ……⑨

（$k$：整数）

と表せる。

ここで，$n$が4桁の正の整数となる場合，⑨より，

$1000 \leqq \underbrace{713k+387}_{n} \leqq 9999$

となる。これを変形して，

$613 \leqq 713k \leqq 9612$

$\underbrace{\frac{613}{713}}_{0.85\cdots} \leqq k \leqq \underbrace{\frac{9612}{713}}_{13.48\cdots}$

よって，$n$が4桁の整数となるような自然数$k$の値は，

$k=1,\ 2,\ 3,\ \cdots,\ 13$の13個である。

この4桁の$n$について，

(i) $k=1$のとき，$n$は最小となる。

よって，⑨より，

最小の$n=713\times1+387$

$=1100$ である。…(答)

(ii) $k=13$のとき，$n$は最大となる。

よって，⑨より，

最大の$n=713\times13+387$

$=9656$ である。…(答)

## 実力アップ問題 127　難易度 ★★　CHECK 1　CHECK 2　CHECK 3

**2** 以上の整数 $n$ に対して，$n$ 進法表示の数は，右下に添字 “$_{(n)}$” を付けて表すものとする。次の各問いに答えよ。

**(1)** 次の各 $n$ 進法表示の数を **10** 進法で表せ。

( i ) $1010.111_{(2)}$　　( ii ) $212.12_{(3)}$

( iii ) $324.24_{(5)}$　　( iv ) $172.24_{(8)}$

**(2)** 次の **10** 進法表示の数を [ ] 内の表し方で表せ。

( i ) $6.375_{(10)}$ [ 2 進法 ]　　( ii ) $16.\dot{7}_{(10)}$ [ 3 進法 ]

( iii ) $111.68_{(10)}$ [ 5 進法 ]　　( iv ) $1148.71875_{(10)}$ [ 8 進法 ]

**ヒント！** (1) 一般に，10 以外の $n$ 進数 $abc.def_{(n)}$ を 10 進法で表すと，$abc.def = a\times n^2 + b\times n + c + \dfrac{d}{n} + \dfrac{e}{n^2} + \dfrac{f}{n^3}{}_{(10)}$ となるんだね。(2) 10 進法表示の数を，それ以外の $n$ 進法で表す場合，整数部分と小数部分に分けて，それぞれの計算手法に従って求めればいいんだね。

**(1)** ( i ) $1010.111_{(2)}$ を 10 進法で表すと，

$1010.111_{(2)}$　（これはもう 10 進法）

$$= 1\times 2^3 + 1\times 2 + \frac{1}{2} + \frac{1}{2^2} + \frac{1}{2^3}$$

$$= 8 + 2 + 0.5 + 0.25 + 0.125$$

$$= 10.875_{(10)}$$ ……………(答)

( ii ) $212.12_{(3)}$ を 10 進法で表すと，

$212.12_{(3)}$　（これはもう 10 進法）

$$= 2\times 3^2 + 1\times 3 + 2 + \frac{1}{3} + \frac{2}{3^2}$$

（$\frac{1}{3}$ = 0.333…，$\frac{2}{3^2}$ = 0.222…）

$$= 18 + 3 + 2 + 0.\dot{3} + 0.\dot{2}$$

$$= 23.\dot{5}_{(10)}$$ ……………(答)

( iii ) $324.24_{(5)}$ を 10 進法で表すと，

$324.24_{(5)}$　（これはもう 10 進法）

$$= 3\times 5^2 + 2\times 5 + 4 + \frac{2}{5} + \frac{4}{5^2}$$

$$= 75 + 10 + 4 + 0.4 + 0.16$$

$$= 89.56_{(10)}$$ ……………(答)

( iv ) $172.24_{(8)}$ を 10 進法で表すと，

$172.24_{(8)}$　（これはもう 10 進法）

$$= 1\times 8^2 + 7\times 8 + 2 + \frac{2}{8} + \frac{4}{8^2}$$

$$= 64 + 56 + 2 + 0.25 + 0.0625$$

$$= 122.3125_{(10)}$$ ……………(答)

(2) (ⅰ) $6.375_{(10)}$ を 2 進法で表す。

・整数部の $6_{(10)}$ は，

$6_{(10)} = 110_{(2)}$

```
2 ) 6
2 ) 3 …0
    1 …1
```

・小数部の

$0.375_{(10)}$ は，

$0.375_{(10)}$

$= 0.011_{(2)}$

```
0|. 375
  ×   2
0|. 75
  ×  2
1|. 5
  × 2
1|.
```

以上をまとめると，

$6.375_{(10)}$

$= 110.011_{(2)}$ となる。…(答)

(ⅱ) $16.\dot{7}_{(10)} = 16.777\cdots_{(10)}$ を 3 進法で表す。

・整数部の $16_{(10)}$ は，

$16_{(10)} = 121_{(3)}$

```
3 ) 16
3 )  5 …1
     1 …2
```

・小数部の $0.\dot{7}_{(10)}$ は，

$0.\dot{7}_{(10)}$

$= 0.21_{(3)}$

```
0|. 777…
  ×    3
2|. 333…
  ×    3
1|.
```

$0.999\cdots = 1$ より

以上をまとめると，

$16.\dot{7}_{(10)}$

$= 121.21_{(3)}$ となる。…(答)

**小数部の別解**

$0.\dot{7}_{(10)} = 0.777\cdots = x$ とおくと，

$10x = 7 + \underbrace{0.777\cdots}_{x}$

$10x = 7 + x$ より，$x = \dfrac{7}{9}$

よって，$x = \dfrac{6}{9} + \dfrac{1}{9} = \dfrac{2}{3} + \dfrac{1}{3^2}$ より，

$0.\dot{7}_{(10)} = 0.21_{(3)}$ となる。

(ⅲ) $111.68_{(10)}$ を 5 進法で表す。

・整数部の

$111_{(10)}$ は，

$111_{(10)} = 421_{(5)}$

```
5 ) 111
5 )  22 …1
      4 …2
```

・小数部の

$0.68_{(10)}$ は，

$0.68_{(10)} = 0.32_{(5)}$

```
0|. 68
  ×  5
3|. 4
  × 5
2|.
```

以上をまとめると，

$111.68_{(10)} = 421.32_{(5)}$ となる。

……(答)

(ⅳ) $1148.71875_{(10)}$ を 8 進法で表すと，

・整数部の

$1148_{(10)}$ は，

$1148_{(10)} = 2174_{(8)}$

```
8 ) 1148
8 )  143 …4
8 )   17 …7
       2 …1
```

・小数部の

$0.71875_{(10)}$ は，

$0.71875_{(10)}$

$= 0.56_{(5)}$

```
0|. 71875
  ×     8
5|. 75
  ×  8
6|.
```

以上をまとめると，

$1148.71875_{(10)} = 2174.56_{(8)}$

となる。………………(答)

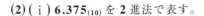

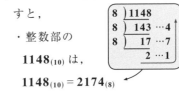

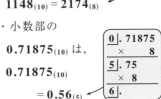

## 実力アップ問題 128　難易度 ★★★　CHECK 1　CHECK 2　CHECK 3

次の各問いに答えよ。

**(1)** 2 進法表示の循環小数 $0.\dot{0}11\dot{0}_{(2)}$ を 2 進法表示の既約分数で表せ。

**(2)** 6 進法表示の循環小数 $0.\dot{1}2\dot{2}_{(6)}$ を 6 進法表示の既約分数で表せ。

**(3)** 8 進法表示の循環小数 $0.\dot{3}1\dot{3}_{(8)}$ を 8 進法表示の既約分数で表せ。

**ヒント!** $x$=(循環小数)とおいて，$x$ の 1 次方程式にもち込んで解けばよい。ただし，既約分数で表す場合，10 進法以外の分子と分母の共通因数を見い出すのは難しいので，いったん 10 進法表示になおして考える方が間違いないと思う。頑張ろう！

**(1)** 2 進法表示の循環小数

$0.\dot{0}11\dot{0}_{(2)} = 0.01100110\cdots_{(2)}$

を $x = 0.\dot{0}11\dot{0}_{(2)}$ ……①　とおく。

①の両辺に $10000_{(2)}$ をかけて，

$$10000x = 110.01100110\cdots = 110 + 0.\dot{0}11\dot{0} = 110 + x$$

よって，$10000x = 110 + x$ より

$(10000 - 1)x = 110$

$10000 - 1 = 1111_{(2)}$　← $\begin{array}{r}10000\\ -\quad 1\\ \hline 1111\end{array}$

$1111x = 110$　より

$x = \dfrac{110}{1111}_{(2)}$　……②

②の分子・分母をいったん 10 進法で表すと，

分子 $110_{(2)} = 4 + 2_{(10)} = 6_{(10)}$

分母 $1111_{(2)} = 8 + 4 + 2 + 1_{(10)} = 15_{(10)}$

よって，②の 10 進法表示は，

$x = \dfrac{6}{15}_{(10)} = \dfrac{2}{5}_{(10)}$　となる。

よって，これを 2 進法表示に戻すと，

$x = \dfrac{10}{101}_{(2)}$　となる。　…………(答)

**(2)** 6 進法表示の循環小数

$0.\dot{1}2\dot{2}_{(6)} = 0.122122122\cdots_{(6)}$

を，$x = 0.\dot{1}2\dot{2}_{(6)}$ ……③　とおく。

③の両辺に $1000_{(6)}$ をかけて，

$$1000x = 122.122122\cdots = 122 + 0.\dot{1}2\dot{2} = 122 + x$$

よって，$1000x = 122 + x$ より

$\underline{(1000-1)}x = 122$

$555_{(6)}$ ← $\begin{array}{r} 1000 \\ -\quad 1 \\ \hline 555 \end{array}$

$555x = 122$　より

$x = \dfrac{122}{555}{}_{(6)}$　……④

④の分子・分母をいったん **10** 進法で表すと，

分子 $122_{(6)} = 6^2 + 2 \times 6 + 2_{(10)} = 50_{(10)}$

分母 $555_{(6)} = 5 \times 6^2 + 5 \times 6 + 5_{(10)}$

$= 215_{(10)}$

よって，④の **10** 進法表示は，

$x = \dfrac{50}{215}{}_{(10)} = \dfrac{10}{43}{}_{(10)}$　となる。

（$10 = 1 \cdot 6 + 4$，$43 = 1 \cdot 6^2 + 1 \cdot 6 + 1$）

よって，これを **6** 進法表示に戻すと，

$x = \dfrac{14}{111}{}_{(6)}$　となる。　…………(答)

**(3)** **8** 進法表示の循環小数

$0.\dot{3}1\dot{3}_{(8)} = 0.313313313\cdots_{(8)}$

を，$x = 0.\dot{3}1\dot{3}_{(8)}$　……⑤　とおく。

⑤の両辺に $1000_{(8)}$ をかけて，

$1000x = 313.313313\cdots$

$= 313 + 0.\dot{3}1\dot{3}$

$= 313 + x$

よって，$1000x = 313 + x$ より

$\underline{(1000-1)}x = 313$

$777_{(8)}$ ← $\begin{array}{r} 1000 \\ -\quad 1 \\ \hline 777 \end{array}$

$777x = 313$　より

$x = \dfrac{313}{777}{}_{(8)}$　……⑥　となる。

⑥の分子・分母をいったん **10** 進法で表すと，

分子 $313_{(8)} = 3 \times 8^2 + 1 \times 8 + 3_{(10)}$

$= 203_{(10)}$

分母 $777_{(8)} = 7 \times 8^2 + 7 \times 8 + 7_{(10)}$

$= 511_{(10)}$

よって，⑥の **10** 進法表示は，

$x = \dfrac{203}{511}{}_{(10)} = \dfrac{29}{73}{}_{(10)}$　となる。

互除法
$511 = 203 \times 2 + 105$
$203 = 105 \times 1 + 98$
$105 = 98 \times 1 + 7$
$98 = 7 \times 14 + 0$
511 と 203 の最大公約数 7

ここで，

$\begin{cases} \text{分子 } 29_{(10)} = 3 \cdot 8 + 5 \\ \text{分母 } 73_{(10)} = 1 \cdot 8^2 + 1 \cdot 8 + 1 \end{cases}$ より

また，これを **8** 進法表示に戻すと，

$x = \dfrac{35}{111}{}_{(8)}$　となる。　…………(答)

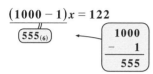

## 実力アップ問題 129　難易度 ★★　CHECK 1　CHECK 2　CHECK 3

正の整数 $n$ は，9 進数表示で 3 桁の数 $pqr_{(9)}$ となり，6 進数表示では 3 桁の数 $qrp_{(6)}$ となる。この整数 $n$ を 2 進法で表示せよ。

**ヒント！** $n = pqr_{(9)} = qrp_{(6)}$ より，$p \cdot 9^2 + q \cdot 9 + r = q \cdot 6^2 + r \cdot 6 + p$ となるんだね。これから $p$，$q$，$r$ の値を求めればいいんだね。

正の整数 $n$ は，9 進法と 6 進法表示で，それぞれ $pqr_{(9)}$，$qrp_{(6)}$ と表される。

($p$，$q$，$r$ は整数で，$1 \leqq p \leqq 5$，$1 \leqq q \leqq 5$，$0 \leqq r \leqq 5$)

よって，

$$n = p \cdot 9^2 + q \cdot 9 + r = q \cdot 6^2 + r \cdot 6 + p \quad \cdots\cdots ①$$

①を変形すると，

$81p + 9q + r = 36q + 6r + p$

$80p - 5r = 27q$

$5(16p - r) = 27q$　……②　となる。

（5 と 27：互いに素，$q$：5 の倍数）

②より，5 と 27 は互いに素なので，②の右辺が 5 の倍数となるためには，$q$ が 5 の倍数でなければならない。ここで，

$1 \leqq q \leqq 5$　より，　$q = 5$　……③

となる。③を②に代入して，

$\cancel{5}(16p - r) = 27 \times \cancel{5}$

$16p = r + 27$　……④

ここで，$0 \leqq r \leqq 5$ より

$27 \leqq r + 27 \leqq 32$　（$r + 27 = 16p$（④より））

$27 \leqq 16p \leqq 32$

$p$ は整数より，$p = 2$

これを④に代入して，

$32 = r + 27$　より，　$r = 5$

以上より，$p = 2$，$q = r = 5$

これを①に代入すると，$n$ は，10 進法表示で，

$n = 2 \times 9^2 + 5 \times 9 + 5$

$= 212_{(10)}$

よって，これを 2 進法で表示すると，

$n = 11010100_{(2)}$ となる。……(答)

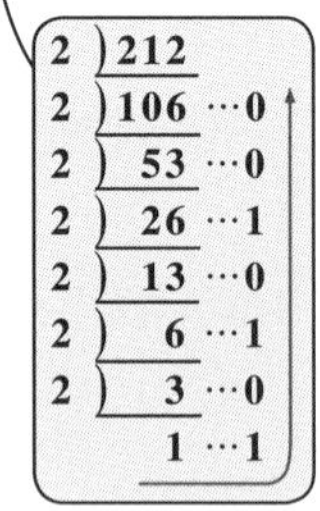

演習 exercise

# 8 図形の性質

テーマ

▶ 中点連結の定理，三角形の 5 心

▶ チェバの定理，メネラウスの定理

$\left(\frac{②}{①}\times\frac{④}{③}\times\frac{⑥}{⑤}=1\right)$

▶ 接弦定理，方べきの定理，トレミーの定理

$(x\cdot y=z\cdot w,\ \ x\cdot z+y\cdot w=l\cdot m)$

▶ 三垂線の定理

$(\mathrm{PQ}\perp l$ かつ $\mathrm{OQ}\perp l$ かつ $\mathrm{PO}\perp\mathrm{OQ}\Longrightarrow\mathrm{PO}\perp\alpha)$

▶ オイラーの多面体定理

$(v-e+f=2)$

# 演習8 図形の性質 ●公式&解法パターン

**1. 中点連結の定理**

△**ABC** の **2** 辺 **AB**，**AC** の中点 **M**，**N** について，

**MN // BC**　かつ　$\mathbf{MN}=\dfrac{1}{2}\mathbf{BC}$

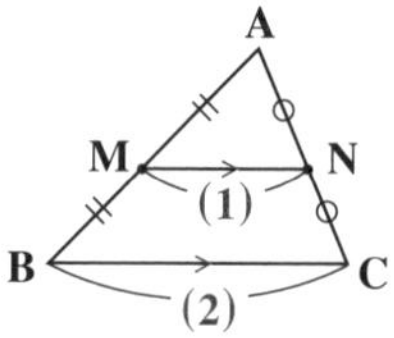


**2. △ABC の 5 心**

(ⅰ) 重心 **G**

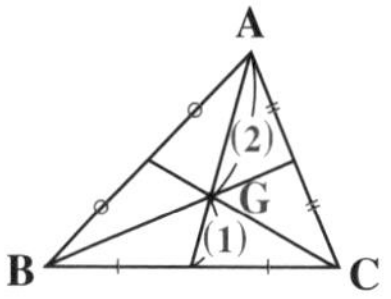


・**3** 頂点から出る **3** 本の中線の交点
・中線は **G** により **2**：**1** に内分される

(ⅱ) 外心 **O**

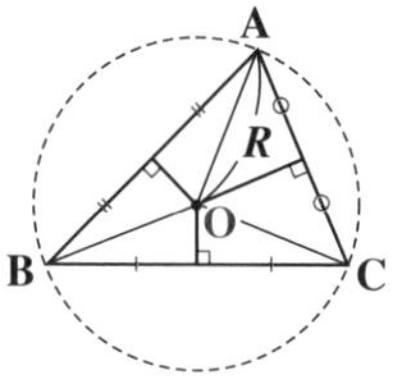


・外接円の中心
・**3** 辺の垂直二等分線の交点

(ⅲ) 内心 **I**

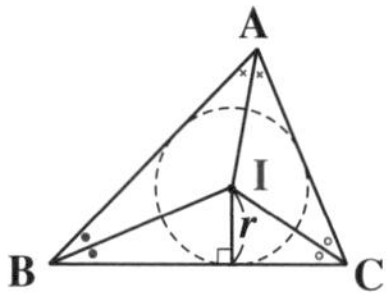


・内接円の中心
・**3** つの頂角の二等分線の交点

(ⅳ) 垂心 **H**

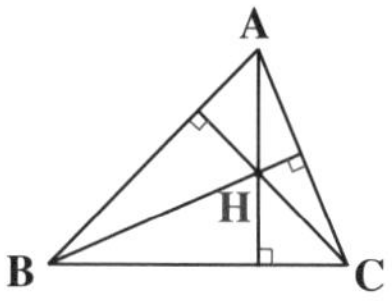


・**3** つの頂点からそれぞれの対辺に引いた垂線の交点

これに，(ⅴ) 傍心を加えて，三角形の **5** 心という。

**3. 中線定理と頂角（内角）・外角の二等分線の定理**

**(1)** 中線定理

△**ABC** の辺 **BC** の中点を **M** とおくと，次の式が成り立つ。

$$\mathbf{AB}^2+\mathbf{AC}^2=2(\mathbf{AM}^2+\underline{\mathbf{BM}^2})$$

これは $\mathbf{CM}^2$ でもいい。

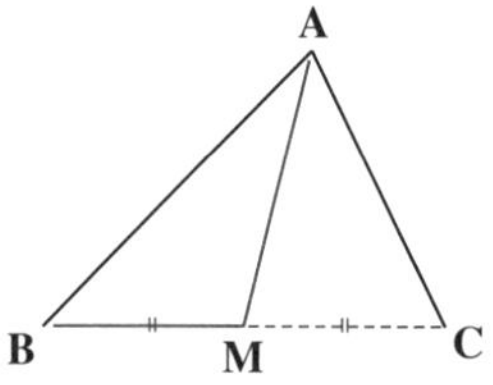


**(2)** 頂角（内角）の二等分線の定理

△**ABC** の頂角∠ **A** の二等分線と辺 **BC** との交点を **P** とおく。
また，**AB** = $c$，**AC** = $b$ とおくと，**BP**：**PC** = $c$：$b$ が成り立つ。

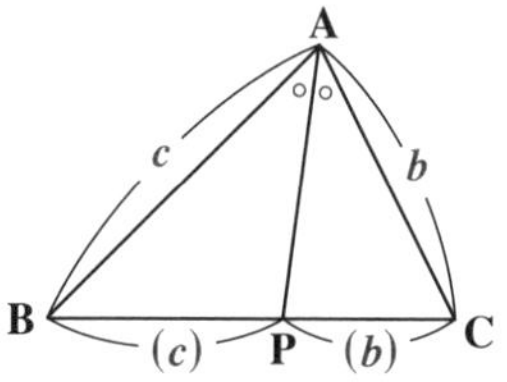

**(3)** 外角の二等分線の定理

△**ABC** の頂角∠ **A** の外角の二等分線と辺 **BC** の延長線との交点を **Q** とおく。また，**AB** = $c$，**AC** = $b$ とおくと，

**BQ**：**QC** = $c$：$b$ となる。

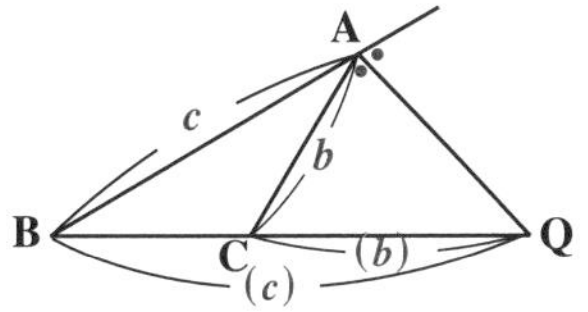


## 4. チェバの定理とメネラウスの定理

(ⅰ) チェバの定理

$$\frac{②}{①}\times\frac{④}{③}\times\frac{⑥}{⑤}=1$$

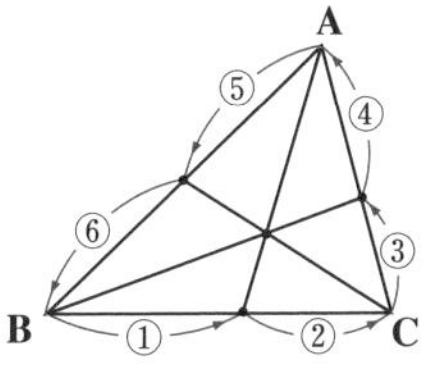


(ⅱ) メネラウスの定理

$$\frac{②}{①}\times\frac{④}{③}\times\frac{⑥}{⑤}=1$$

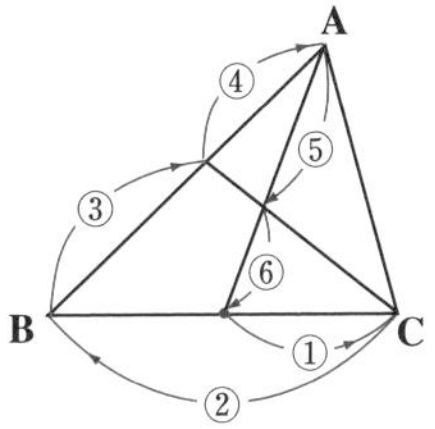


## 5. ヘロンの公式

△**ABC** の **3** 辺の長さ $a, b, c$ に対して，$s=\frac{1}{2}(a+b+c)$ とおくと，

△**ABC** の面積 $S$ は次式で求まる。

$$S=\sqrt{s(s-a)(s-b)(s-c)}$$

## 6. 接弦定理

右図のように，点 **P** で円に接する接線 **PX** と，弦 **PQ** のなす角 $\theta$ は，孤 $\overset{\frown}{PQ}$ に対する円周角∠ **PRQ** に等しい。

$$\angle PRQ=\angle QPX$$

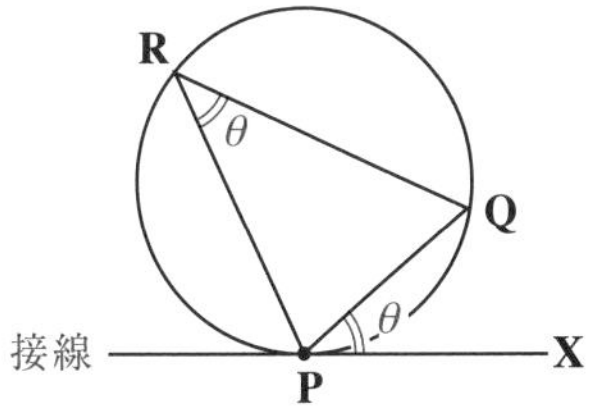


## 7. 方べきの定理

(ⅰ) $x\cdot y=z\cdot w$　(ⅱ) $x\cdot y=z\cdot w$　(ⅲ) $x\cdot y=z^2$

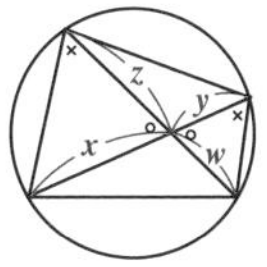


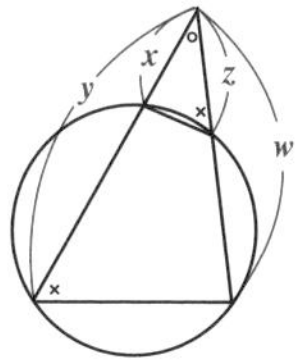


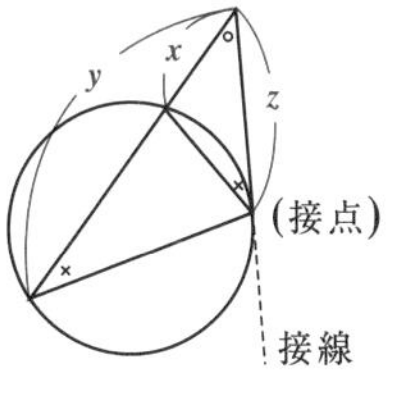

## 8. トレミーの定理

円に内接する四角形 ABCD の 4 辺の長さ $x, y, z, w$ と，2 つの対角線の長さ $l, m$ との間に次式が成り立つ。

$x \cdot z + y \cdot w = l \cdot m$

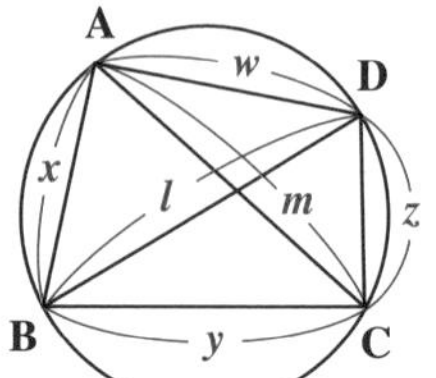


## 9. 2 つの円の位置関係（2 つの球の位置関係）

2 つの円 $C_1, C_2$ の半径をそれぞれ $r_1, r_2$ $(r_1 \geqq r_2)$ とおき，また，中心間の距離 $O_1O_2$ を $d$ とおくと，

(i) $d > r_1 + r_2$ のとき
外離
(共有点なし)

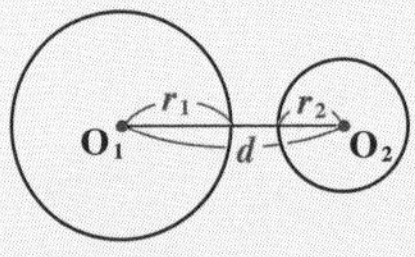


(ii) $d = r_1 + r_2$ のとき
外接
(1 接点)

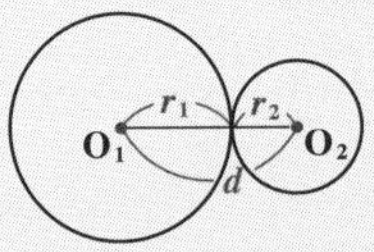


(iii) $r_1 - r_2 < d < r_1 + r_2$ のとき
交わる
(2 交点)

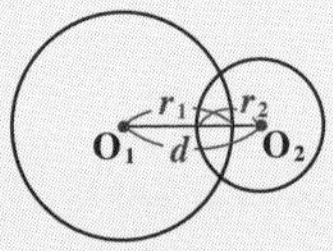


(iv) $d = r_1 - r_2$ のとき
内接
(1 接点)

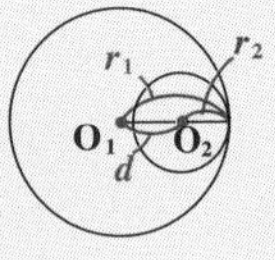


(v) $d < r_1 - r_2$ のとき
内離
(共有点なし)

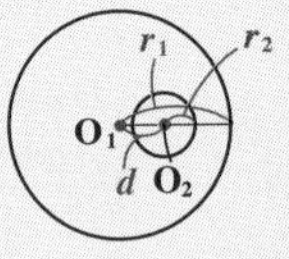


空間図形において 2 つの球の位置関係についても，同様に考えればいいんだね。

## 10. 空間図形における 2 直線（2 平面）のなす角

(1) 2 直線のなす角

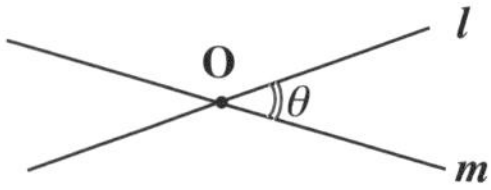


2 つの直線 $l, m$ がねじれの位置にあっても，上図のように点 O で交わるように平行移動して，なす角 $\theta$ を定める。

(2) 2 平面のなす角

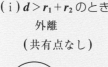

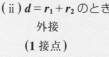

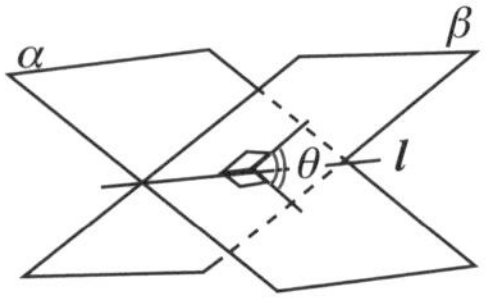


2 平面 $\alpha, \beta$ が交線 $l$ をもつとき，$l$ 上の点から $\alpha, \beta$ 上に引いた $l$ と直交する 2 直線のなす角を $\alpha$ と $\beta$ のなす角 $\theta$ とする。

## 11. 直線と平面の直交条件

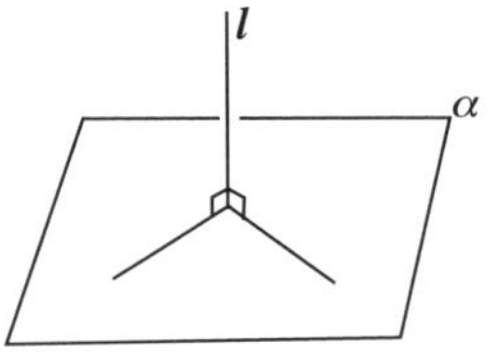


直線 $l$ と平面 $\alpha$ が 1 点で交わるとき，

(i) $l \perp \alpha \Longrightarrow$ $l$ は $\alpha$ 上のすべての直線と直交

(ii) $l \perp$ ($\alpha$ 上の平行でない 2 直線) $\Longrightarrow$ $l \perp \alpha$

## 12. 三垂線の定理

線分 **PO**，**OQ**，**PQ**，および平面 $\alpha$ と $\alpha$ 上の直線 $l$ について，次の 3 つの三垂線の定理が成り立つ。

**(1) PO $\perp \alpha$，かつ OQ $\perp l \Rightarrow$ PQ $\perp l$**

**(2) PO $\perp \alpha$，かつ PQ $\perp l \Rightarrow$ OQ $\perp l$**

**(3) PQ $\perp l$，かつ OQ $\perp l$，かつ PO $\perp$ OQ $\Rightarrow$ PO $\perp \alpha$**

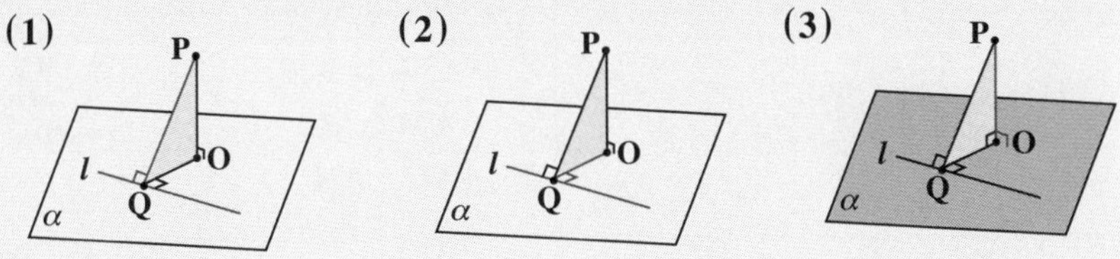


## 13. 5 種類の正多面体

(i) **正四面体**

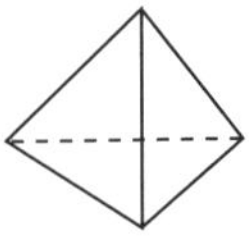

(ii) **正六面体**

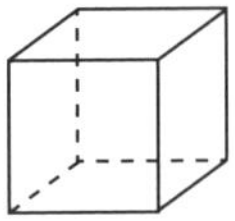

(iii) **正八面体**

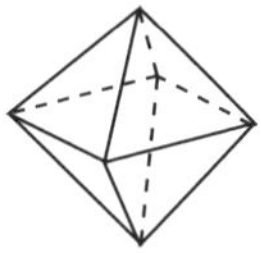

(iv) **正十二面体**

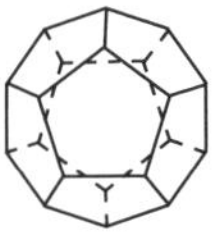

(v) **正二十面体**

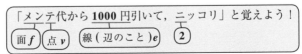

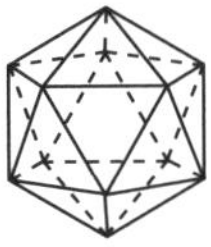

正多面体とは，
・どの面も同じ正多角形で，
・どの頂点にも同数の面が集まっているような多面体のことだ。

## 14. オイラーの多面体定理

へこみのない凸多面体の頂点の数を $v$，辺の数を $e$，面の数を $f$ とおくと，次の公式が成り立つ。

$$f + v - e = 2$$

「メンテ代から **1000** 円引いて，ニッコリ」と覚えよう！
(面 $f$)(点 $v$)(線 (辺のこと) $e$)(**2**)

| 実力アップ問題 130 | 難易度 ★★ | CHECK 1 | CHECK 2 | CHECK 3 |
|---|---|---|---|---|

**AB** = **AC** である二等辺三角形 **ABC** を考える。辺 **AB** の中点を **M** とし，辺 **AB** を延長した直線上に点 **N** を，**AN**：**NB** = **2**：**1** となるようにとる。このとき，∠ **BCM** = ∠ **BCN** となることを示せ。ただし，点 **N** は辺 **AB** 上にはないものとする。　（京都大）

ヒント！ 頂角の二等分線の定理の問題だ。△**ACM** と△**ANC** に着目して，これが相似比 **1**：**2** の相似な三角形であることに気付くと話が見えてくるはずだ。

**基本事項**

頂角の二等分線の定理

△**ABC** の頂角∠ **A** の二等分線と辺 **BC** の交点 **P** について，**BP**：**PC** = $c$：$b$ が成り立つ。

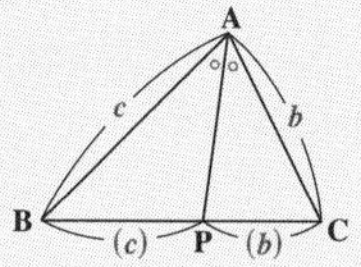


**AB** = **AC** の二等辺三角形 **ABC** について，

**AM**：**MB** = **1**：**1**
**AB**：**BN** = **1**：**1**

となるように **2** 点 **M**，**N** をとる。

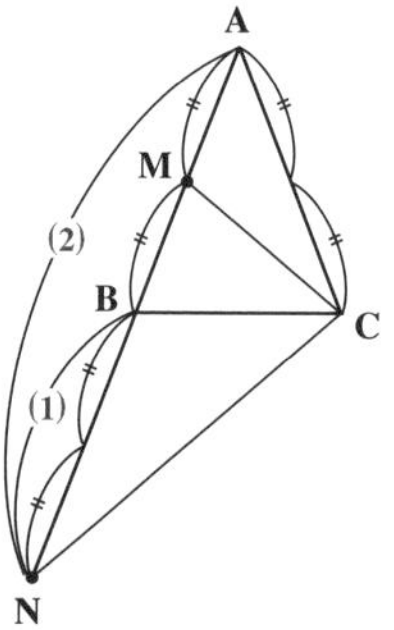


このとき，

**MB**：**BN** = **1**：**2** より，

∠ **BCM** = ∠ **BCN**

を示すには，頂角の二等分線の定理から，

**MC**：**CN** = **1**：**2**

を示せばよい。

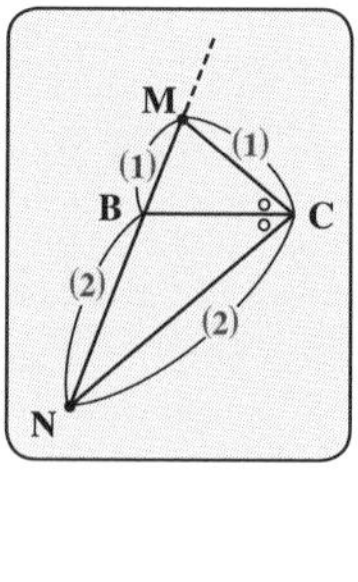


ここで，△**ACM** と△**ANC** について，

・∠ **A** は共通
・**AM**：**AC** = **1**：**2**
・**AC**：**AN** = **1**：**2**

より，**2** 組の辺の比とその間の角が等しいので，△**ACM** と△**ANC** は，相似比 **1**：**2** の相似な三角形である。

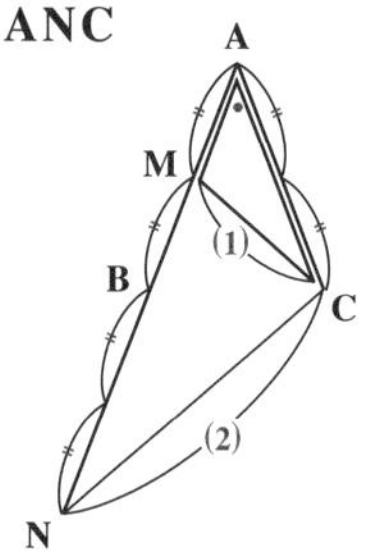


よって，**MC**：**CN** = **1**：**2**

これから，△**MCN** について，

**MB**：**BN** = **MC**：**CN** = **1**：**2**

が成り立つので，線分 **CB** は頂角∠ **MCN** の二等分線である。

∴∠ **BCM** = ∠ **BCN** ……………(終)

## 実力アップ問題 131　難易度 ★★★　CHECK 1　CHECK 2　CHECK 3

右図に示すように，△**ABC** の **3** 辺 **BC, CA, AB** 上にそれぞれ点 **P, Q, R** があり，**AP, BQ, CR** が **1** 点で交わる。また，直線 **RQ** と直線 **BC** は平行でないものとして，それらの交点を **S** とする。このとき，
**BP**：**BS** = **CP**：**CS** が成り立つことを示せ。(東北学院大)

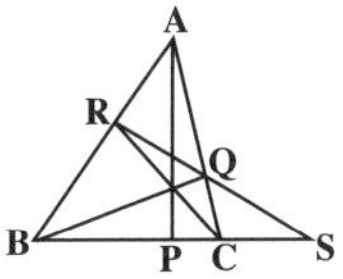


**ヒント！** **BP**：**PC**：**CS** = ①：②：③とおくと，与えられた比例式は，②·(①+②+③) = ①·③となる。これを，メネラウスの定理とチェバの定理を用いて示せばいいんだよ。

**AP** と **RS** の交点を **T** とおく。
また，
**BP**：**PC**：**CS**
　= ①：②：③

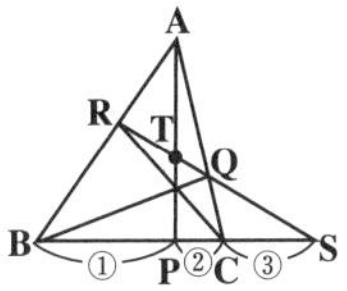


とおくと，証明したい比例式
**BP**：**BS** = **CP**：**CS** ……(＊) は
①：(①+②+③) = ②：③より，

②·(①+②+③) = ①·③ ……(＊＊)

よって，(＊) を示すには，(＊＊) が成り立つことを示せばよい。

(i) 右の図にメネラウスの定理を用いると，

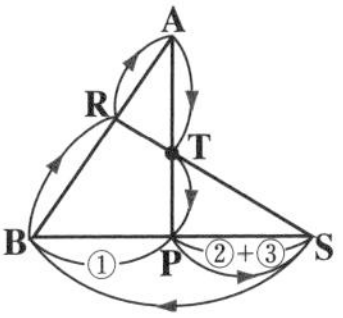


$$\frac{①+②+③}{②+③}\times\frac{\mathbf{RA}}{\mathbf{BR}}\times\frac{\mathbf{TP}}{\mathbf{AT}}=1 \quad \cdots\cdots ㋐$$

(ii) 右の図にメネラウスの定理を用いると，

(i)(ii) 共に **AT**：**TP** を利用している。

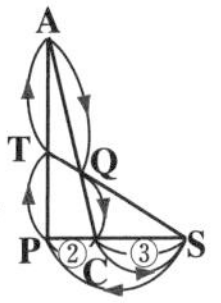


$$\frac{②+③}{③}\times\frac{\mathbf{AT}}{\mathbf{TP}}\times\frac{\mathbf{QC}}{\mathbf{AQ}}=1 \quad \cdots\cdots ㋑$$

㋐×㋑ より，

$$\frac{①+②+③}{\cancel{②+③}}\times\frac{\mathbf{RA}}{\mathbf{BR}}\times\frac{\cancel{\mathbf{TP}}}{\cancel{\mathbf{AT}}}\times\frac{\cancel{②+③}}{③}\times\frac{\cancel{\mathbf{AT}}}{\cancel{\mathbf{TP}}}\times\frac{\mathbf{QC}}{\mathbf{AQ}}=1$$

$$\frac{①+②+③}{③}\times\frac{\mathbf{RA}}{\mathbf{BR}}\times\frac{\mathbf{QC}}{\mathbf{AQ}}=1 \quad \cdots\cdots ㋒$$

(iii) 右の図にチェバの定理を用いて，

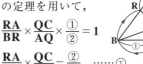

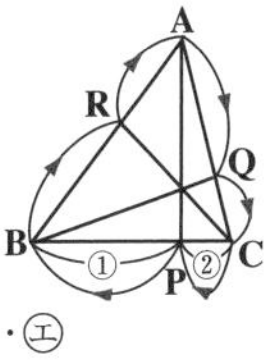


$$\frac{\mathbf{RA}}{\mathbf{BR}}\times\frac{\mathbf{QC}}{\mathbf{AQ}}\times\frac{①}{②}=1$$

$$\frac{\mathbf{RA}}{\mathbf{BR}}\times\frac{\mathbf{QC}}{\mathbf{AQ}}=\frac{②}{①} \quad \cdots\cdots ㋓$$

㋓を㋒に代入して，

$$\frac{①+②+③}{③}\times\frac{②}{①}=1$$

∴②·(①+②+③) = ①·③ ……(＊＊)

以上より，(＊＊) が成り立つので，(＊) も成り立つ。 ……………………(終)

| 実力アップ問題 132 | 難易度 ★★★ | CHECK 1 | CHECK 2 | CHECK 3 |
|---|---|---|---|---|

右図のように，$\triangle$**ABC** の **3** 頂点 **A, B, C** から対辺に下ろした垂線の足をそれぞれ **D, E, F** とおく。
また，$\triangle$**ABC** の垂心を **H** とおく。

$AF=1,\ FB=2,\ AE=\dfrac{3\sqrt{5}}{5},\ AH=\sqrt{2}$ のとき，

**AD, BD, DC, EC** の長さを求めよ。

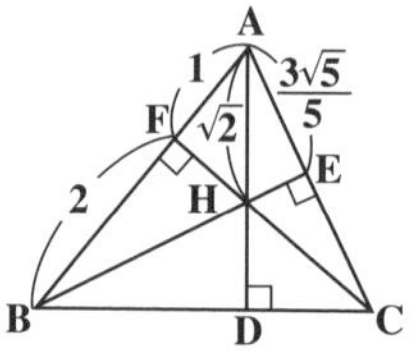


ヒント！ 四角形 **FBDH, DCEH** は，それぞれ円に内接する四角形より，方べきの定理が使えることに気付くと，**AD** と **EC** はすぐに求まる。

$AD=h,\ BD=x,\ DC=y,\ EC=z$ とおく。

- $\angle BFH+\angle BDH$
  $=90^\circ+90^\circ=180^\circ$
  よって，四角形 **FBDH** は円に内接する四角形より，方べきの定理を用いて，
  $1\times 3=\sqrt{2}\times h$
  $\therefore\ AD=h=\dfrac{3}{\sqrt{2}}=\dfrac{3\sqrt{2}}{2}$ …………(答)

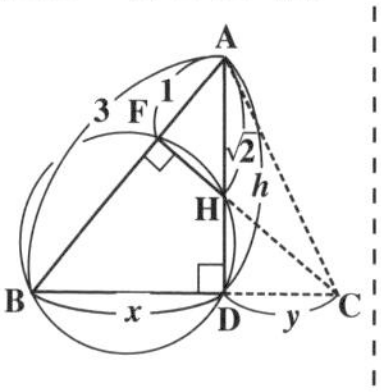


- $\angle CEH+\angle CDH$
  $=90^\circ+90^\circ=180^\circ$
  よって，四角形 **DCEH** は円に内接する四角形より，方べきの定理を用いて，

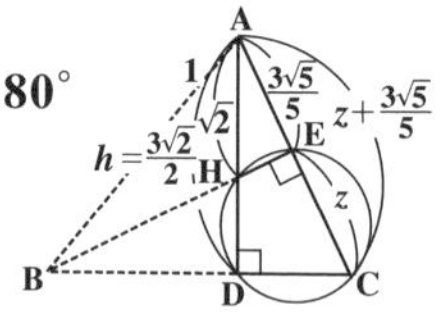


$$\sqrt{2}\times\frac{3\sqrt{2}}{2}=\frac{3\sqrt{5}}{5}\left(z+\frac{3\sqrt{5}}{5}\right)$$

$$3=\frac{3\sqrt{5}}{5}z+\frac{9}{5},\quad \frac{3\sqrt{5}}{\cancel{5}}z=\frac{6}{\cancel{5}}$$

$\therefore\ EC=z=\dfrac{2}{\sqrt{5}}=\dfrac{2\sqrt{5}}{5}$ …………(答)

- 直角三角形 **ABD** に三平方の定理を用いて，

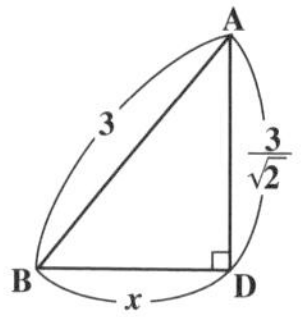


$$x^2=3^2-\left(\frac{3}{\sqrt{2}}\right)^2$$
$$=\frac{9}{2}$$

$\therefore\ BD=x=\sqrt{\dfrac{9}{2}}=\dfrac{3}{\sqrt{2}}=\dfrac{3\sqrt{2}}{2}$ ……(答)

- $EC=\dfrac{2\sqrt{5}}{5}$ より，

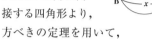

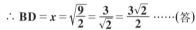

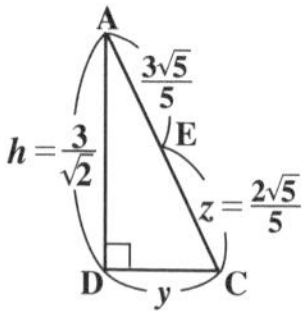


$$AC=AE+EC$$
$$=\frac{3\sqrt{5}}{5}+\frac{2\sqrt{5}}{5}$$
$$=\sqrt{5}$$

よって，直角三角形 **ACD** に三平方の定理を用いて，

$$y^2=(\sqrt{5})^2-\left(\frac{3}{\sqrt{2}}\right)^2=5-\frac{9}{2}=\frac{1}{2}$$

$\therefore\ DC=y=\sqrt{\dfrac{1}{2}}=\dfrac{\sqrt{2}}{2}$ …………(答)

## 実力アップ問題 133　難易度 ★★★　CHECK 1　CHECK 2　CHECK 3

右図において，△**ABC** の外心を **O**，垂心を **H** とする。
また，△**ABC** の外接円と直線 **CO** の交点を **D**，点 **O** から辺 **BC** にひいた垂線を **OE** とし，線分 **AE** と線分 **OH** の交点を **G** とする。このとき，次の問いに答えよ。

**(1)** **AH** = **DB** であることを示せ。

**(2)** 点 **G** は△**ABC** の重心であることを示せ。(宮崎大)

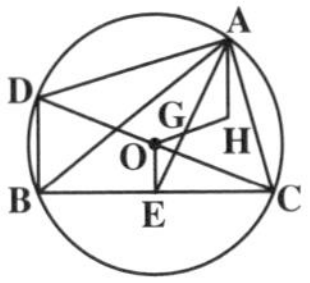


**ヒント！** 三角形の外心 **O**，重心 **G**，垂心 **H** について，線分 **OH** を **1**:**2** に内分する点が重心 **G** になる。これを証明する頻出問題の **1** つ。

右図に△**ABC** とその外心 **O**，垂心 **H**，それに点 **D** と **E** を示す。

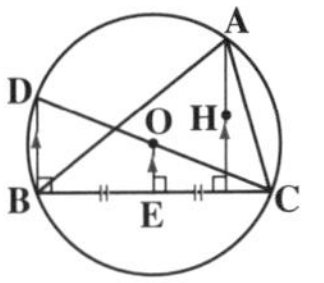


**OE** は，辺 **BC** の垂直二等分線より，**E** は **BC** の中点。

また，**DC** は外接円の直径より，**O** は **DC** の中点である。

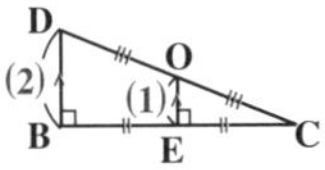


よって，中点連結の定理より，

**OE**:**DB** = **1**:**2** ……①

**OE** // **DB**

**(1)** (ⅰ) **DB** ⊥ **BC**

**AH** ⊥ **BC** より，

**DB** // **AH**

(ⅰ)

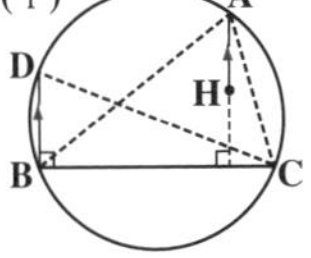


(ⅱ) **DA** ⊥ **AC**

直径 **DC** の上に立つ円周角は **90°** より

**BH** ⊥ **AC** より，

**DA** // **BH**

(ⅱ)

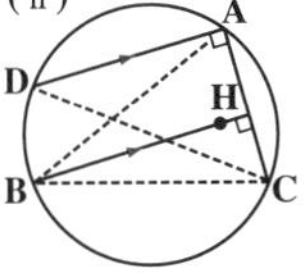


以上 (ⅰ) **DB** // **AH**，(ⅱ) **DA** // **BH** より，四角形 **ADBH** は平行四辺形。

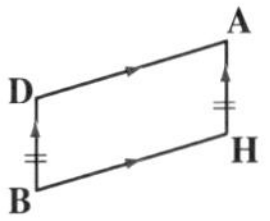


∴ **AH** = **DB** ……②　…………(終)

**(2)** $\begin{cases} \mathbf{OE} \,/\!/\, \mathbf{DB}, \\ \mathbf{DB} \,/\!/\, \mathbf{AH} \end{cases}$ より，

**OE** // **AH**

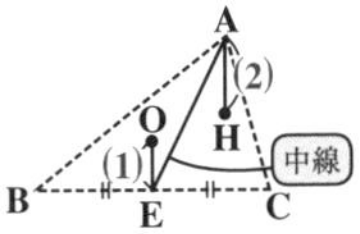


さらに，

**OE**:**AH** = **OE**:**DB** = **1**:**2**

(**AH** = **DB** (∵②))　(①，②より)

また，線分 **AE** は△**ABC** の中線である。線分 **OH** と **AE** との交点を **G** とおくと，

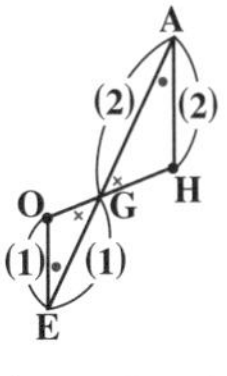


$\begin{cases} \angle\mathbf{AGH} = \angle\mathbf{EGO} & (\text{対頂角} \times) \\ \angle\mathbf{GAH} = \angle\mathbf{GEO} & (\text{錯角} \bullet) \end{cases}$ より

△**AGH** ∽ △**EGO** (相似) であり，その相似比は **2**:**1** となる。

よって，**AG**:**GE** = **2**:**1** となって，点 **G** は中線 **AE** を **2**:**1** に内分する。

∴点 **G** は△**ABC** の重心である。…(終)

点 **G** が，線分 **OH** を **1**:**2** に内分することも重要な性質だから，覚えておこう。

| 実力アップ問題 134 | 難易度 ★★★ | CHECK 1 | CHECK 2 | CHECK 3 |
|---|---|---|---|---|

円に内接する四角形 **ABCD** において，辺 **AB, BC, CD, DA** の長さをそれぞれ $a, b, c, d$ とする。このとき，次の問いに答えよ。

**(1)** $\angle BAD=\theta$ とおくとき，$\cos\theta$ を $a, b, c, d$ の式で表せ。

**(2)** $s=\dfrac{a+b+c+d}{2}$ とおけば，四角形 **ABCD** の面積 $S$ が次の式で与えられることを示せ。

$$S=\sqrt{(s-a)(s-b)(s-c)(s-d)}\quad\cdots\cdots(*)$$

（奈良教育大＊）

ヒント！ **(1)** △**ABD** と，△**CBD** にそれぞれ余弦定理を用いて，$BD^2$ を求める。**(2)** 円に内接する四角形の面積公式の証明問題。ヘロンの公式とよく似ているので覚えやすいはずだ。

**(1)** $\angle BAD=\theta$ とおくと，四角形 **ABCD** は円に内接するので，

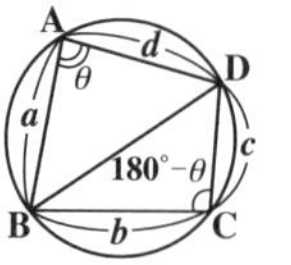


$\angle BCD=180^\circ-\theta$

(i) △**ABD** に余弦定理を用いて，

$BD^2=a^2+d^2-2ad\cos\theta\quad\cdots\cdots①$

(ii) △**CBD** に余弦定理を用いて，

$BD^2=b^2+c^2-2bc\cos(180^\circ-\theta)$　（$\cos(180^\circ-\theta)=-\cos\theta$）

$BD^2=b^2+c^2+2bc\cos\theta\quad\cdots\cdots②$

② − ① より，

$0=b^2+c^2-a^2-d^2+2(bc+ad)\cos\theta$

$2(ad+bc)\cos\theta=a^2+d^2-b^2-c^2$

$\therefore\ \cos\theta=\dfrac{a^2+d^2-b^2-c^2}{2(ad+bc)}\quad\cdots\cdots③$

……（答）

**(2)** $s=\dfrac{a+b+c+d}{2}\ \cdots\cdots④$ とおくとき，四角形 **ABCD** の面積 $S$ が，

$S=\sqrt{(s-a)(s-b)(s-c)(s-d)}\ \cdots(*)$

と表されることを示す。

ここで，$(*)$ に④を代入してまとめると，

$$S=\sqrt{\frac{-a+b+c+d}{2}\cdot\frac{a-b+c+d}{2}}\times\sqrt{\frac{a+b-c+d}{2}\cdot\frac{a+b+c-d}{2}}$$

よって，

$$S=\frac{1}{4}\sqrt{(-a+b+c+d)(a-b+c+d)}\times\sqrt{(a+b-c+d)(a+b+c-d)}\ \cdots(**)$$

となることを示せばよい。

四角形 **ABCD** の面積 $S$ は，△**ABD** と △**CBD** の面積の総和より，

$S=\triangle ABD+\triangle CBD$

$=\dfrac{1}{2}\cdot a\cdot d\cdot\sin\theta+\dfrac{1}{2}\cdot b\cdot c\cdot\sin(180^\circ-\theta)$　（$\sin(180^\circ-\theta)=\sin\theta$）

$=\dfrac{1}{2}(ad+bc)\sin\theta$　（$\sin\theta=\sqrt{\sin^2\theta}=\sqrt{1-\cos^2\theta}$）

$=\dfrac{1}{2}(ad+bc)\sqrt{1-\cos^2\theta}$

$=\dfrac{1}{2}\sqrt{(ad+bc)^2(1-\cos^2\theta)}\quad\cdots\cdots⑤$

（$\cos^2\theta=\dfrac{(a^2+d^2-b^2-c^2)^2}{4(ad+bc)^2}$　（③より））

$$\cos\theta = \frac{a^2+d^2-b^2-c^2}{2(ad+bc)} \cdots\cdots\cdots\cdots③$$
$$S = \frac{1}{2}\sqrt{(ad+bc)^2(1-\cos^2\theta)} \cdots\cdots⑤$$

⑤に③を代入して，

$$S = \frac{1}{2}\sqrt{(ad+bc)^2\left\{1-\frac{(a^2+d^2-b^2-c^2)^2}{4(ad+bc)^2}\right\}}$$
$$= \frac{1}{2}\sqrt{(ad+bc)^2-\frac{1}{4}(a^2+d^2-b^2-c^2)^2}$$
$$= \frac{1}{4}\sqrt{\{2(ad+bc)\}^2-(a^2+d^2-b^2-c^2)^2}$$

公式 $A^2-B^2=(A+B)(A-B)$ を使った！

$$= \frac{1}{4}\sqrt{2(ad+bc)+(a^2+d^2-b^2-c^2)}$$
$$\times\sqrt{2(ad+bc)-(a^2+d^2-b^2-c^2)}$$
$$= \frac{1}{4}\sqrt{(a^2+2ad+d^2)-(b^2-2bc+c^2)}$$
$$\times\sqrt{(b^2+2bc+c^2)-(a^2-2ad+d^2)}$$
$$= \frac{1}{4}\sqrt{(a+d)^2-(b-c)^2}\times\sqrt{(b+c)^2-(a-d)^2}$$

公式 $A^2-B^2=(A+B)(A-B)$ を使った！

$$= \frac{1}{4}\sqrt{\{a+d+(b-c)\}\{a+d-(b-c)\}}$$
$$\times\sqrt{\{b+c+(a-d)\}\{b+c-(a-d)\}}$$

よって，

$$S = \frac{1}{4}\sqrt{(-a+b+c+d)(a-b+c+d)}$$
$$\times\sqrt{(a+b-c+d)(a+b+c-d)} \cdots(**)$$

は成り立つ。

以上より，内接四角形の面積公式

$$S = \sqrt{(s-a)(s-b)(s-c)(s-d)} \cdots(*)$$

は成り立つ。 ……………………………(終)

**参考**

この公式とヘロンの公式を対比して，下に示しておくから，覚えておくといいよ。

(Ⅰ)ヘロンの公式

$BC=a$，$CA=b$，$AB=c$ の△ABC の面積 $S$ は，

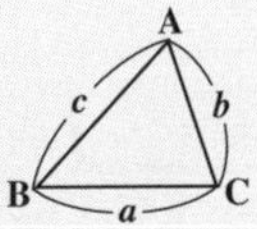


$$s=\frac{a+b+c}{2}$$

とおくと，

$$S=\sqrt{s(s-a)(s-b)(s-c)}$$

である。

(Ⅱ)内接四角形の面積公式

円に内接する四角形 ABCD で $AB=a$，$BC=b$，$CD=c$，$DA=d$ のとき，その面積 $S$ は，

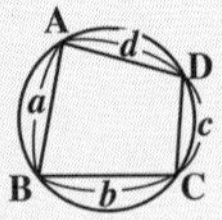


$s=\dfrac{a+b+c+d}{2}$ とおくと，

$$S=\sqrt{(s-a)(s-b)(s-c)(s-d)}$$

である。

## 実力アップ問題 135　難易度 ★★★　CHECK 1　CHECK 2　CHECK 3

$AB = BC = x$, $CD = 3$, $DA = 1$ の円に内接する四角形 ABCD がある。AC と BD の交点を E とおく。四角形 ABCD の面積は 2 である。このとき，次の問いに答えよ。

(1) $x$ を求めよ。　　(2) AC と BD の長さを求めよ。

(3) $\angle AED = \alpha$ とおく。$\sin\alpha$ の値を求めよ。

**ヒント！** (1) 円に内接する四角形の面積公式を使って解く。(2) 余弦定理とトレミーの定理を組み合わせて解けばいい。(3) 四角形 ABCD の面積 $S$ は対角線の長さと $\sin\alpha$ を用いて表すことができる。

(1) 円に内接する四角形 ABCD において

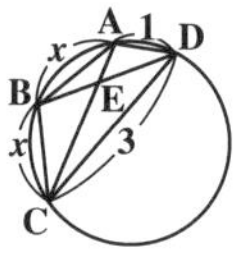


$AB = BC = x$,

$CD = 3$, $DA = 1$

よって，

$$s = \frac{AB + BC + CD + DA}{2}$$

$$= \frac{x + x + 3 + 1}{2} = x + 2 \text{ とおくと,}$$

四角形 ABCD の面積 $S$ は，

$$S = \sqrt{(s-x)(s-x)(s-3)(s-1)}$$

$$= \sqrt{2 \cdot 2 \cdot (x-1)(x+1)}$$

$$= 2\sqrt{x^2-1} \quad \cdots\cdots ① \text{ となる。}$$

> 4 辺の長さが $a, b, c, d$ の，円に内接する四角形の面積 $S$ は，
> $s = \frac{1}{2}(a+b+c+d)$ とおくと，
> $S = \sqrt{(s-a)(s-b)(s-c)(s-d)}$

ここで，$S = 2$ ……② より，

①，②から $S$ を消去して，

$2\sqrt{x^2-1} = 2$　　$\sqrt{x^2-1} = 1$

$x^2 - 1 = 1$　　$x^2 = 2$　$(x>0)$

$\therefore x = AB = BC = \sqrt{2}$ …………(答)

(2) $AC = l$, $\angle ABC = \theta$ とおくと，円に内接する四角形の内対角の和は $180°$ より，

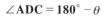

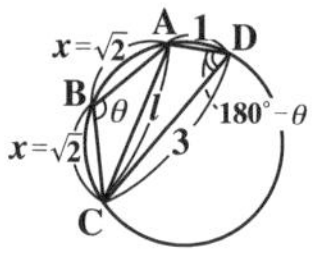


$\angle ADC = 180° - \theta$

(ⅰ) △ABC に余弦定理を用いて，

$$l^2 = (\sqrt{2})^2 + (\sqrt{2})^2 - 2 \cdot \sqrt{2} \cdot \sqrt{2}\cos\theta$$

$$l^2 = 4 - 4\cos\theta \quad \cdots\cdots ③$$

(ⅱ) △ADC に余弦定理を用いて，

$$l^2 = 1^2 + 3^2 - 2 \cdot 1 \cdot 3 \cdot \underline{\cos(180° - \theta)}$$

（$\cos(180°-\theta) = -\cos\theta$）

$$l^2 = 10 + 6\cos\theta \quad \cdots\cdots ④$$

③，④より $l^2$ を消去して，

$$4 - 4\cos\theta = 10 + 6\cos\theta$$

$$10\cos\theta = -6 \quad \therefore \cos\theta = -\frac{3}{5} \quad \cdots ⑤$$

⑤を③に代入して，

$$l^2 = 4 - 4 \cdot \left(-\frac{3}{5}\right) = \frac{32}{5}$$

$$\therefore AC = l = \sqrt{\frac{32}{5}} = \frac{4\sqrt{2}}{\sqrt{5}} = \frac{4\sqrt{10}}{5} \quad \cdots ⑥$$

………(答)

次に，BD $= m$ とおくと，四角形 ABCD は円に内接する四角形より，トレミーの定理を用いて，

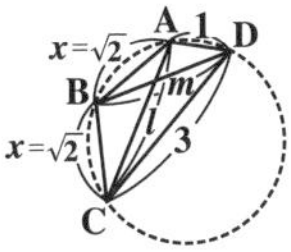


$$\underset{\frac{4\sqrt{10}}{5}}{l}\cdot m=\sqrt{2}\cdot 3+\sqrt{2}\cdot 1$$

トレミーの定理：
$l\cdot m = \text{AB}\cdot\text{CD}+\text{BC}\cdot\text{DA}$

$$\frac{4\sqrt{10}}{5}m=4\sqrt{2},\quad m=\sqrt{2}\times\frac{5}{\sqrt{10}}=\sqrt{5}$$

$\therefore$ BD $= m = \sqrt{5}$ ……⑦ ………(答)

**(3)** ここで，

AE $= l_1$，EC $= l_2$，

BE $= m_1$，ED $= m_2$

とおくと，

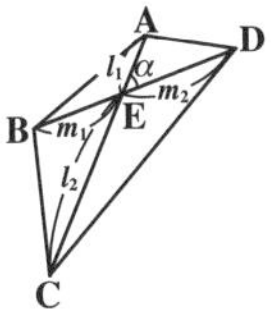


$$\begin{cases} l = l_1 + l_2 \\ m = m_1 + m_2 \end{cases} \quad \cdots\cdots ⑧$$

また，$\angle$AED $= \angle$BEC $= \alpha$

$\angle$AEB $= \angle$CED $= 180° - \alpha$

ここで，四角形 ABCD の面積 $S$ を，

△AEB，△BEC，△CED，△DEA

の面積の総和と考えると，

$$S = \triangle\text{AEB}+\triangle\text{BEC}+\triangle\text{CED}+\triangle\text{DEA}$$

$$=\frac{1}{2}l_1m_1\underset{\sin\alpha}{\sin(180°-\alpha)}+\frac{1}{2}l_2m_1\sin\alpha$$

$$+\frac{1}{2}l_2m_2\underset{\sin\alpha}{\sin(180°-\alpha)}+\frac{1}{2}l_1m_2\sin\alpha$$

$$=\frac{1}{2}(l_1m_1+l_2m_1+l_2m_2+l_1m_2)\sin\alpha$$

$$=\frac{1}{2}\{(l_1+l_2)m_1+(l_1+l_2)m_2\}\sin\alpha$$

$$=\frac{1}{2}\underset{l}{(l_1+l_2)}\underset{m\,(⑧\text{より})}{(m_1+m_2)}\sin\alpha$$

$$=\frac{1}{2}\cdot l\cdot m\cdot\sin\alpha$$

$$=\frac{1}{2}\cdot\frac{4\sqrt{10}}{5}\cdot\sqrt{5}\cdot\sin\alpha \quad (⑥，⑦\text{より})$$

$\therefore S = 2\sqrt{2}\sin\alpha$

ここで，$S = 2$ より，

$2\sqrt{2}\sin\alpha = 2$

$\therefore \sin\alpha = \dfrac{1}{\sqrt{2}} = \dfrac{\sqrt{2}}{2}$ …………………(答)

## 実力アップ問題 136　難易度 ★★　CHECK 1　CHECK 2　CHECK 3

次の問いに答えよ。

**(1)** 半径 **1** の円に内接し，隣り合うものは互いに外接する **6** 個の同じ半径 $r$ をもつ小円がある。このとき，小円の半径 $r$ を求めよ。

**(2)** 隣り合う辺が **2** と **3** の長方形の **3** 辺に内接する半径 **1** の円がある。この円に外接し，長方形に内接する円の半径の最大値を求めよ。

**ヒント！** (1) 半径 1 の大円と，2 個の隣接する小円の中心を結ぶ三角形で考える。(2) も，半径 1 の円とそれに外接する円の中心を結ぶ線分で考える。

**(1)** 右図に示すように，半径 **1** の大円の中心を **O**，隣接する **2** つの小円の半径を $r$，またその中心をそれぞれ $O_1, O_2$ とおく。

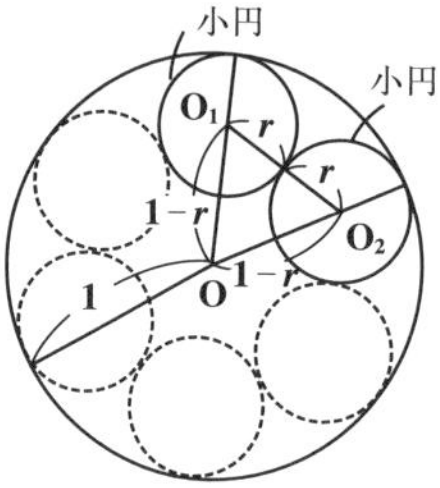


$\triangle OO_1O_2$ について，

$OO_1 = OO_2 = 1 - r$

$O_1O_2 = 2r$

$\angle O_1OO_2 = \dfrac{360°}{6} = 60°$

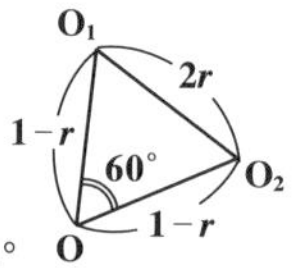


円の問題では中心を，中心に考えるとウマクいく！

よって，$\triangle OO_1O_2$ は正三角形より，

$O_1O_2 = OO_1$

$\therefore 2r = 1 - r$

$3r = 1$

$\therefore r = \dfrac{1}{3}$ ……………………………(答)

**(2)** 隣り合う **2** 辺が **2, 3** の長方形の **3** 辺に内接する半径 **1** の円と，この円に外接し，長方形に内接する最大半径 $r$ をもつ円を右上図に示す。

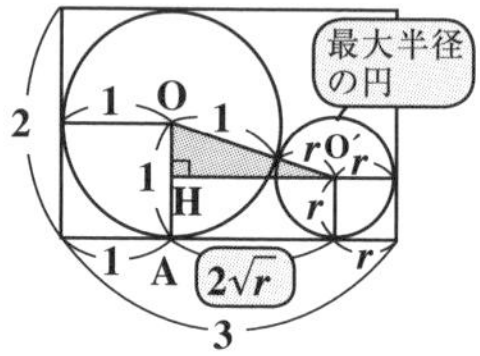


半径 **1** と $r$ の **2** つの円の中心をそれぞれ **O, O′** とおき，**O** から長さ **3** の辺に下ろした垂線の足を **A**，**OA** に **O′** から下ろした垂線の足を **H** とおく。

直角三角形 **O′OH** に三平方の定理を用いて，

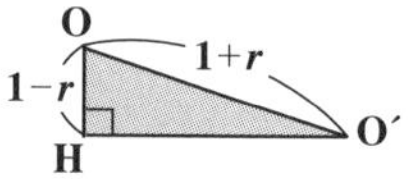


$$O'H = \sqrt{(1+r)^2 - (1-r)^2} = 2\sqrt{r}$$

よって，図より，　$1 + 2\sqrt{r} + r = 3$

$2\sqrt{r} = 2 - r$　　両辺を **2** 乗して，

$4r = (2-r)^2$　　$r^2 - 8r + 4 = 0$

$r = 4 \pm 2\sqrt{3}$

ここで，$0 < r < 1$ より，

$r = 4 - 2\sqrt{3}$ ……………………(答)

| 実力アップ問題 137 | 難易度 ★★ | CHECK 1 | CHECK 2 | CHECK 3 |
|---|---|---|---|---|

右図のように，直線 **AB** は円 **O**，**O′** とそれぞれ点 **A**，**B** で接し，直線 **PQ** は円 **O**，**O′** とそれぞれ点 **P**，**Q** で接している。円 **O**，**O′** の半径をそれぞれ $r$，$r'$ $(r > r' > 0)$ とする。
中心 **O**，**O′** 間の距離が **7** で，
**AB = 5**，**PQ = 3** であるとき，$r$ と $r'$ を求めよ。（北里大＊）

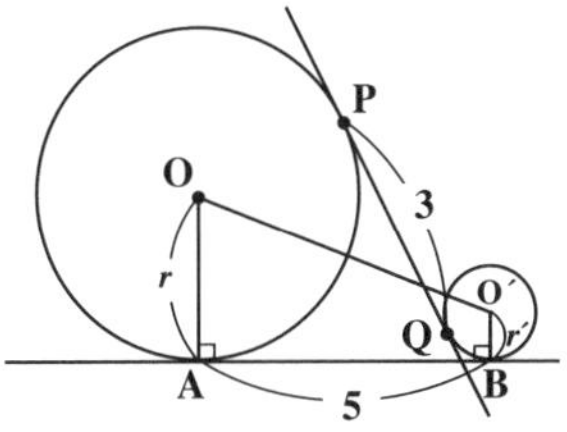


**ヒント！** 直線 **OA** に **O′** から垂線 **OH** を下ろして，直角三角形 **OHO′** を作り，また，直線 **OP** に **O′** から垂線 **O′H′** を下ろして，直角三角形 **OH′O′** を作るといい。

右図に示すように，点 **O′** から線分 **OA** に垂線 **O′H** を下ろし，また，点 **O′** から直線 **OP** に垂線 **O′H′** を下ろす。

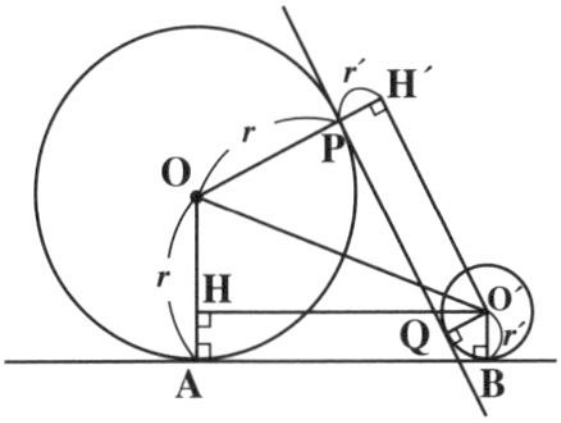


(ⅰ) △**OHO′** について，
四角形 **ABO′H** は長方形より，△**OHO′** は ∠ **OHO′ = 90°** の直角三角形である。ここで，

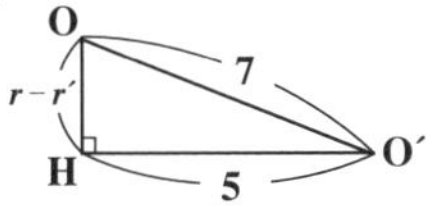


- **OH = OA − HA** $= r - r'$
- **HO′ = AB = 5**
- **OO′ = 7** より，

△**OHO′** に三平方の定理を用いて，

$(r-r')^2 + 5^2 = 7^2 \quad (r - r' > 0)$

$(r-r')^2 = 24$
（$r-r'$ は ⊕）

$\therefore\ r - r' = \sqrt{24} = 2\sqrt{6}$ ……①

(ⅱ) △**OH′O′** について，
四角形 **PQO′H′** は長方形より，△**OH′O′** は ∠ **OH′O′ = 90°** の直角三角形である。ここで，

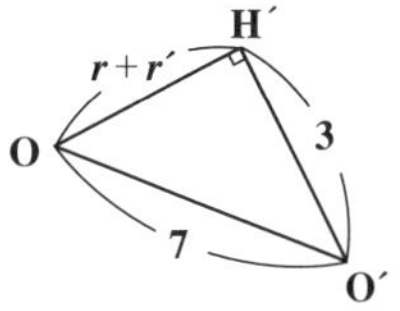


- **OH′ = OP + PH′** $= r + r'$
- **H′O′ = PQ = 3**
- **OO′ = 7** より，

△**OH′O′** に三平方の定理を用いて，

$(r+r')^2 + 3^2 = 7^2$

$(r+r')^2 = 40$

$r + r' = \sqrt{40} = 2\sqrt{10}$ ……②

以上(ⅰ)(ⅱ)より，

$\dfrac{①+②}{2}$ から，$r = \sqrt{10} + \sqrt{6}$ ………(答)

$\dfrac{②-①}{2}$ から，$r' = \sqrt{10} - \sqrt{6}$ ………(答)

| 実力アップ問題 138 | 難易度 ★★★ | CHECK 1 | CHECK 2 | CHECK 3 |
|---|---|---|---|---|

(1) 半径 1 の円 3 個が，図のように互いに外接しているとき，この 3 個の円で囲まれた領域 ( 網目部 ) の面積を求めよ。

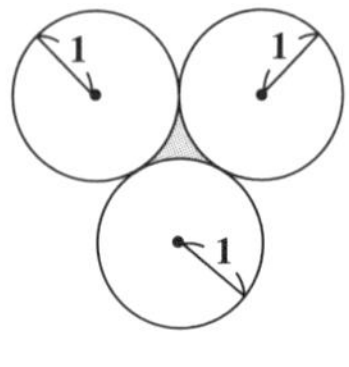

(2) 平面上に，半径 1 の球 3 個を互いに外接するように固定して置き，更にその上に半径 $r$ の球を下の 3 個のいずれとも外接するように乗せたい。この球が平面に落ちないようにするには $r$ をいくらより大きくすればよいか。

(3) (2) のとき，乗せた球の中心の平面からの高さを求めよ。

(東京電機大＊)

**ヒント！** (1)3 つの円の中心を $O_1$, $O_2$, $O_3$ とおき，$\triangle O_1O_2O_3$ で考えるとわかりやすいはずだ。(2) は (1) が導入になっている。(3) は，4 つの球の中心を結んでできる四面体で考えると話が見えてくるはずだ。頑張ろう！

(1) 右図に示すように，互いに外接した 3 つの円の中心をそれぞれ $O_1$, $O_2$, $O_3$ とおき，$\triangle O_1O_2O_3$ を作ると，これは 1 辺の長さが 2 の正三角形で，この面積を $S_0$ とおくと，

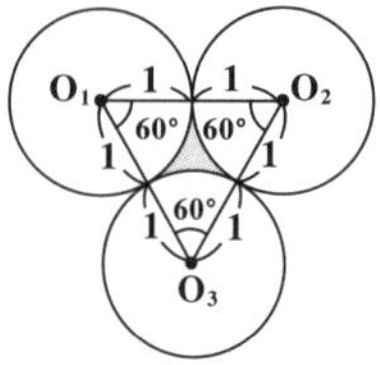

$S_0 = \dfrac{\sqrt{3}}{4} \cdot 2^2 = \sqrt{3}$ となる。

このS₀から，半径 1 の半円の面積を

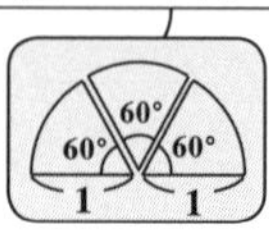

引いたものが，求める領域の面積である。

$\therefore S_0 - \dfrac{1}{2} \cdot \pi \cdot 1^2 = \sqrt{3} - \dfrac{\pi}{2}$ ……(答)

**参考**

一般に 1 辺の長さ $a$ の正三角形の面積を $S$ とおくと，

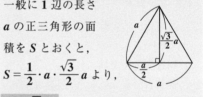

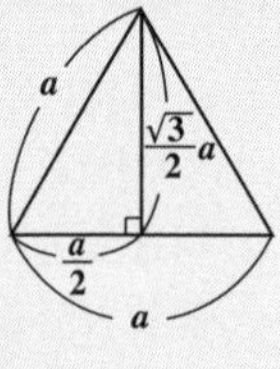

$S = \dfrac{1}{2} \cdot a \cdot \dfrac{\sqrt{3}}{2} a$ より，

$S = \dfrac{\sqrt{3}}{4} a^2$ となる。

**(2)** (1) の 3 つの円を，半径 1 の 3 つの球と考え，それぞれの中心を同様に $O_1$，$O_2$，$O_3$ とおく。

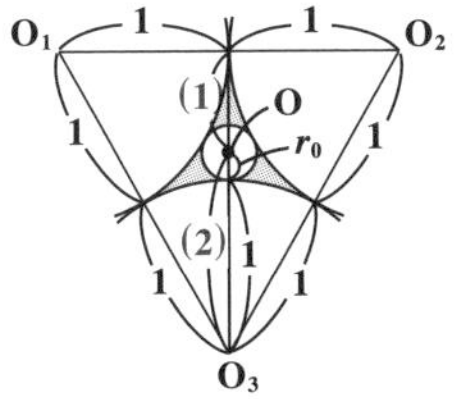


平面上に置かれた 3 つの外接する球のいずれとも外接するように乗せた球が 3 球のすき間から下の平面に落ちるときの最小の半径を $r_0$ とおき，また，この球の中心を O とおく。これを真上から見た図は上図のようになる。このとき，中心 O は半径 2 の正三角形 $O_1O_2O_3$ の重心になるので，頂点 $O_3$ から辺 $O_1O_2$ に下した垂線 ( 中線 ) を 2：1 に内分する。よって，

$$O_3O = 1 + r_0 = \frac{2}{3}\cdot\sqrt{3} \quad \cdots\cdots ①$$

中線の長さ

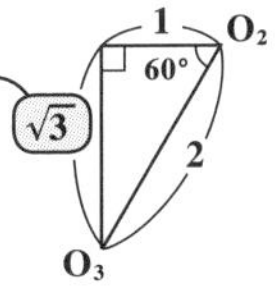


①より，$r_0 = \dfrac{2\sqrt{3}}{3} - 1$

よって，半径 $r$ の球を乗せたとき，これが平面に落ちないための $r$ の条件は，$r > r_0$ より，

$$r > \frac{2\sqrt{3}}{3} - 1 \quad \text{である。} \cdots\cdots ② \cdots(\text{答})$$

**(3)** $r$ が②の条件をみたすとき，3 個の外接する球のいずれにも外接するように半径 $r$ の球を乗せることができるので，これら 4 つの球の中心 $O_1$，$O_2$，$O_3$，O を結んで四面体 $OO_1O_2O_3$ を作ることができる。

この四面体は右図に示すように，底面は 1 辺の長さ 2 の正三角形 $O_1O_2O_3$ であり，また，他の辺は次の条件をみたす。

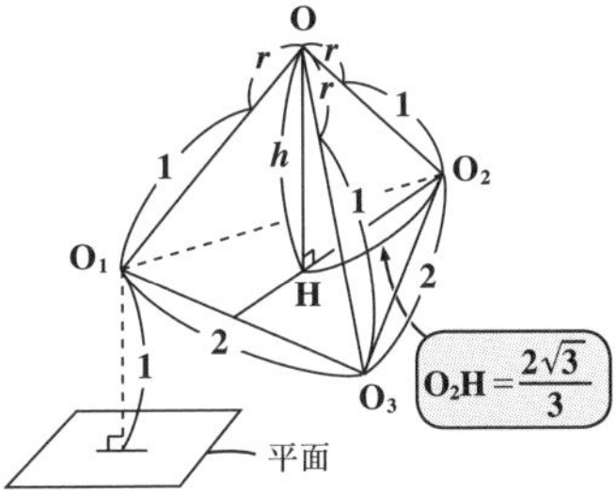


$$OO_1 = OO_2 = OO_3 = r + 1 \quad \cdots\cdots ③$$

ここで，頂点 O から $\triangle O_1O_2O_3$ に下した垂線の足を H，また $OH = h$ とおく。点 H は正三角形 $O_1O_2O_3$ の重心になるので，①式のときと同様に，

$$O_2H = \frac{2}{3}\cdot\sqrt{3} = \frac{2\sqrt{3}}{3} \quad \cdots\cdots ④$$

となる。

よって，$\triangle OHO_2$ に三平方の定理を用いると，

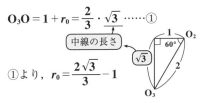

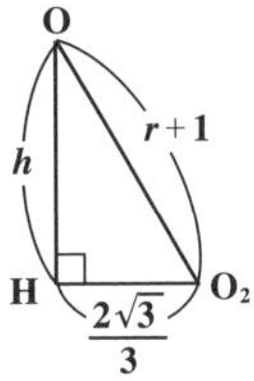


$$h = \sqrt{(r+1)^2 - \left(\frac{2\sqrt{3}}{3}\right)^2}$$

$$= \sqrt{r^2 + 2r - \frac{1}{3}} \qquad (③，④より)$$

以上より，乗せた球の中心 O は平面から $h + 1$ の高さにあるので，中心 O の平面からの高さは，

$$\sqrt{r^2 + 2r - \frac{1}{3}} + 1 \quad \text{である。} \cdots\cdots\cdots(\text{答})$$

## 実力アップ問題 139　難易度 ★★★　CHECK 1　CHECK 2　CHECK 3

右図に示すように，交角 $\theta$ で交わる **2** つの平面 $\alpha$ と $\beta$ がある。平面 $\alpha$ 上にある **1** 辺の長さ $\boldsymbol{a}$ の正三角形 **ABC** の平面 $\beta$ への正斜影は，**A′B′** = **1**，**B′C′** = **2**，**C′A′** = **2** の二等辺三角形 **A′B′C′** となった。

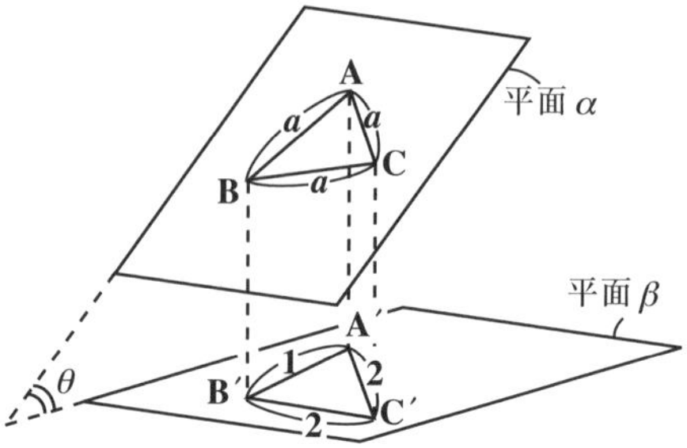


このとき，$\boldsymbol{a}$ の値と $\cos\theta$ の値を求めよ。

### レクチャー　◆正射影◆

右図に示すように，平面 $\beta$ を地面と考え，これと交角 $\theta$ で交わる斜めの平面 $\alpha$ 上に，図形 **A** が描かれているものとする。このとき，平面 $\beta$（地面）に対して真上から直角に光が差したとき，平面 $\beta$ にできる図形 **A** の影を，図形 **A** の正射影（せいしゃえい）といい，これを **A′** と表すことにしよう。ここで，図形 **A** の面積を $S$，この正射影 **A′** の面積を $S'$ とおくと，正射影 **A′** は，図形 **A** に対して交線 $l$ と垂直な方向に $\cos\theta$ 倍だけ縮められた形になっていることが分かると思う。これから，正射影 **A′** の面積 $S'$ は，元の図形 **A** の面積 $S$ に $\cos\theta$ をかけたものになる。

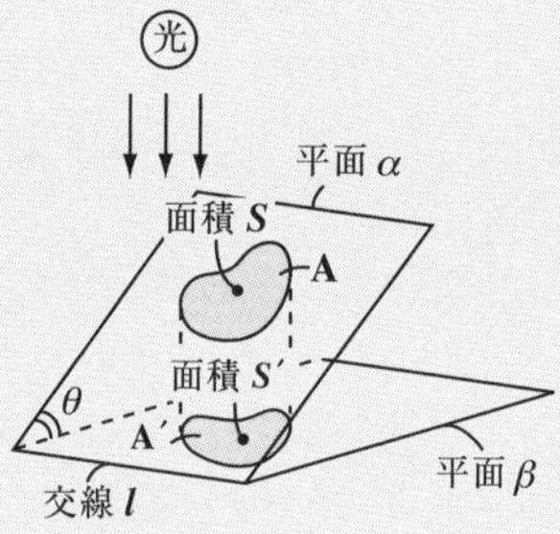


∴ $S' = S\cdot\cos\theta$ の関係式が成り立つんだね。

平面 $\alpha$ 上にある **1** 辺の長さ $\boldsymbol{a}$ の正三角形 **ABC** の平面 $\beta$ への正射影 **A′B′C′** は，**A′B′** = **1**，**B′C′** = **2**，**C′A′** = **2** の二等辺三角形である。

ここで，右上図に示すように，**AA′** $=\alpha$，**BB′** $=\beta$，**CC′** $=\gamma$ とおくと，三平方の定理から，次の **3** つの式が導かれる。

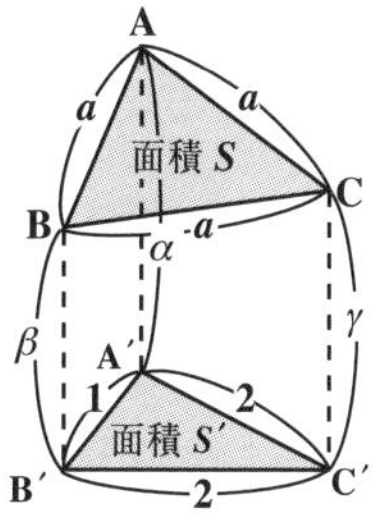


$\cdot\ (\alpha-\beta)^2+1^2=a^2$ ……①

$\cdot\ (\beta-\gamma)^2+2^2=a^2$ ……②

$\cdot\ (\alpha-\gamma)^2+2^2=a^2$ ……③

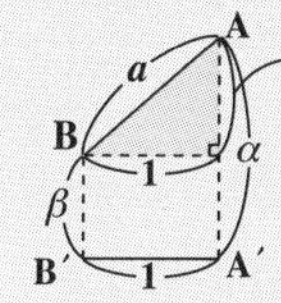


$|\alpha-\beta|$

よって，三平方の定理より，

$|\alpha-\beta|^2+1^2=a^2$ …①

が導ける。

②，③についても，同様だね。

ここで，$\alpha-\beta=x$，$\beta-\gamma=y$ とおくと，$\alpha-\gamma=(\alpha-\beta)+(\beta-\gamma)=x+y$ より，

①，②，③は，

$\cdot\ x^2+1=a^2$ ……………①′

$\cdot\ y^2+4=a^2$ ……………②′

$\cdot\ (x+y)^2+4=a^2$ ……③′ となる。

①′，②′より $a^2$ を消去して，

$x^2+1=y^2+4$

$x^2-y^2=3$ ……④

②′，③′より

$a^2$ を消去して

$\cancel{y^2+4}=x^2+2xy+\cancel{y^2+4}$

$2xy=-x^2\quad (x\neq 0)$

> $x=0$ とすると，①′より $a^2=1$ となり，②′より $y^2=-3$ となって矛盾するからね。

$x\neq 0$ より，両辺を $2x$ で割って，

$y=-\dfrac{x}{2}$ ……⑤ となる。

⑤を④に代入して，

$x^2-\left(-\dfrac{x}{2}\right)^2=3\qquad \dfrac{3}{4}x^2=3$

$x^2=4$ ……⑥

⑥を①′に代入すると，

$a^2=4+1=5$ より，

$a=\sqrt{5}$ ………………………………(答)

よって，1辺の長さ $a=\sqrt{5}$ の正三角形ABCの面積を $S$，その正射影 A′B′C′ の二等辺三角形の面積を $S'$ とおくと，

$S=\dfrac{\sqrt{3}}{4}a^2=\dfrac{5\sqrt{3}}{4}$

また，

$S'=\dfrac{1}{2}\cdot 1\cdot\dfrac{\sqrt{15}}{2}$

$\quad=\dfrac{\sqrt{15}}{4}$

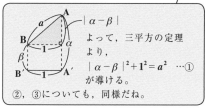

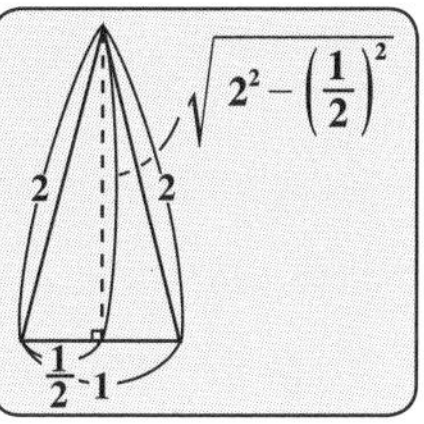


よって，2平面 $\alpha$ と $\beta$ のなす角を $\theta$ とおくと，

$S'=S\cdot\cos\theta$ より，

$\dfrac{\sqrt{15}}{\cancel{4}}=\dfrac{5\sqrt{3}}{\cancel{4}}\cos\theta$

$\therefore\ \cos\theta=\dfrac{\sqrt{15}}{5\sqrt{3}}=\dfrac{\sqrt{5}}{5}$ ……………(答)

## 実力アップ問題 140　難易度 ★★★　CHECK 1　CHECK 2　CHECK 3

どの面もすべて正 $m$ 角形で，どの頂点にも $n$ 個の面と $n$ 個の辺が集まっている正多面体は，(i) 正四面体 (ii) 正八面体 (iii) 正二十面体 (iv) 正六面体 ( 立方体 )(v) 正十二面体の 5 種類しか存在しない。このことを，オイラーの多面体定理：

$v-e+f=2$ …(＊)　（$v$：頂点の数，$e$：辺の数，$f$：面の数）

に，$v=\dfrac{m}{n}f$ …①，$e=\dfrac{m}{2}f$ …②　を代入して示せ。

**ヒント！** $m$，$n$ は共に 3 以上の整数より，①，②を (＊) に代入した方程式：$\dfrac{m}{n}f-\dfrac{m}{2}f+f=2$ は 1 つであるが，整数問題として解いていけばいいんだね。レベルは高いけれど，是非チャレンジしてほしい！

・多面体の 1 つの頂点には，$n$ 個の面のそれぞれの頂点が集まっているので，頂点の総数は，$n\cdot v$ であり，これは $f$ 個の正 $m$ 角形の頂点の総数に等しい。よって，

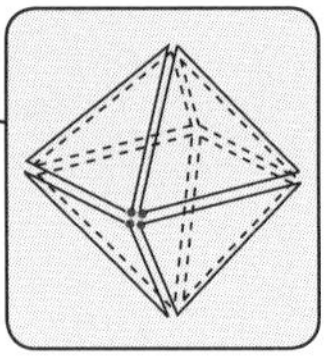

$n\cdot v=m\cdot f$ より，$v=\dfrac{m}{n}f$ ……①

・多面体の 1 つの辺は，2 個の面からなるので，辺の総数は $2e$ であり，これは $f$ 個の正 $m$ 角形の辺の総数と等しい。よって，

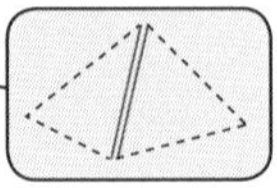

$2e=mf$ より，$e=\dfrac{m}{2}f$ ……②

以上①，②をオイラーの多面体定理：

$v-e+f=2$ …(＊)　に代入して，

$\dfrac{m}{n}f-\dfrac{m}{2}f+f=2$ ……③

となる。

③の両辺に $2n$ をかけて

$2mf-mnf+2nf=4n$

$\underline{(2m+2n-mn)}\,\underline{f}=\underline{4n}$ ……④

（これも⊕となる）（⊕）（⊕）

④より，

$f=\dfrac{4n}{2(m+n)-mn}$ ……④′

$(m, n)$ の値の組が分かれば，④′に代入して，$f$ の値が決まるので，正 $f$ 面体が存在することが示せるんだね。

④について，$f>0$，$4n>0$ より，

$2m+2n-mn>0$　……⑤　となる。

⑤の両辺に $-1$ をかけて，まとめると，

$mn-2m-2n<0$

$m(n-2)-2(n-2)<0+4$

$\underbrace{(m-2)}_{1以上}\underbrace{(n-2)}_{1以上}<4$　……⑥

ここで，$m$，$n$ は共に 3 以上の整数なので，$m-2\geqq 1$，$n-2\geqq 1$ で，⑥をみたす整数 $(m-2,\ n-2)$ の値の組は，

$(m-2,\ n-2)=(1,\ 1)$，$(1,\ 2)$，
　　　　　$(1,\ 3)$，$(2,\ 1)$，$(3,\ 1)$

のみとなる。よって，整数 $(m,\ n)$ の組は，次の 5 組のみになる。

$(m,\ n)=(3,\ 3)$，$(3,\ 4)$，$(3,\ 5)$，
　　　$(4,\ 3)$，$(5,\ 3)$

(ⅰ) $(m,\ n)=(3,\ 3)$ のとき，④′より，

$$f=\frac{4\cdot 3}{2(3+3)-3\cdot 3}=4$$

よって，これは

$f=4$ 個の正 $\underset{m}{3}$ 角形からなる正四面体。

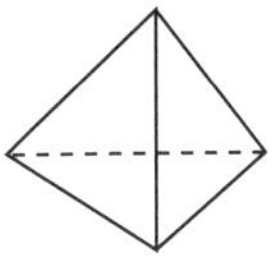

(ⅱ) $(m,\ n)=(3,\ 4)$ のとき，④′より，

$$f=\frac{4\cdot 4}{2(3+4)-3\cdot 4}$$
$$=8$$

よって，これは

$f=8$ 個の正 $\underset{m}{3}$ 角形からなる正八面体。

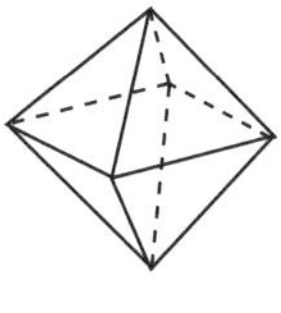

(ⅲ) $(m,\ n)=(3,\ 5)$ のとき，④′より，

$$f=\frac{4\cdot 5}{2(3+5)-3\cdot 5}$$
$$=20$$

よって，これは

$f=20$ 個の正 $\underset{m}{3}$ 角形からなる正二十面体。

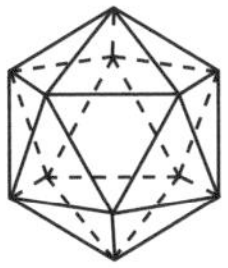

(ⅳ) $(m,\ n)=(4,\ 3)$ のとき，④′より，

$$f=\frac{4\cdot 3}{2(4+3)-4\cdot 3}$$
$$=6$$

よって，これは

$f=6$ 個の正 $\underset{m}{4}$ 角形(正方形)からなる正六面体(立方形)。

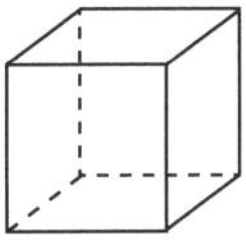

(ⅴ) $(m,\ n)=(5,\ 3)$ のとき，④′より，

$$f=\frac{4\cdot 3}{2(5+3)-5\cdot 3}$$
$$=12$$

よって，これは

$f=12$ 個の正 $\underset{m}{5}$ 角形からなる正十二面体。

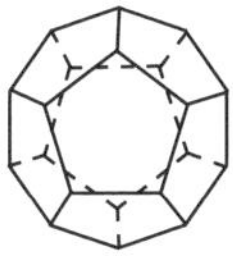

これから，正多面体は，以上(ⅰ)～(ⅴ)の 5 種類しか存在しない。

……(終)

実力アップ問題 141　難易度 ★★　CHECK 1　CHECK 2　CHECK 3

右図に示すような 1 辺の長さ 2 の正八面体 ABCDEF がある。この隣り合う 2 面のなす角を $\theta$ とおくとき，$\cos\theta$ の値を求めよ。

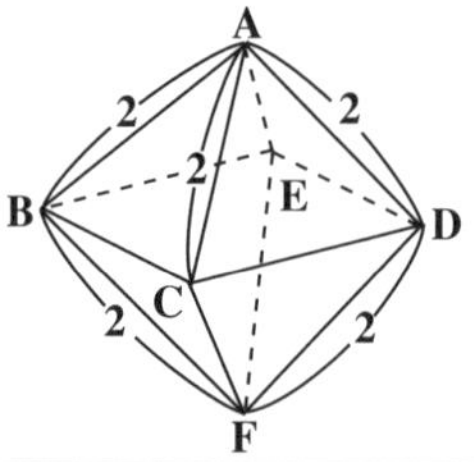


ヒント！ △ABC と △FBC のなす角 $\theta$ の余弦を求めればいい。BC と DE の中点をそれぞれ M，N とおくと，この正八面体の断面の (1 部の) △AMF に余弦定理を用いればいいんだね。

まず，この正八面体の上半分の四角錐 ABCDE について考える。

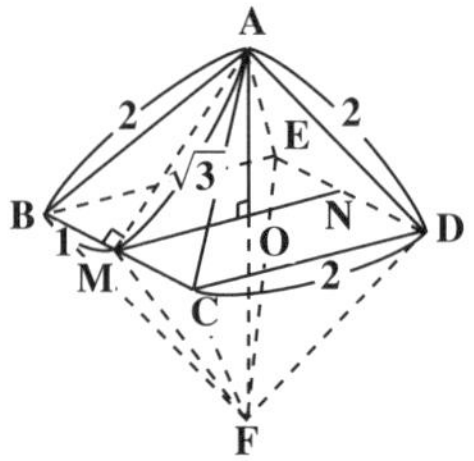


辺 BC の中点を M，辺 DE の中点を N，さらに線分 MN の中点を O とおくと，

$AM = \sqrt{3}$

$MN = 2$ ，$MO = 1$

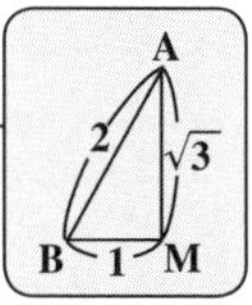


また，四角錐 ABCDE の対称性より，$AO \perp MO$ となる。

よって，直角三角形 AMO の辺 $AO = h$ とおいて，三平方の定理を用いると，

$h^2 = (\sqrt{3})^2 - 1^2 = 2$

$\therefore h = AO = \sqrt{2}$ となる。

ここで，正八面体 ABCDEF は，その対称性により，正方形 BCDE に対して上下対称な図形である。また，$AM \perp BC$，$FM \perp BC$ となるので，AM と FM のなす角が，隣り合う 2 面である △ABC と △FBC のなす角 $\theta$ である。

よって，この正八面体の断面の 1 部の △AMF に余弦定理を用いて，$\cos\theta$ の値を求めると，

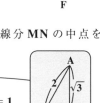

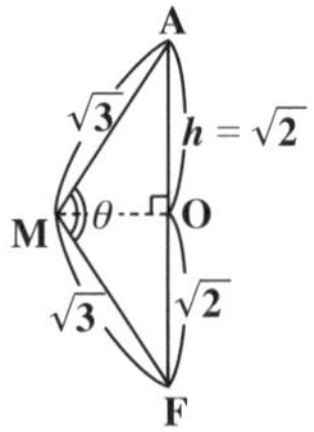


$$\cos\theta = \frac{AM^2 + FM^2 - AF^2}{2AM \cdot FM}$$

$$= \frac{(\sqrt{3})^2 + (\sqrt{3})^2 - (2\sqrt{2})^2}{2 \cdot \sqrt{3} \cdot \sqrt{3}}$$

$$= \frac{-2}{6} = -\frac{1}{3}$$ となる。 …(答)

## 実力アップ問題 142

難易度 ★★★　　CHECK 1　CHECK 2　CHECK 3

右図に示すような **1** 辺の長さ **2** の正二十面体について，次の問いに答えよ。

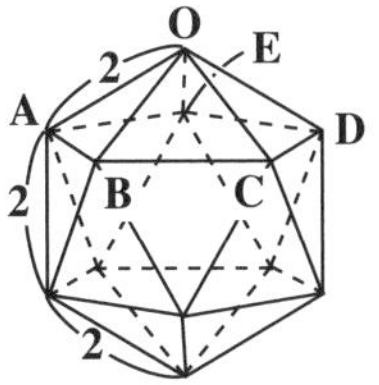


**(1)** 正五角形 **ABCDE** の対角線 **AC** の長さを求めよ。

**(2)** 隣り合う面である△ **OAB** と△ **OBC** のなす角を $\theta$ とおく。$\cos\theta$ の値を求めよ。

### レクチャー　◆正五角形の性質◆

正五角形の問題は，受験では頻出なので，ここで，正五角形を極めておくのもいいと思う。

図ア

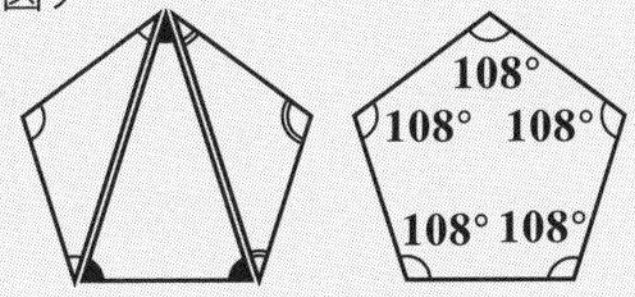


正五角形は，図アのように **3** つの三角形に分割されるので，その内角の総和は，**180°×3＝540°** となる。よって，正五角形の **1** つの頂角 ( 内角 ) は，これを **5** で割った，**108°** になるんだね。

図イ

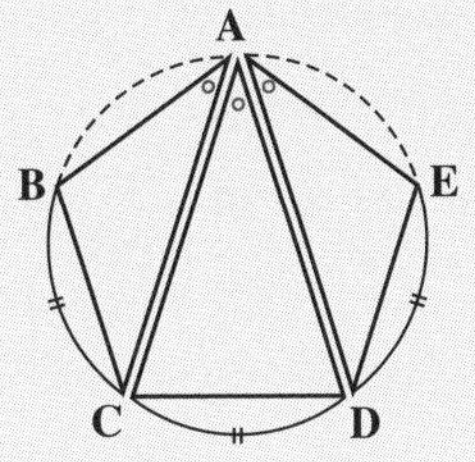


次に，図イのように，正五角形 **ABCDE** の外接円を考えよう。**3** つの円弧 **BC**，**CD**，**DE** の長さは等しいので，同じ円弧に対する円周角は等しいね。それを，図イでは "○" で示した。この "○" は頂角 ∠**A＝108°** を **3** 等分した **36°** を表すんだね。

図ウ

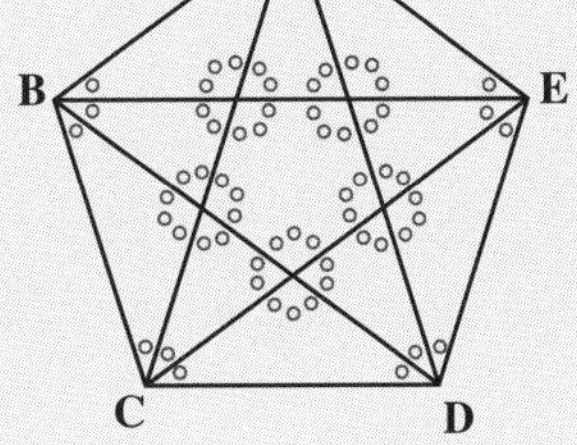

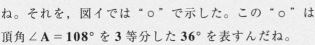

正五角形 **ABCDE** に各対角線を引いて，同様に **36°** を "○" で表したものが，図ウだよ。これから，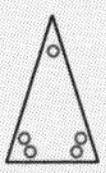 と 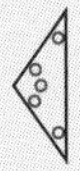 の **2** つのタイプの相似な三角形がウジャウジャ出てくるのがわかるね。この性質を利用すると，正五角形の様々な問題が解けるようになるんだね。

(1) 正二十面体の対称性により，与えられた **5** 点 **A，B，C，D，E** を順に結んでできる図形は，**1** 辺の長さが **2** の正五角形となる。

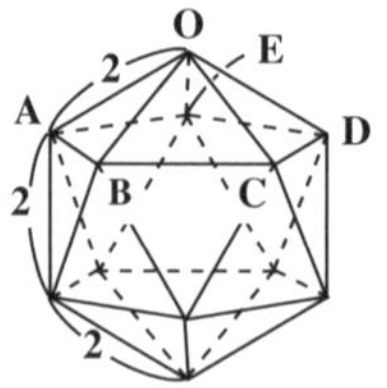


正五角形 **ABCDE** の頂角∠ **A** は **108°** である。右図のようにこの正五角形の外接円を考えると，同じ長さの弧に対する円周角は等しいので，∠ **CAD** = **36°**

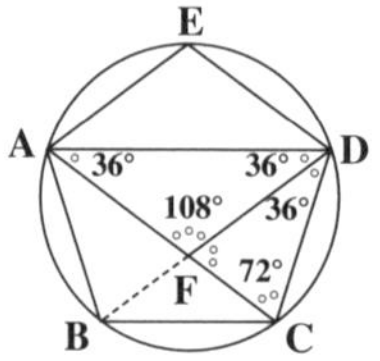


同様に，∠ **ACD** = ∠ **ADC** = **72°**

また，**AC** と **BD** の交点を **F** とおくと，∠ **CDF** = **36°**

∠ **DFC** = ∠ **DCF** = **72°** となる。

よって，△ **ACD** ∽ △ **DFC**

これは相似記号

したがって，対角線 **AC** の長さを $x$ とおくと，

**AF** = **2** より

**FC** = $x - 2$

となる。

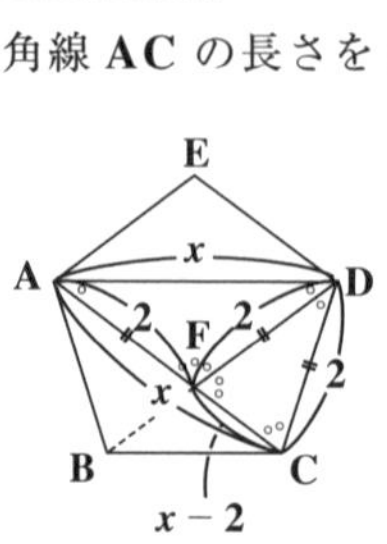


よって，△ **ACD** ∽ △ **DFC** より

**AC : CD = DF : FC**

$x : 2 = 2 : (x-2)$

これから，$x(x-2) = 2^2$

$x^2 - 2x - 4 = 0$

これを解いて，

$x = 1 \pm \sqrt{1^2 - (-4)} = 1 \pm \sqrt{5}$

ここで，明らかに $x > 0$ より

$x = \mathrm{AC} = 1 + \sqrt{5}$　となる。

……(答)

(2) 正二十面体の隣り合う **2** 面，すなわち，△ **OAB** と △ **OBC** のなす角 $\theta$ の余弦 $(\cos\theta)$ を求める。

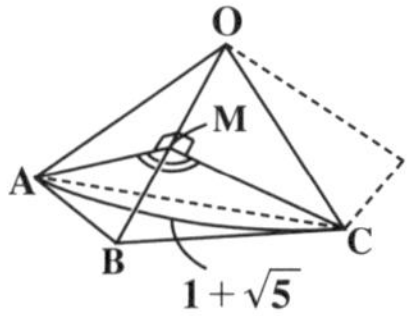


右上図のように，辺 **OB** の中点を **M** とおくと，明らかに，

**AM** ⊥ **OB**，かつ **CM** ⊥ **OB** となるので，**2** つの線分 **AM** と **CM** のなす角が正二十面体の隣り合う **2** 面のなす角 $\theta$ になる。

ここで，

$\mathrm{AM} = \mathrm{CM} = \sqrt{3}$

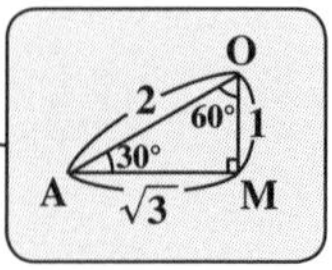


より，△ **MAC** について考えると，

これは，

$\mathbf{MA}=\mathbf{MC}=\sqrt{3}$

$\mathbf{AC}=1+\sqrt{5}$ の

二等辺三角形である。

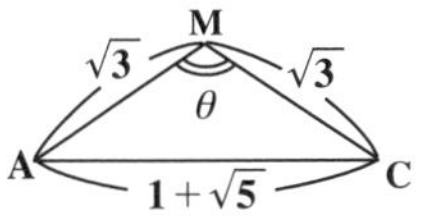


この△**MAC** に余弦定理を用いて $\cos\theta$ の値を計算すると，

$$\cos\theta=\frac{\mathbf{MA}^2+\mathbf{MC}^2-\mathbf{AC}^2}{2\mathbf{MA}\cdot\mathbf{MC}}$$

$$=\frac{(\sqrt{3})^2+(\sqrt{3})^2-(1+\sqrt{5})^2}{2\cdot\sqrt{3}\cdot\sqrt{3}}$$

$$=\frac{\cancel{6}-(\cancel{1}+2\sqrt{5}+\cancel{5})}{6}$$

$$=-\frac{2\sqrt{5}}{6}=-\frac{\sqrt{5}}{3}$$

以上より，△**OAB** と△**OBC** のなす角，すなわち，正二十面体の隣り合う **2** 面のなす角 $\theta$ の余弦は

$\cos\theta=-\dfrac{\sqrt{5}}{3}$　である。 ……(答)

## ★★★合格!数学I・A実力UP★★★
## 補充問題(additional questions)

| 補充問題 1 | 難易度 ★★ | CHECK 1 | CHECK 2 | CHECK 3 |
| --- | --- | --- | --- | --- |

今日は日曜日である。

(1) $5^{12}$ 日後は何曜日か。　　(2) $9^8$ 日後は何曜日か。

(3) $10^{15}$ 日後は何曜日か。

ヒント! 曜日は7日周期で変わるので，日曜日の X 日後の曜日は，7 に対する X の合同式を利用して，$\underline{X \equiv 0}$ ならば日曜日，$\underline{X \equiv 3}$ ならば水曜日，$\underline{X \equiv 5}$ ならば金曜日など，と分かるんだね。面白い問題だから，楽しみながら解いてみよう。

($X = 0, 7, 14, 21, \cdots$ のとき)　($X = 3, 10, 17, 24, \cdots$ のとき)　($X = 5, 12, 19, 26, \cdots$ のとき)

今日は日曜日より，X 日後の曜日は，7 に対する X の合同式を用いると，

$X \equiv 0 \pmod 7$ のとき日曜日

$X \equiv 1 \pmod 7$ のとき月曜日

$X \equiv 2 \pmod 7$ のとき火曜日

$X \equiv 3 \pmod 7$ のとき水曜日

$X \equiv 4 \pmod 7$ のとき木曜日

$X \equiv 5 \pmod 7$ のとき金曜日

$X \equiv 6 \pmod 7$ のとき土曜日　となる。

(1) $X = 5^{12}$ 日後について

$$X = 5^{12} \equiv (5^2)^6 \quad (25 \equiv 4)$$
$$\equiv 4^6 \equiv (4^2)^3 \quad (16 \equiv 2)$$
$$\equiv 2^3 \equiv 8 \equiv 1 \pmod 7$$

よって，$5^{12}$ 日後は月曜日である。

…………(答)

(2) $X = 9^8$ 日後について

$$X = 9^8 \equiv 2^8 \equiv (2^4)^2 \quad (9 \equiv 2,\ 16 \equiv 2)$$
$$\equiv 2^2 \equiv 4 \pmod 7$$

よって，$9^8$ 日後は木曜日である。

…………(答)

(3) $X = 10^{15}$ 日後について

$$X = 10^{15} \equiv 3^{15} \equiv (3^2)^7 \times 3 \quad (10 \equiv 3,\ 9 \equiv 2)$$
$$\equiv 2^7 \times 3 \equiv (2^3)^2 \times 2 \times 3 \quad (8 \equiv 1)$$
$$\equiv 1^2 \times 2 \times 3 \equiv 6 \pmod 7$$

よって，$10^{15}$ 日後は，土曜日である。

…………(答)

| 補充問題 2 | 難易度 ★★ | CHECK 1 | CHECK 2 | CHECK 3 |
|---|---|---|---|---|

どのような負でない $2$ つの整数 $m$ と $n$ を用いても，$x = 3m + 5n$ で表すことができない正の整数 $x$ をすべて求めよ。　　　　　　　　（大阪大）

> **ヒント！** このような，一見難しそうに見える問題も，具体的に考えると話が見えてくるんだね。$m, n$ は $0$ 以上の整数なので，$n = 0, 1, 2,$ の $3$ つの場合を考えると $x = 3m$，$x = 3(m+1) + 2$，$x = 3(m+3) + 1$ となるので，ある程度大きな正の整数 $x$ はすべて表せることが分かるね。したがって，$x = 3m + 5n$ $(m = 0, 1, 2, \cdots, n = 0, 1, 2, \cdots)$ で表せない数は，小さな正の整数になるはずだ。

$x = 3m + 5n$ ……①

　$(m = 0, 1, 2, \cdots, \ n = 0, 1, 2, \cdots)$

で表せない正の整数 $x$ を求める。

( i ) $n = 0$ のとき，①は，

　　$x = 3m$ ……② $(m = 0, 1, 2, \cdots)$

となるので，②により，

　　$x = 0, 3, 6, 9, \cdots$ となる。

　よって，$3$ の倍数の正の整数はすべて表すことができる。

( ii ) $n = 1$ のとき，①は，

　　$x = 3m + 5$

　　　$= 3(\underbrace{m+1}) + 2$ ……③

　　　$\boxed{1, 2, 3, \cdots}$ $(m = 0, 1, 2, \cdots)$

となるので，③により，

$x = 5, 8, 11, 14, \cdots$ となる。

　$\boxed{\text{これでは } 2 \text{ は表せない}}$

よって，$3$ で割って $2$ 余る正の整数を，$\underline{2}$ を除いて，すべて表すことができる。

( iii ) $n = 2$ のとき，①は，

　　$x = 3m + 10$

　　　$= 3(\underbrace{m+3}) + 1$ ……④

　　　$\boxed{3, 4, 5, \cdots}$ $(m = 0, 1, 2, \cdots)$

となるので，④により，

$x = 10, 13, 16, 19, \cdots$ となる。

　$\boxed{\text{これでは } 1, 4, 7 \text{ は表せない}}$

よって，$3$ で割って $1$ 余る正の整数を，$\underline{1, 4, 7}$ を除いて，すべて表すことができる。

以上 ( i )( ii )( iii ) より，①で表すことのできない正の整数 $x$ をすべて示すと，

　　$x = 1, 2, 4, 7$ である。

　　　　　　　　…………(答)

> ( i )( ii )( iii ) より，$x$ は形式的には，$3$ で割って，( i ) 割り切れる数，( ii ) $2$ 余る数，( iii ) $1$ 余る数をすべて表せるけれど，$m, n$ が $0$ 以上の整数という制約条件から，小さな正の整数で表せないものが存在したんだね。納得いった？

## 補充問題 3　難易度 ★★★　CHECK 1　CHECK 2　CHECK 3

次の問いに答えよ。

(1) $n^3+1=p$ をみたす自然数 $n$ と素数 $p$ の組をすべて求めよ。

(2) $n^3+1=p^2$ をみたす自然数 $n$ と素数 $p$ の組をすべて求めよ。

(3) $n^3+1=p^3$ をみたす自然数 $n$ と素数 $p$ の組は存在しないことを証明せよ。　(島根大)

**ヒント！** (1) 素数 $p$ とは，1と自分自身以外に約数をもたない，1を除く正の整数のことだから，$A\cdot B=p$ ($A$, $B$：正の整数の式) のとき，$(A, B)=(1, p)$ または $(p, 1)$ の2通りだけ調べればいいんだね。(2) は $A\cdot B=p^2$ なので，$(A, B)=(1, p^2)$, $(p, p)$, $(p^2, 1)$ の3通りを調べればいい。(3) は $p^3-n^3=1$ から，$A\cdot B=1$ の形の式にもち込んで，矛盾を導けばいいんだね。頑張ろう！

(1) $n^3+1=p$　……①

$(n$：自然数，$p$：素数$)$

（具体的には 2, 3, 5, 7, 11, 13, …）

①を変形して，

$n^3+1^3=p$

$(n+1)(n^2-n\cdot1+1^2)$

（公式：$a^3+b^3=(a+b)(a^2-ab+b^2)$）

（2以上）

$(n+1)(n^2-n+1)=p$

$[\ A\ \cdot\ B\ =p\ ]$

ここで $n\geqq1$ より，$n+1\geqq2$ である。これから，2つの正の整数の式 $n+1$ と $n^2-n+1$ の取り得る値の組を表に示すと，次のようになる。

表

| | | |
|---|---|---|
| $n+1$ | ~~1~~ | $p$ |
| $n^2-n+1$ | ~~$p$~~ | 1 |

（$n+1\geqq2$ より，これは不適）

$\therefore \begin{cases} n+1=p & \cdots\cdots② \\ n^2-n+1=1 & \cdots\cdots③ \end{cases}$

③より，$n(n-1)=0$　$\therefore n=0, 1$

ここで，$n$ は自然数より，$n\neq0$

$\therefore n=1$　これを②に代入して，

$p=1+1=2$（素数）

以上より，①をみたす自然数 $n$ と素数 $p$ の値の組は $(n, p)=(1, 2)$ のみである。…………(答)

(2) $n^3+1=p^2$　……④

$(n$：自然数，$p$：素数$)$

を同様に変形すると，

$(n+1)(n^2-n+1)=p^2$

$[\ A\ \cdot\ B\ =p^2\ ]$

ここで，$n\geqq1$ より，$n+1\geqq2$ である。これから，2つの正の整数の式 $n+1$ と $n^2-n+1$ の取り得る値の組を表に示すと，次のようになる。

表

| $n+1$ | ~~$1$~~ | $p$ | $p^2$ |
|---|---|---|---|
| $n^2-n+1$ | ~~$p^2$~~ | $p$ | $1$ |

$n+1 \geqq 2$ より，これは不適
よって，考える必要はない！

(i) $\begin{cases} n+1 = p & \cdots\cdots⑤ \\ n^2-n+1=p & \cdots\cdots⑥ \end{cases}$ のとき

⑤，⑥より，$p$ を消去して，

$n^2-n+1=n+1$

$n(n-2)=0 \quad \therefore n=0, 2$

ここで，$n$ は自然数より，$n \neq 0$

$\therefore n=2$　これを⑤に代入して，

$p=2+1=3$(素数)となる。

(ii) $\begin{cases} n+1 = p^2 & \cdots\cdots⑦ \\ n^2-n+1=1 & \cdots\cdots⑧ \end{cases}$ のとき

⑧より，$n(n-1)=0 \ \therefore n=0, 1$

ここで，$n$ は自然数より，$n \neq 0$

$\therefore n=1$　これを⑦に代入すると

$p^2=2 \qquad p=\pm\sqrt{2}$ となって，

$p$ が素数である条件に反する。

よって，不適。

以上(i)，(ii)より，求める自然数 $n$ と素数 $p$ の値の組は

$(n, p)=(2, 3)$ のみである。

…………(答)

(3) $n^3+1=p^3$　……⑨を変形して

($n$：自然数，$p$：素数)

$p^3-n^3=1$

$(p-n)(p^2+pn+n^2)$

$(p-n)(p^2+pn+n^2)=1$

$[\ A \quad \cdot \quad B \quad =1\ ]$

ここで，$p-n$ は整数，$p^2+pn+n^2$ は正の整数より，

$\begin{cases} p-n=1 & \cdots\cdots⑩ \\ p^2+pn+n^2=1 & \cdots\cdots⑪ \end{cases}$ となる。

$p-n=-1$ かつ $p^2+pn+n^2=-1$ は考えなくていい。$p^2+pn+n^2>0$ だからだ。

ここで，$p \geqq 2$，$n \geqq 1$ より，⑪の左辺は

$p^2+pn+n^2 \geqq 2^2+2\cdot1+1^2=7$

となるので，⑪は成り立たない。

よって，⑨をみたす自然数 $n$ と素数 $p$ の組は存在しない。

…………(終)

| 補充問題 4 | 難易度 ★★★ | CHECK 1 | CHECK 2 | CHECK 3 |
|---|---|---|---|---|

$a$, $b$, $c$ を正の実数で，$abc=1$ を満たすものとする。このとき，次の(1)，(2) の ($*1$) と ($*2$) の不等式が成り立つことを示せ。

(1) $a^2+b^2+c^2 \geqq \frac{1}{a}+\frac{1}{b}+\frac{1}{c}$ ……($*1$)

(2) $a+b+c \geqq 3$ ……………………………($*2$)　　(東北大＊)

**レクチャー** 2 項の相加・相乗平均の不等式，$\frac{x+y}{2} \geqq \sqrt{xy}$ ($x>0$，$y>0$，等号成立条件：$x=y$) については，大丈夫だね。今回は 3 項の相加・相乗平均率の不等式：$\frac{x+y+z}{3} \geqq \sqrt[3]{xyz}$ ……($*$)，すなわち $x+y+z \geqq 3\sqrt[3]{xyz}$ ……($*$)′ ($x>0$，$y>0$，$z>0$，等号成立条件：$x=y=z$) と関連した問題だね。

($*$)′ の証明は，3 次式の因数分解の公式：

$a^3+b^3+c^3-3abc=(a+b+c)(a^2+b^2+c^2-ab-bc-ca)$ …… ㋐ を用いるので，少し数学 II の範囲に入るが，頻出パターンの問題なので頭に入れておこう。

$a>0$，$b>0$，$c>0$ のとき，㋐ より，

$$a^3+b^3+c^3-3abc=(a+b+c)\cdot\frac{1}{2}(2a^2+2b^2+2c^2-2ab-2bc-2ca)$$

(この変形がポイントだね。)

$(a^2-2ab+b^2)+(b^2-2bc+c^2)+(c^2-2ca+a^2)=(a-b)^2+(b-c)^2+(c-a)^2$

$$=\frac{1}{2}\underbrace{(a+b+c)}_{\oplus}\{\underbrace{(a-b)^2}_{0\text{以上}}+\underbrace{(b-c)^2}_{0\text{以上}}+\underbrace{(c-a)^2}_{0\text{以上}}\} \geqq 0$$

(等号が成立するのは，$a-b=b-c=c-a=0$ すなわち $a=b=c$ のときだね。)

よって，$a^3+b^3+c^3-3abc \geqq 0$ より，

$a^3+b^3+c^3 \geqq 3abc$ …… ㋑ ($a>0$，$b>0$，$c>0$，等号成立条件：$a=b=c$) となる。

ここで，$a^3=x$，$b^3=y$，$c^3=z$ とおくと，$a=\sqrt[3]{x}$，$b=\sqrt[3]{y}$，$c=\sqrt[3]{z}$ となるので ㋑ より公式 $x+y+z \geqq 3\underbrace{\sqrt[3]{xyz}}_{\sqrt[3]{x}\cdot\sqrt[3]{y}\cdot\sqrt[3]{z}}$ ……($*$)′ ($x>0$，$y>0$，$z>0$，等号成立条件：$x=y=z$) が導ける。

よって，この 3 項の相加・相乗平均の不等式 ($*$)′ を用いれば，($*2$) は，

$a>0, b>0, c>0, abc=1$ より，$a+b+c \geqq 3\sqrt[3]{\underbrace{abc}_{1}}=3$ となって，簡単に導ける。

しかし，今回は，あくまでも数学 I・A の問題なので，(1) の ($*1$) を利用して導こう！

(1) $a>0$, $b>0$, $c>0$ かつ, $abc=1$ のとき,

$$a^2+b^2+c^2 \geqq \frac{1}{a}+\frac{1}{b}+\frac{1}{c} \cdots\cdots (*1)$$

が成り立つことを示す。

$(*1)$ の右辺を変形して,

$$((*1)\text{ の右辺}) = \frac{bc+ca+ab}{abc} \quad (abc = 1)$$

$$= ab+bc+ca$$

となるので, $(*1)$ の代わりに,

$$a^2+b^2+c^2 \geqq ab+bc+ca \cdots\cdots (*1)'$$

が成り立つことを示せばよい。

$((*1)'\text{ の左辺}) - ((*1)'\text{ の右辺})$

$= a^2+b^2+c^2-ab-bc-ca$　（この変形がポイント！）

$= \dfrac{1}{2}(2a^2+2b^2+2c^2-2ab-2bc-2ca)$

$= \dfrac{1}{2}\{(a^2-2ab+b^2)+(b^2-2bc+c^2)+(c^2-2ca+a^2)\}$

$= \dfrac{1}{2}\{(a-b)^2+(b-c)^2+(c-a)^2\} \geqq 0$　（0以上）（0以上）（0以上）

$(\because (a-b)^2 \geqq 0,\ (b-c)^2 \geqq 0,\ (c-a)^2 \geqq 0)$

(また, 等号が成り立つのは, $a-b=0$, $b-c=0$, $c-a=0$ すなわち, $a=b=c$ のときである。) 以上より,

$a>0$, $b>0$, $c>0$, $abc=1$ のとき,

$a^2+b^2+c^2 \geqq ab+bc+ca \cdots\cdots (*1)'$

(等号成立条件: $a=b=c$) が成り立つ。

よって, $(*1)$ も成り立つ。……(終)

(2) $a>0$, $b>0$, $c>0$, $abc=1$ のとき, $a+b+c \geqq 3 \cdots\cdots (*2)$ が成り立つことを示す。

ここで, $x>0$, $y>0$, $z>0$, $xyz=1$ とおくと $(*1)'$ より,

$x^2+y^2+z^2 \geqq xy+yz+zx \cdots\cdots$ ①が成り立つ。①の両辺に $(x+y+z)(>0)$ をかけると, 次式が成り立つ。

$$(x+y+z)(x^2+y^2+z^2) \geqq (x+y+z)(xy+yz+zx) \cdots\cdots ②$$

$(②\text{の左辺}) = x^3+xy^2+z^2x+x^2y+y^3+yz^2+zx^2+y^2z+z^3$

$= x^3+y^3+z^3+(y+z)x^2+(y^2+z^2)x+yz(y+z) \cdots\cdots ③$

$(②\text{の右辺}) = x^2y+xyz+zx^2+xy^2+y^2z+xyz+xyz+yz^2+z^2x$　（$xyz=1$）

$= 3+(y+z)x^2+(y^2+z^2)x+yz(y+z) \cdots\cdots\cdots ④$

③, ④を②に代入すると,

$$x^3+y^3+z^3+(y+z)x^2+(y^2+z^2)x+yz(y+z) \geqq 3+(y+z)x^2+(y^2+z^2)x+yz(y+z)$$

$x^3+y^3+z^3 \geqq 3$ となる。

ここで, $x^3=a$, $y^3=b$, $z^3=c$ とおくと,

$a>0$, $b>0$, $c>0$, $abc=(xyz)^3=1^3=1$ （$xyz=1$）

となる。よって,

$a>0$, $b>0$, $c>0$, $abc=1$ のとき,

$a+b+c \geqq 3 \cdots\cdots (*2)$ は成り立つ。

…………(終)

## 補充問題 5

難易度 ★★★ CHECK 1 CHECK 2 CHECK 3

右の図のような三角柱 **ABC-DEF** が中心 **O**，半径 **1** の球に内接している。すなわち，三角柱の頂点 **A**，**B**，**C**，**D**，**E**，**F** はすべて，中心 **O**，半径 **1** の球面上にある。また，三角形 **ABC** と三角形 **DEF** は合同な正三角形で，四角形 **ADEB**，四角形 **BEFC**，四角形 **CFDA** は合同な長方形であるとする。

$\angle AOD = 2\alpha$，$\angle AOB = 2\beta$ とおく。ただし，

$0° < \alpha < 90°$，$0° < \beta < 60°$ とする。

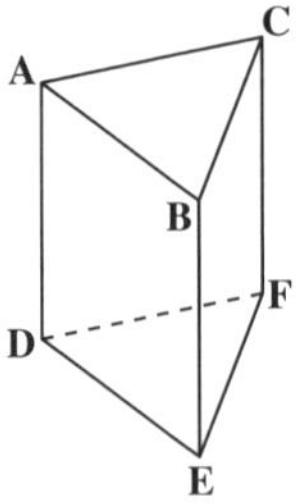


**(1)** $\dfrac{\sin\beta}{\cos\alpha}$ の値を求めよ。

**(2)** 三角柱 **ABC-DEF** の体積 $V$ を $\alpha$ を用いて表せ。 (大阪市大＊)

**ヒント！** **(1)** △**OAD** と△**OAB** について考えると話が見えてくるはずだ。**(2)** では，**(1)** の結果を利用して，三角柱 **ABC-DEF** の体積 $V$ を $\sin\alpha$ と $\cos\alpha$ で表すことができる。空間図形の応用問題だけれど頑張って解いてみよう。

**(1)** 半径 **1** の球に内接する三角柱 **ABC-DEF** の図を下に示す。

・△**OAD** について考えると **OA** と **OD** は外接球の半径 **1** に等しいので，

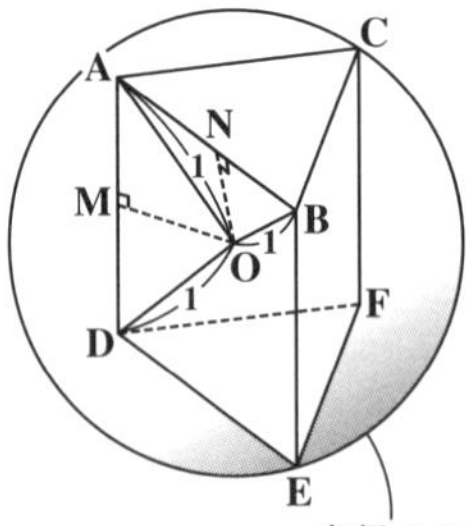


**OA = OD = 1**

よって，△**OAD** は，二等辺三角形である。ここで，

点 **O** より辺 **AD** に下した垂線の足を **M** とおくと，△**OAM** は，$\angle AOM = \alpha$，$\angle AMO = 90°$ の直角三角形より，

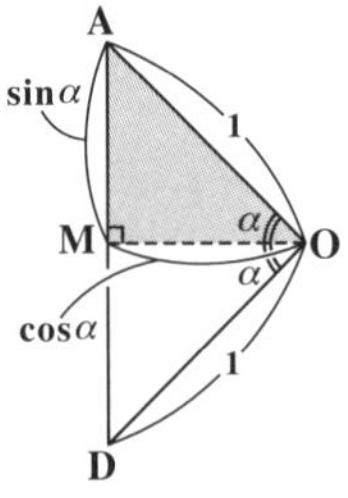


$AM = \sin\alpha$ ……①　　$\dfrac{AM}{1} = \sin\alpha$

$OM = \cos\alpha$ ……②　　$\dfrac{OM}{1} = \cos\alpha$

①より，$AD = 2AM = 2\sin\alpha$ …③

となる。

・△**OAB** も同様に

**OA** = **OB** = **1** の二等辺三角形であり，**O** から辺 **AB** に下した垂線の足を **N** とおくと，△**OAN** は $\angle AON = \beta$，$\angle ONA = 90°$ の直角三角形となるので，

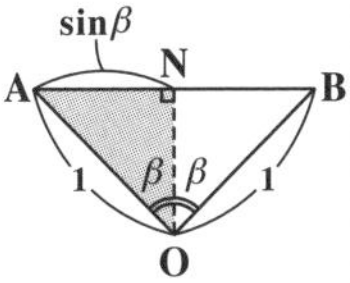


$\dfrac{AN}{1} = \sin\beta$

$AN = \sin\beta$ ……④

④より，

$AB = 2AN = 2\sin\beta$ …⑤ となる。

・ここで中心 **O** から正三角形 **ABC** に下した垂線の足を **G** とおくと，図形の対称性から，**G** は△**ABC** の重心になる。

さらに，右図に示すように，**4** 点 **O, G, A, M** は同一平面内に存在し，四角形 **OGAM** は長方形である。よって，②より，

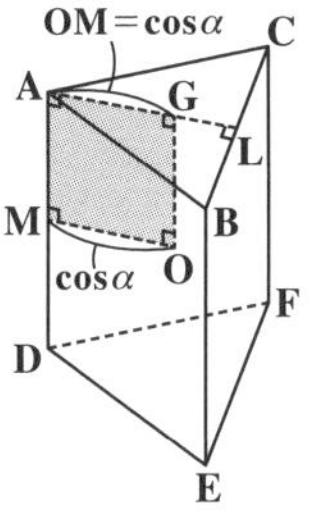


$AG = OM = \cos\alpha$ …⑥ である。

・ここで正三角形 **ABC** について

$AB = BC = CA$
$= 2\sin\beta$

(⑤より)であり，直線 **AG** と辺 **BC** の交点を **L** とおくと，

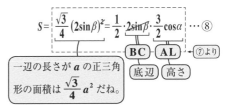

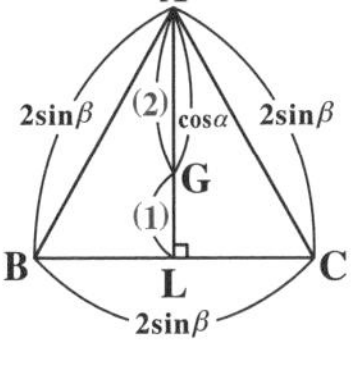


$\cos\alpha : AL = 2 : 3$ $(\because AG : GL = 2 : 1)$
（$\cos\alpha$ は AG (⑥より)）

$\therefore AL = \dfrac{3}{2}\cos\alpha$ ……⑦ となる。

また，$AL \perp BC$ より，正三角形 **ABC** の面積を $S$ とおくと，

$$S = \frac{\sqrt{3}}{4}(2\sin\beta)^2 = \frac{1}{2}\cdot 2\sin\beta \cdot \frac{3}{2}\cos\alpha \quad \cdots ⑧$$

（$2\sin\beta$：BC 底辺，$\frac{3}{2}\cos\alpha$：AL 高さ ⑦より）

一辺の長さが $a$ の正三角形の面積は $\dfrac{\sqrt{3}}{4}a^2$ だね。

$$\frac{\sqrt{3}}{2}\sin\beta = \frac{3}{4}\cos\alpha$$

$$\frac{\sin\beta}{\cos\alpha} = \frac{3}{4}\times\frac{2}{\sqrt{3}}$$

$$\therefore \frac{\sin\beta}{\cos\alpha} = \frac{\sqrt{3}}{2} \quad \cdots ⑨ \text{ である。}$$

…………(答)

**(2)** 三角柱 **ABC-DEF** の体積を $V$ とおくと，

$$V = S\cdot AD = \frac{\sqrt{3}}{4}(2\sin\beta)^2\cdot 2\sin\alpha$$

（底面積 $\dfrac{\sqrt{3}}{4}(2\sin\beta)^2$ (⑧より)，高さ $2\sin\alpha$ (③より)，$\sin\beta$：$\dfrac{\sqrt{3}}{2}\cos\alpha$ (⑨より)）

$$= \frac{\sqrt{3}}{4}\cdot\left(2\cdot\frac{\sqrt{3}}{2}\cos\alpha\right)^2\cdot 2\sin\alpha$$

$$= \frac{\sqrt{3}}{4}\cdot 3\cos^2\alpha\cdot 2\sin\alpha$$

$$= \frac{3\sqrt{3}}{2}\sin\alpha\cos^2\alpha \text{ である。}$$

…………(答)

| 補充問題 6 | 難易度 ★★★ | CHECK 1 | CHECK 2 | CHECK 3 |
|---|---|---|---|---|

**1** 辺の長さが **1** である正四面体 **OABC** において，辺 **AB** の中点を **M**，辺 **AC** の中点を **N** とする。

**(1)** 三角形 **OMN** の面積を求めよ。

**(2)** **3** 点 **O**，**M**，**N** が定める平面を $\alpha$ とする。平面 $\alpha$ 上に点 **P** を，直線 **AP** が平面 $\alpha$ と直交するようにとる。線分 **AP** の長さ，および四面体 **OAMN** の体積を求めよ。（東京都立大学）

ヒント！ 図を描きながら解いていこう。**(1)** の二等辺三角形 **OMN** の面積はすぐに求められる。**(2)** では，四面体 **OAMN** の体積 $V$ を求める際に，まず△**AMN** を底面として求め，次に△**OMN** を底面とし，**AP** を高さとして，$V$ の式を作ると，**AP** が求まる。

**(1)** **1** 辺の長さが **1** の正四面体 **OABC** の辺 **AB** と **AC** の中点を **M**，**N** とおき，△**OMN** の面積を $S_1$ とおいて，これを求める。中点連結の定理より，

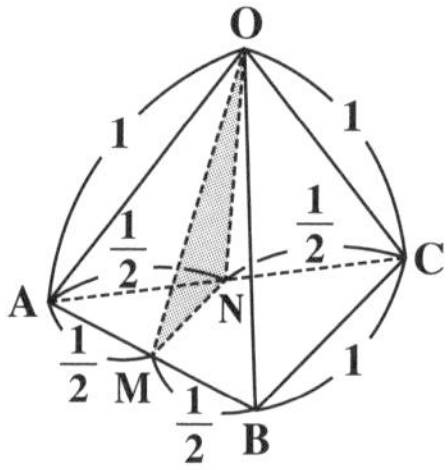


$$MN=\frac{1}{2}$$

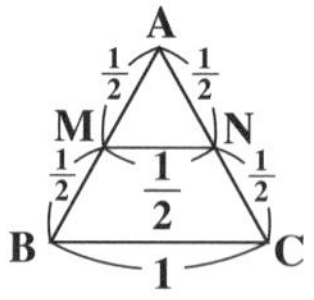


また，中線 **OM** と **ON** は等しく，右図より，

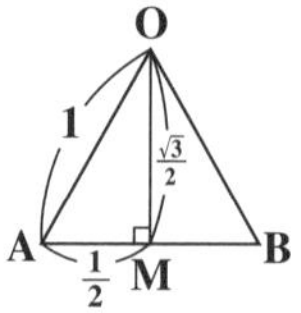


$$OM=ON=\frac{\sqrt{3}}{2}$$

である。以上より，二等辺三角形 **OMN** の面積 $S_1$ は，**O** から辺 **MN** に下した垂線の足を **Q** とおき，直角三角形 **OMQ** に三平方の定理を用いて，

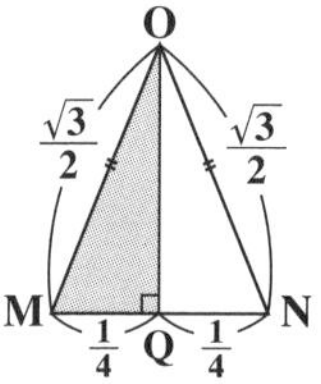


$$OQ=\sqrt{OM^2-MQ^2}$$
$$=\sqrt{\left(\frac{\sqrt{3}}{2}\right)^2-\left(\frac{1}{4}\right)^2}$$
$$=\sqrt{\frac{3}{4}-\frac{1}{16}}$$
$$=\sqrt{\frac{12-1}{16}}=\frac{\sqrt{11}}{4}\ \text{より，}$$

$$S_1=\frac{1}{2}\times MN\times OQ$$
$$=\frac{1}{2}\times\frac{1}{2}\times\frac{\sqrt{11}}{4}=\frac{\sqrt{11}}{16}\ \cdots\cdots①$$

である。……………………………（答）

**(2)** まず，右図に示すように，△**AMN** を底面積として，

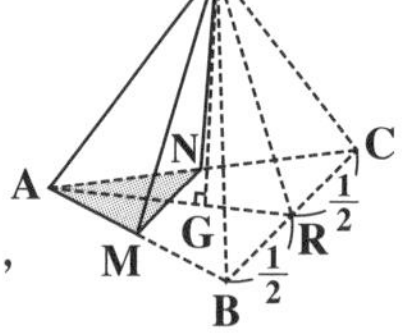

四面体 **OAMN** の体積 $V$ を求める。

△**AMN** は，1 辺の長さが $\frac{1}{2}$ の正三角形より，

$$\triangle\mathbf{AMN} = \frac{\sqrt{3}}{4}\cdot\left(\frac{1}{2}\right)^2$$

$$= \frac{\sqrt{3}}{16}\ \cdots\cdots②$$

1 辺の長さ $a$ の正三角形の面積 $S$ は，$S = \frac{\sqrt{3}}{4}a^2$ である。

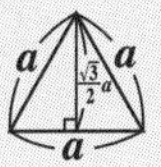


また，四面体 **OAMN** の高さ $h$ は，**O** から△**ABC** に下した垂線の足が正三角形 **ABC** の重心 **G** となるので，$h = \mathbf{OG}$ となる。直線 **AG** と辺 **BC** との交点を **R** とおくと，重心 **G** は，中線 **AR** を **2**:**1** に内分するので，右図より，

$$\mathbf{AG} = \frac{\sqrt{3}}{2}\times\frac{2}{3}$$

$$= \frac{\sqrt{3}}{3}\ \text{となる。}$$

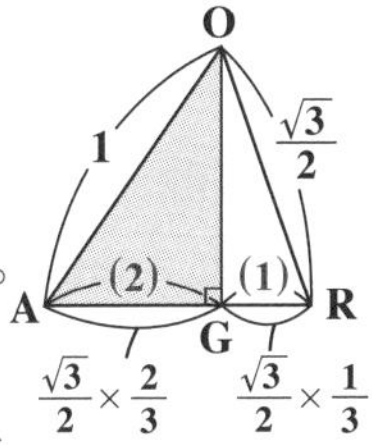


よって，直角三角形 **OAG** に三平方の定理を用いると，

$$h = \mathbf{OG} = \sqrt{\mathbf{OA}^2 - \mathbf{AG}^2}$$

$$= \sqrt{1^2 - \left(\frac{\sqrt{3}}{3}\right)^2} = \sqrt{\frac{9-3}{9}}$$

$$= \frac{\sqrt{6}}{3}\ \cdots\cdots③$$

よって，②，③より，

四面体 **OAMN** の体積 $V$ は，

$$V = \frac{1}{3}\times\triangle\mathbf{AMN}\times h$$

$$= \frac{1}{3}\times\frac{\sqrt{3}}{16}\times\frac{\sqrt{6}}{3}$$

$$= \frac{\cancel{3}\sqrt{2}}{\cancel{3}\times 3\times 16} = \frac{\sqrt{2}}{48}\ \cdots\cdots④$$

である。 …………………………(答)

次に，右図に示すように，△**OMN**（面積 $S_1 = \frac{\sqrt{11}}{16}\ \cdots①$）を底面積として，四面体 **OAMN** の体積 $V$ を求めると，

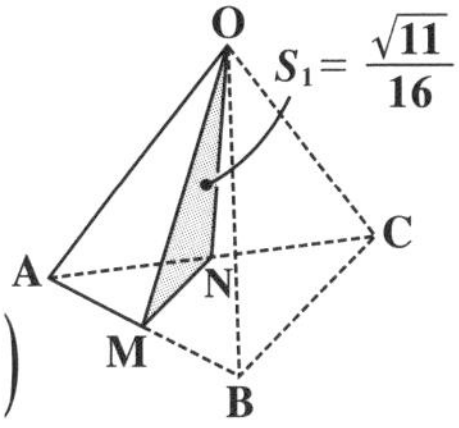


この高さ $h'$ は，点 **A** から平面 $\alpha$（平面 **OMN**）に下した垂線の足が **P** より，$h' = \mathbf{AP}$ となる。よって，

$V = \frac{1}{3}\times S_1\times\mathbf{AP}$ となる。①，④より，

$V$：$\frac{\sqrt{2}}{48}$（④より）

$S_1$：底面積 $S_1 = \frac{\sqrt{11}}{16}$（①より）

$$\frac{\sqrt{2}}{48} = \frac{1}{3}\times\frac{\sqrt{11}}{16}\times\mathbf{AP}$$

∴求める線分 **AP** の長さは，

$$\mathbf{AP} = \frac{\sqrt{2}}{\cancel{48}}\times\frac{\cancel{3\times16}}{\sqrt{11}} = \frac{\sqrt{22}}{11}$$

である。 …………………………(答)

(2) は，解答の順序が設問と逆になっているので，最後に，

$\mathbf{AP} = \frac{\sqrt{22}}{11}$ ………………………………(答)

四面体 **OAMN** の体積 $V = \frac{\sqrt{2}}{48}$ ……(答)

としておく方がよいかもしれない。

| 補充問題 7 | 難易度 ★★★ | CHECK 1 | CHECK 2 | CHECK 3 |
|---|---|---|---|---|

$\mathbf{AB = 1}$, $\mathbf{AC = 1}$, $\mathbf{BC = \frac{1}{2}}$である△**ABC** の頂点 **B** から辺 **AC** に下した垂線と辺 **AC** との交点を **H** とする。

**(1)** ∠**BAC** を $\theta$ と表すとき，$\cos\theta$，$\sin\theta$ の値を求めよ。

**(2)** 実数 $s$ は $0 < s < 1$ の範囲を動くとする。辺 **BH** を $s:(1-s)$ に内分する点を **P** とするとき，$AP^2 + BP^2 + CP^2$ の最小値およびそのときの $s$ の値を求めよ。 (東北大)

**ヒント！** 平面図形と三角比と **2** 次関数の融合問題なので，図を描きながら解いていこう。**(1)** では△**ABC** に余弦定理を用いて，$\cos\theta$ と $\sin\theta$ を求めればよい。**(2)(1)** の結果より **AH** と **BH** の長さが分かる。$BP = s\cdot BH$ であり，また，$AP^2$ と $CP^2$ は直角三角形の三平方の定理から $s$ の式で表すことができるので，$AP^2 + BP^2 + CP^2$ は $s$ の **2** 次関数になるんだね。

**(1)** △**ABC** は，$BC = \frac{1}{2}$ $\left(a = \frac{1}{2}\right)$，$AB = AC = 1\ (b = c = 1)$ の二等辺三角形である。∠$BAC = \theta$ とおいて，△**ABC** に余弦定理を用いると，

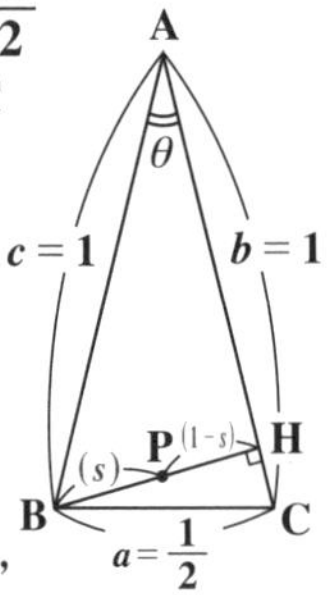


$$\cos\theta = \frac{b^2 + c^2 - a^2}{2bc}$$

$$= \frac{1^2 + 1^2 - \left(\frac{1}{2}\right)^2}{2\cdot 1\cdot 1} = \frac{2 - \frac{1}{4}}{2}$$

$$= \frac{7}{8} \cdots\cdots ①$$

となる。 …………………………(答)

$$\therefore \sin\theta = \sqrt{1 - \cos^2\theta} = \sqrt{1 - \left(\frac{7}{8}\right)^2}$$

$$= \sqrt{\frac{64 - 49}{64}} = \frac{\sqrt{15}}{8} \cdots ②$$

となる。 …………………………(答)

**(2)** 頂点 **B** から辺 **AC** に下した垂線の足を **H** とおくと，右図に示すように，直角三角形 **ABH** ができる。ここで，$AB = 1$ より，①，②から，

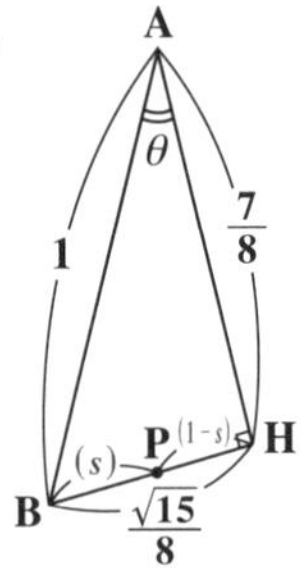


$$AH = \cos\theta = \frac{7}{8}$$

$$BH = \sin\theta = \frac{\sqrt{15}}{8}$$ となる。

$$\left(\because \cos\theta = \frac{AH}{AB},\ \sin\theta = \frac{BH}{AB}\right)$$

ここで，点 **P** は線分 **BH** を $s:(1-s)$ に内分するので，

$$BP = s\cdot BH = \frac{\sqrt{15}}{8}s$$

$$\therefore BP^2 = \frac{15}{64}s^2 \cdots\cdots ③$$ となる。

(ただし，$0 < s < 1$)

次に，

$$\mathrm{PH} = (1-s)\cdot\mathrm{BH} = \frac{\sqrt{15}}{8}(1-s)$$

より，直角三角形APHに三平方の定理を用いて，

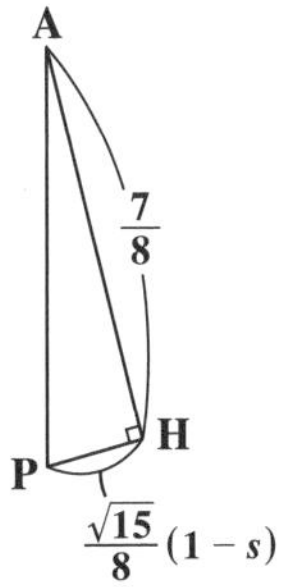


$$\mathrm{AP}^2 = \mathrm{AH}^2 + \mathrm{PH}^2 = \frac{49}{64} + \frac{15}{64}(1-s)^2 \quad \cdots\cdots④$$

となる。さらに，

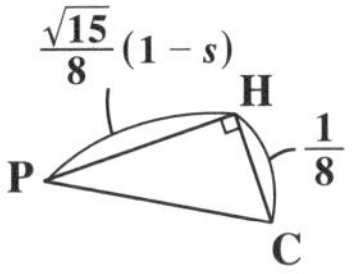


$$\mathrm{CH} = \mathrm{AC} - \mathrm{AH} = 1 - \frac{7}{8} = \frac{1}{8}$$

より，

直角三角形PCHに三平方の定理を用いて，

$$\mathrm{CP}^2 = \mathrm{CH}^2 + \mathrm{PH}^2 = \frac{1}{64} + \frac{15}{64}(1-s)^2 \quad \cdots\cdots⑤$$

となる。

以上③，④，⑤より，

$\mathrm{AP}^2 + \mathrm{BP}^2 + \mathrm{CP}^2$ を $s$ の関数 $f(s)$ $(0 < s < 1)$ とおくと，

$$f(s) = \mathrm{AP}^2 + \mathrm{BP}^2 + \mathrm{CP}^2$$

$$= \frac{49}{64} + \frac{15}{64}(1-s)^2 + \frac{15}{64}s^2 + \frac{1}{64} + \frac{15}{64}(1-s)^2$$

$$= \frac{15}{64}\{s^2 + 2(1-s)^2\} + \frac{25}{32}$$

$$s^2 + 2(s^2 - 2s + 1) = 3s^2 - 4s + 2$$

$$= \frac{15}{64}(3s^2 - 4s + 2) + \frac{25}{32}$$

$$3\left(s^2 - \frac{4}{3}s + \frac{4}{9}\right) + 2 - \frac{4}{3} = 3\left(s - \frac{2}{3}\right)^2 + \frac{2}{3}$$

$$= \frac{15}{64}\left\{3\cdot\left(s - \frac{2}{3}\right)^2 + \frac{2}{3}\right\} + \frac{25}{32}$$

より，

$$f(s) = \frac{45}{64}\left(s - \frac{2}{3}\right)^2 + \frac{5}{32} + \frac{25}{32} = \frac{45}{64}\left(s - \frac{2}{3}\right)^2 + \frac{15}{16}$$

$(0 < s < 1)$ となる。

よって $f(s)$，すなわち $\mathrm{AP}^2 + \mathrm{BP}^2 + \mathrm{CP}^2$ は，$s = \frac{2}{3}$ のとき，最小値：

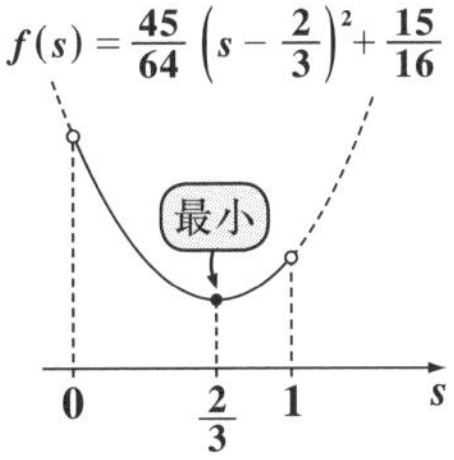


$f\left(\frac{2}{3}\right) = \frac{15}{16}$ をとる。………(答)

| 補充問題 8 | 難易度 ★★★ | CHECK 1 | CHECK 2 | CHECK 3 |
|---|---|---|---|---|

$a$ を実数とする。関数 $f(x)=x^2+a$ …①に対し，方程式 $f(f(x))=x$ …②の実数解の個数が，ちょうど 2 つとなる定数 $a$ の取り得る値の範囲を求めよ。 (早稲田大)

**レクチャー**

これは"合成関数(ごうせいかんすう)"と 2 次方程式の応用問題なんだね。ここで，合成関数は，数 I・A の範囲を越えるけれど，受験問題としては，今回のように出題される可能性があるので，その解法パターンを例を使って解説しておこう。

(ex) $g(x)=2x-1$，$h(x)=x^2+1$ のとき，この 2 つの関数 $g(x)$ と $h(x)$ の合成関数は，次のように 2 通り存在する。

(i) $h(g(x))=\{g(x)\}^2+1=(2x-1)^2+1=4x^2-4x+2$ となる。

(これは，$h\circ g(x)$ とも表す。$h(x)$ の $x$ に $g(x)$ を代入すればいい。)

(ii) $g(h(x))=2\cdot h(x)-1=2(x^2+1)-1=2x^2+1$ となる。

(これは，$g\circ h(x)$ とも表す。$g(x)$ の $x$ に $h(x)$ を代入すればいい。)

どう？要領はつかめた？今回の問題では，$f(x)=x^2+a$ より，合成関数

$f\circ f(x)=f(f(x))=\{f(x)\}^2+a=(x^2+a)^2+a$ となるんだね。大丈夫？

関数 $f(x)=x^2+a$ …①より，

方程式：$f(f(x))=x$ …②は，

($\{f(x)\}^2+a=(x^2+a)^2+a$
$=x^4+2ax^2+a^2+a$)

$x^4+2ax^2+a^2+a=x$

$x^4+2ax^2-x+a^2+a=0$ …③となる。

(これは，$x$ の 4 次方程式だけれど，$a$ に着目すると，これは次のように $a$ の 2 次方程式と考えることができるので，これで左辺を因数分解できる。
$a^2+(2x^2+1)a+\underbrace{x^4-x}_{x(x^3-1)}=0$)

ここで，③を $a$ の 2 次方程式と考えて変形すると，

$a^2+(2x^2+1)a+x(x^3-1)=0$

($x^3-1^3=(x-1)(x^2+x+1)$)

(公式：$a^3-b^3=(a-b)(a^2+ab+b^2)$ を利用した！)

$a^2+(2x^2+1)a+x(x-1)(x^2+x+1)=0$

$a^2+(2x^2+1)a+(x^2-x)(x^2+x+1)=0$

| | | | |
|---|---|---|---|
| 1 | $x^2-x$ | → | $x^2-x$ |
| 1 | $x^2+x+1$ | → | $x^2+x+1$ (+ |
| | | | $2x^2+1$ |

$\{a+(x^2-x)\}\{a+(x^2+x+1)\}=0$

$(x^2-x+a)(x^2+x+a+1)=0$

以上より，方程式 $f(f(x))=x$ …②は，

(i) $x^2-x+a=0$ ………④

または，

(ii) $x^2+x+a+1=0$ …⑤に分解される。

> ④，⑤は，文字定数 $a$ を含む2次方程式の問題になっている。このような場合"文字定数 $a$ を分離する"ことがポイントで $g(x)=a$ の形にもち込むと，この実数解は，2次関数 $y=g(x)$ と $y=a$ のグラフの共有点の $x$ 座標になるんだね。

(i) $x^2-x+a=0$ ……④より，

$-x^2+x=a$ ← 文字定数 $a$ を分離

ここで，

$\begin{cases} y=g(x)=-x^2+x \cdots ④' \\ y=a \cdots\cdots ④'' \end{cases}$ ← $x$ 軸と平行な直線

とおくと，④の実数解は，

$y=g(x)=-(x^2-1\cdot x)$

$=-\left(x-\frac{1}{2}\right)^2+\frac{1}{4} \cdots ④'$ と，

$y=a$ ……④'' のグラフの共有点の $x$ 座標に等しい。

(ii) $x^2+x+a+1=0$ ……⑤より，

$-x^2-x-1=a$ ← 文字定数 $a$ を分離

ここで，

$\begin{cases} y=h(x)=-x^2-x-1 \cdots\cdots ⑤' \\ y=a \cdots\cdots ⑤'' \end{cases}$

とおくと，⑤の実数解は，

$y=h(x)=-(x^2+x)-1$

$=-\left(x+\frac{1}{2}\right)^2-\frac{3}{4} \cdots ⑤'$ と，

$y=a$……⑤'' のグラフの共有点の $x$ 座標に等しい。

以上 (i)(ii) より，方程式 $f(f(x))=x$ …②がちょうど2つの実数解 $\alpha, \beta$ をもつための定数 $a$ の値の範囲は，下の $y=g(x)$, $y=h(x)$, $y=a$ のグラフから明らかに，

$-\frac{3}{4} \leqq a < \frac{1}{4}$ である。…………(答)

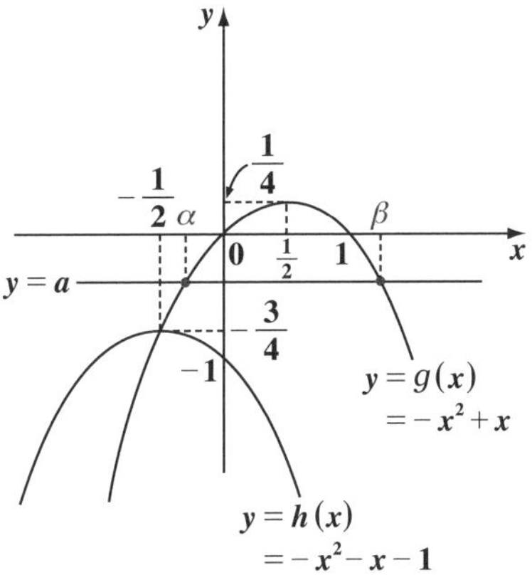


**参考**

上のグラフから，方程式 $f(f(x))=x$ …②の実数解の個数が，

・$a>\frac{1}{4}$ のとき，0個

・$a=\frac{1}{4}$ のとき，1個

・$a<-\frac{3}{4}$ のとき，4個 となることも読み取れるんだね。自分で確認しておこう。

## 補充問題 9　難易度 ★★★　CHECK 1　CHECK 2　CHECK 3

$x>0$，$y>0$ で，$x+2y=4$ であるとき，$\left(1-\dfrac{4}{x^2}\right)\left(1-\dfrac{1}{y^2}\right)$ がとる最大値を求めよ。また，そのときの $x$ の値を求めよ。

**ヒント！** $x>0$，$y>0$，かつ，$x+2y=4$ より，相加・相乗平均の式を用いて，$\dfrac{1}{xy}$ の値の範囲を求めよう。そして，新たな変数 $t$ を $t=\dfrac{1}{xy}$ とおくと，$\left(1-\dfrac{4}{x^2}\right)\left(1-\dfrac{1}{y^2}\right)$ は $t$ の 2 次関数として表すことができる。以上より，この最大値が求められるんだね。

$x>0$，$y>0$ かつ，$x+2y=4$ より，相加・相乗平均の不等式を用いると，

$4=x+2y\geqq 2\sqrt{x\cdot 2y}=2\sqrt{2}\sqrt{xy}$ …①

となる。

$\left(\begin{array}{l}\text{等号成立条件は，}x=2y\text{ より，}\\ x+2y=4y=4\quad\text{よって，}\\ y=1,\ x=2\ \text{となる。}\end{array}\right)$

①より，$4\geqq 2\sqrt{2}\sqrt{xy}$　$\sqrt{2}\geqq\sqrt{xy}$

この両辺は正より，この両辺を 2 乗して，$2\geqq xy$　両辺を $2xy(>0)$ で割って，$\dfrac{1}{xy}\geqq\dfrac{1}{2}$ ……② となる。

ここで，新たに変数 $t$ を $t=\dfrac{1}{xy}$ …③

とおくと，②より $t\geqq\dfrac{1}{2}$ …④となる。

次に，$v=\left(1-\dfrac{4}{x^2}\right)\left(1-\dfrac{1}{y^2}\right)$ とおくと，

$v=1-\underbrace{\left(\dfrac{4}{x^2}+\dfrac{1}{y^2}\right)}+4\left(\dfrac{1}{xy}\right)^2$

$\dfrac{x^2+4y^2}{x^2y^2}=\dfrac{(\overset{4}{(x+2y)})^2-4xy}{x^2y^2}=\dfrac{4^2-4xy}{x^2y^2}$

$=16\left(\dfrac{1}{xy}\right)^2-4\cdot\dfrac{1}{xy}$

$=1-16\underbrace{\left(\dfrac{1}{xy}\right)^2}_{t^2}+4\cdot\underbrace{\dfrac{1}{xy}}_{t}+4\underbrace{\left(\dfrac{1}{xy}\right)^2}_{t^2}$

③より，$v$ は $t$ の 2 次関数となる。

これを $v=f(t)$ とおくと，

$v=f(t)=-12t^2+4t+1$

$=-12\left(t-\dfrac{1}{6}\right)^2+\dfrac{4}{3}$ ……⑤

$\left(t\geqq\dfrac{1}{2}\ (\text{④より})\right)$ となる。

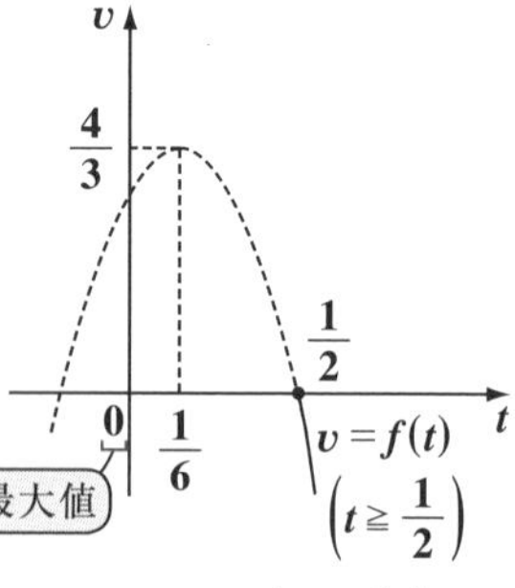


よって，$v=f(t)\ \left(t\geqq\dfrac{1}{2}\right)$ のグラフより，$t=\dfrac{1}{xy}=\dfrac{1}{2}$，すなわち $x=2$，$y=1$ のとき，$v=f(t)$，すなわち

$v=\left(1-\dfrac{4}{x^2}\right)\left(1-\dfrac{1}{y^2}\right)$ は最大値

$v=f\left(\dfrac{1}{2}\right)=0$ をとる。…………(答)

メモ

スバラシクよく解けると評判の

# 合格！数学Ⅰ・A 実力UP!問題集 改訂7

マセマ


著　者　馬場 敬之
発行者　馬場 敬之
発行所　マセマ出版社


〒 332-0023 埼玉県川口市飯塚 3-7-21-502
TEL 048-253-1734　FAX 048-253-1729
Email：info@mathema.jp
https://www.mathema.jp


校閲・校正　高杉 豊　秋野 麻里子　馬場 貴史
制作協力　印藤 妙香　満岡 咲枝　久池井 努
五十里 哲　真下 久志　栄 瑠璃子
間宮 栄二　町田 朱美
カバー作品　馬場 冬之
ロゴデザイン　馬場 利貞
印刷所　中央精版印刷株式会社

平成 24 年 8 月 22 日　初版　4 刷
平成 26 年 8 月 24 日　改訂 1　4 刷
平成 27 年 7 月 27 日　改訂 2　4 刷
平成 29 年 10 月 17 日　改訂 3　4 刷
令和 元 年 5 月 24 日　改訂 4　4 刷
令和 2 年 11 月 22 日　改訂 5　4 刷
令和 4 年 2 月 17 日　改訂 6　4 刷
令和 5 年 5 月 16 日　改訂 7　初版発行

ISBN978-4-86615-299-8 C7041